全国科学技术名词审定委员会

公 布

科学技术名词·工程技术卷（全藏版）

37

水 利 科 技 名 词

CHINESE TERMS IN WATER CONSERVANCY

水利科技名词审定委员会

国家自然科学基金资助项目

科学出版社

北 京

内 容 简 介

本书是全国科学技术名词审定委员会审定公布的水利科技名词。全书分为总类，水文、水资源，水力学、河流动力学、海岸动力学，工程力学、工程结构、建筑材料，岩石力学、土力学、岩土工程，水利勘测、工程地质，水利规划，水工建筑，水利工程施工，防洪、治河，灌溉与排水，水力发电，航道与港口，水土保持，环境水利，水利经济，水利管理等 17 部分，共 3 126 条，另有水利史名词 102 条作为附录。这批名词是科研、教学、生产、经营以及新闻出版等部门应遵照使用的水利科技规范名词。

图书在版编目(CIP)数据

科学技术名词. 工程技术卷：全藏版 / 全国科学技术名词审定委员会审定. —北京：科学出版社，2016.01

ISBN 978-7-03-046873-4

I. ①科… II. ①全… III. ①科学技术–名词术语 ②工程技术–名词术语 IV. ①N-61 ②TB-61

中国版本图书馆 CIP 数据核字(2015)第 307218 号

责任编辑：邬　江 / 责任校对：陈玉凤
责任印制：张　伟 / 封面设计：铭轩堂

科 学 出 版 社 出版
北京东黄城根北街 16 号
邮政编码：100717
http://www.sciencep.com
北京厚诚则铭印刷科技有限公司印刷
科学出版社发行　各地新华书店经销
*
2016 年 1 月第 一 版　　开本：787×1092 1/16
2016 年 1 月第一次印刷　　印张：15 1/4
字数：484 000
定价：7800.00 元(全 44 册)
(如有印装质量问题，我社负责调换)

全国科学技术名词审定委员会
第三届委员会委员名单

特邀顾问： 吴阶平　　　钱伟长　　　朱光亚

主　　任： 卢嘉锡

副主任： 路甬祥　　许嘉璐　　章　综　　林　泉　　黄　黔
　　　　　马　阳　　孙　枢　　于永湛　　张振东　　丁其东
　　　　　汪继祥　　潘书祥

委　　员 （以下按姓氏笔画为序）：

马大猷	王　夔	王大珩	王之烈	王亚辉
王树岐	王绵之	王鸑骧	方鹤春	卢良恕
叶笃正	吉木彦	师昌绪	朱照宣	仲增墉
华茂昆	刘天泉	刘瑞玉	米吉提·扎克尔	
祁国荣	孙家栋	孙儒泳	李正理	李廷杰
李行健	李　竞	李星学	李焯芬	肖培根
杨　凯	吴凤鸣	吴传钧	吴希曾	吴钟灵
吴鸿适	沈国舫	宋大祥	张　伟	张光斗
张钦楠	陆建勋	陆燕荪	陈运泰	陈芳允
范维唐	周　昌	周明煜	周定国	罗钰如
季文美	郑光迪	赵凯华	侯祥麟	姚世全
姚贤良	姚福生	夏　铸	顾红雅	钱临照
徐　傅	徐士珩	徐乾清	翁心植	席泽宗
谈家桢	黄昭厚	康景利	章　中	梁晓天
董　琨	韩济生	程光胜	程裕淇	鲁绍曾
曾呈奎	蓝　天	褚善元	管连荣	薛永兴

水利科技名词审定委员会委员名单

序

科技名词术语是科学概念的语言符号。人类在推动科学技术向前发展的历史长河中，同时产生和发展了各种科技名词术语，作为思想和认识交流的工具，进而推动科学技术的发展。

我国是一个历史悠久的文明古国，在科技史上谱写过光辉篇章。中国科技名词术语，以汉语为主导，经过了几千年的演化和发展，在语言形式和结构上体现了我国语言文字的特点和规律，简明扼要，蓄意深切。我国古代的科学著作，如已被译为英、德、法、俄、日等文字的《本草纲目》、《天工开物》等，包含大量科技名词术语。从元、明以后，开始翻译西方科技著作，创译了大批科技名词术语，为传播科学知识，发展我国的科学技术起到了积极作用。

统一科技名词术语是一个国家发展科学技术所必须具备的基础条件之一。世界经济发达国家都十分关心和重视科技名词术语的统一。我国早在1909年就成立了科技名词编订馆，后又于1919年中国科学社成立了科学名词审定委员会，1928年大学院成立了译名统一委员会。1932年成立了国立编译馆，在当时教育部主持下先后拟订和审查了各学科的名词草案。

新中国成立后，国家决定在政务院文化教育委员会下，设立学术名词统一工作委员会，郭沫若任主任委员。委员会分设自然科学、社会科学、医药卫生、艺术科学和时事名词五大组，聘任了各专业著名科学家、专家，审定和出版了一批科学名词，为新中国成立后的科学技术的交流和发展起到了重要作用。后来，由于历史的原因，这一重要工作陷于停顿。

当今，世界科学技术迅速发展，新学科、新概念、新理论、新方法不断涌现，相应地出现了大批新的科技名词术语。统一科技名词术语，对科学知识的传播，新学科的开拓，新理论的建立，国内外科技交流，学科和行业之间的沟通，科技成果的推广、应用和生产技术的发展，科技图书文献的编纂、出版和检索，科技情报的传递等方面，都是不可缺少的。特别是计算机技术的推广使用，对统一科技名词术语提出了更紧迫的要求。

为适应这种新形势的需要，经国务院批准，1985年4月正式成立了全国自然科学名词审定委员会。委员会的任务是确定工作方针，拟定科技名词术语审定工作计划、实施方案和步骤,组织审定自然科学各学科名词术语,并予以公布。根据国务院授权,委员会审定公布的名词术语,科研、教学、生产、经营以及新闻出版等各部门,均应遵照使用。

全国自然科学名词审定委员会由中国科学院、国家科学技术委员会、国家教育委员会、中国科学技术协会、国家技术监督局、国家新闻出版署、国家自然科学基金委员会分别委派了正、副主任担任领导工作。在中国科协各专业学会密切配合下,逐步建立各专业审定分委员会,并已建立起一支由各学科著名专家、学者组成的近千人的审定队伍,负责审定本学科的名词术语。我国的名词审定工作进入了一个新的阶段。

这次名词术语审定工作是对科学概念进行汉语订名,同时附以相应的英文名称,既有我国语言特色,又方便国内外科技交流。通过实践,初步摸索了具有我国特色的科技名词术语审定的原则与方法,以及名词术语的学科分类、相关概念等问题,并开始探讨当代术语学的理论和方法,以期逐步建立起符合我国语言规律的自然科学名词术语体系。

统一我国的科技名词术语,是一项繁重的任务,它既是一项专业性很强的学术性工作,又涉及到亿万人使用习惯的问题。审定工作中我们要认真处理好科学性、系统性和通俗性之间的关系;主科与副科间的关系;学科间交叉名词术语的协调一致;专家集中审定与广泛听取意见等问题。

汉语是世界五分之一人口使用的语言,也是联合国的工作语言之一。除我国外,世界上还有一些国家和地区使用汉语,或使用与汉语关系密切的语言。做好我国的科技名词术语统一工作,为今后对外科技交流创造了更好的条件,使我炎黄子孙,在世界科技进步中发挥更大的作用,作出重要的贡献。

统一我国科技名词术语需要较长的时间和过程,随着科学技术的不断发展,科技名词术语的审定工作,需要不断地发展、补充和完善。我们将本着实事求是的原则,严谨的科学态度作好审定工作,成熟一批公布一批,提供各界使用。我们特别希望得到科技界、教育界、经济界、文化界、新闻出版界等各方面同志的关心、支持和帮助,共同为早日实现我国科技名词术语的统一和规范化而努力。

全国自然科学名词审定委员会主任

钱 三 强

1990 年 2 月

前　言

　　水利科学是一门历史悠久的综合性学科。统一水利科技名词,使之科学化、规范化,对水利科技的发展、传播、交流和科技书刊的编译、出版以及科技信息的传递等有着重要意义。

　　1990年中国水利学会受全国科学技术名词审定委员会(原称全国自然科学名词审定委员会)和水利部的委托,组建了水利科技名词审定委员会。1991年和1992年,委员会先后召开两次全体会议,制定了审定工作的计划,确定了工作重点,明确了各委员分工收集、提供水利学科中各部分名词的职责。并在《水利学报》和《中国水利学会通讯》刊物刊登消息广泛征集。

　　1993年3月提出《水利名词审定框架词条》,共分17部分,分别请有关委员、专家研究补充并撰写名词的英文名称和定义。

　　几年来,经过委员、专家们的通力合作和广泛听取各方面意见,几易其稿,先后提出了《水利科技名词》的讨论稿、征求意见稿和审定稿,并于1996年3月召开会议进行讨论协调,随后印发给中国水利学会各专业委员会、省(自治区、直辖市)水利学会和有关科研单位、大专院校、流域机构等征求意见。在编审过程中,各部分名词均曾邀请同行知名专家进行评审。最后于1997年4月经委员会顾问、委员审查通过。1997年6月全国科学技术名词审定委员会又委托严恺、张光斗、崔宗培和陈椿庭4位专家进行复审。经委员会主任会议对他们的复审意见进行认真的研究,再次修改并定稿,上报全国科学技术名词审定委员会批准公布。

　　这次公布的名词共3 126条,分属17部分,部分的划分主要是为了便于名词的收集、审定和查阅,不是严谨的学科分类。同一名词可能与多个部分相关,但在编排公布时,一般只出现一次,不重复列出。此外,我国水利历史悠久,流传着大量古代水利著作,其中有些水利名词当今已很少采用,或其涵义与现代不尽一致,为了便于阅读这些著作,特收集了水利史名词102条,作为附录,供读者参阅。

　　这次水利科技名词审定工作得到了全国科学技术名词审定委员会、水利部和中国水利学会的领导和支持,同时也得到了水利界许多单位和专家的热情支持。在名词审定过程中,除了依靠各委员分别审定外,我们还邀请了许正甫、佘志堂、李运涛、杨谦、陆家佑、陈玉璞、陈国祥、陈叔康、周氏、赵政声、贺锡勤、顾家龙、潘延龄、戴泽贵等专家参加了审定工作。在后期,还邀请了陶芳轩、李碧玉两位专家为统一汇总、整理编审作了大量工作。在此一并表示衷心感谢。希望各单位和专家学者在使用过程中,继续提出宝贵意见,以便今后研究修订,使其更趋完善。

水利科技名词审定委员会

1997年8月

编　排　说　明

一、本批公布的名词是水利科技第一批基本名词。

二、全书正文按主要分支学科分为总类，水文、水资源，水力学、河流动力学、海岸动力学，工程力学、工程结构、建筑材料，岩石力学、土力学、岩土工程，水利勘测、工程地质，水利规划，水工建筑，水利工程施工，防洪、治河，灌溉与排水，水力发电，航道与港口，水土保持，环境水利，水利经济，水利管理 17 部分。

三、每部分的汉文名按学科的相关概念排列，每个汉文名后附有与其概念对应的符合国际用法的英文名。

四、每个汉文名都附有定义性注释。当一个汉文名有两个不同的概念时，则用"(1)"，"(2)"分开。

五、英文名首字母大、小写均可时，一律小写；英文名除必须用复数者，一般用单数；英文名一般用美式拼法。

六、规范名的主要异名放在定义之前，用楷体表示。"又称"、"全称"、"简称"、"俗称"可继续使用，"曾称"为不再使用的旧名。

七、在定义中同时解释了其他概念的名词，该名词用楷体表示，并编入索引。

八、条目中的"[ ]"表示可以省略的部分。

九、正文后所附的英文索引按英文字母顺序排列，汉文索引按汉语拼音顺序排列。所示号码为该词在正文中的序号。

十、索引中带"＊"号者为规范名的异名和定义中出现的词目。

目　　录

01. 总 类

01.001　水　water
氢和氧的化合物,化学式为 H_2O。在自然界以固态、液态、气态三种聚集状态存在。

01.002　水体　water body
地球表层中各种形式的水的聚集体。如海洋、河流、湖泊、水库、冰川、沼泽、地下水等。

01.003　水域　water area
指有一定含义或用途的水体所占有的区域。如国家沿海有属于它的水域或海域,又如港口管辖的水体范围等。

01.004　水利　water conservancy
对自然界的水进行控制、调节、治导、开发、管理和保护,以防治水旱灾害,并开发利用水资源的各项事业和活动。

01.005　水资源　water resources
地球上具有一定数量和可用质量能从自然界获得补充并可资利用的水。

01.006　水灾　flood and waterlogging disaster
由于河道湖泊泛滥决口,或降雨除涝不及时,或风暴潮而淹没农田、居民点、经济和军事设施造成的灾害。

01.007　旱灾　drought
由于天然降水和人工灌溉补水不足,致使土壤水分欠缺,不能满足农作物、林果和牧草生长的需要,造成减产或绝产的灾害。

01.008　水利工程　hydroproject, water project, hydraulic engineering
对自然界的地表水和地下水进行控制、治理、调配、保护、开发利用,以达到除害兴利的目的而修建的工程。

01.009　水利科学　hydroscience
研究自然界水的运动规律和对水的控制、治理、开发利用、管理、保护的科学。

01.010　水利管理　water conservancy management
防汛、抗旱、改造农田和开发、利用保护水资源等所从事的工作。

01.011　水政　water administration
水行政机关在依法对全社会的治水和水资源开发、利用、保护等水事活动实施组织领导、监督管理、统筹协调中有关水的立法、政策和行政管理活动或行为的统称。

01.012　水灾防治　flood and waterlogging control
对洪水、风暴潮和内涝等灾害采取工程和非工程措施以减少或避免其危害和损失。

01.013　水资源开发利用　water resources development and utilization
运用工程措施和非工程措施来控制、调节和开发利用水资源。

01.014　水环境保护　water environment protection
采取限制或消除排入水体和水域的污染物的措施,使河流、湖泊、海洋、水库等水体和水域维持其应有的正常功能。

01.015　防洪　flood control
根据洪水规律和洪灾危害状况,采取的防洪或减免洪水灾害的对策、措施和方法。

01.016　治河　river regulation

对河道进行疏浚、排流导流、修堤、建闸坝、分洪、固滩、裁弯等能控制和影响水流与泥沙运行的措施，以防止河道泛滥，稳定河槽河势，或为改善航道和利于修建引水工程以及利于输沙而进行的工作。

01.017　除涝　surface drainage
排除因当地降雨过多而造成对城市和农田淹没的措施。

01.018　灌溉　irrigation
人工补充土壤水分以改善作物生长条件的技术措施。

01.019　排水　drainage
将一个地区内多余的地表水和地下水排除到该地区以外。

01.020　供水　water supply
按一定质量要求，供给不同的用户和用水地区一定水量的措施。

01.021　水力发电　water power, hydro-electric engineering
将河流、湖泊或海洋等水体所蕴藏的水能转变为电能的发电措施。

01.022　航运　navigation
利用江河、湖泊、海洋、水库、渠道等水域，用船舶、排、筏等浮载工具运送旅客、货物或流放木材。

01.023　跨流域调水　interbasin water transfer
又称"跨流域引水"。将一个流域的部分水量输送到另一个缺水流域，以补充缺水流域水量不足的措施。

01.024　水土保持　soil and water conservation
防治水土流失，保护、改良与合理利用水土资源，提高土地生产力，建立良好生态环境的事业。

01.025　滩涂开发　shore reclamation
对沿海、沿江、沿湖滩地进行筑堤围垦，进行水产养殖，兴办工业等综合开发。

01.026　农田水利　farmland water conservancy
为农业增产而进行的水利工作。如灌溉、排水，以及相应的耕作措施。

01.027　牧区水利　pastureland water conservancy
灌溉牧区草场、改善牧区人畜饮用水条件的水利工作。

01.028　城市水利　urban water conservancy
为解决城市防洪、供水、排水、以及处理城市的废水等所进行的水利工作。

01.029　水利渔业　water conservancy related fisheries
利用水利工程设施所形成的水域或滩涂，发展渔业的产业活动。

01.030　水利枢纽　hydroproject, hydrocomplex
为实现一项或多项水利任务，在一个相对集中的场所修建若干不同类型的水工建筑物组合体，以控制调节水流。

01.031　水库　reservoir
在河道、山谷、低洼地有水源或可从另一河道引入水源的地方修建挡水坝或堤堰，形成的蓄水场所；或在有隔水条件的地下透水层修建截水墙，形成的地下蓄水场所。

01.032　水利勘察　water conservancy exploration
对地形、地质、水文地质进行调查、测量、钻探而进行的工作。

01.033　水利规划　water conservancy planning, water resources planning

在一定范围,一定时期内,为开发利用水资源、防治水旱灾害而制定的总体措施安排。

01.034 水利工程设计 design of hydroproject

为达到一定的水利目标而制定的工程方案、建筑物和实施方法以及经费预算等工作。

01.035 水利工程施工 construction of hydroproject

按照设计的内容和要求修建水利工程的工作。

01.036 水文学 hydrology

研究地球各种水体的发生、循环及分布,水体的生物、化学和物理性质,以及水体与其周围环境(包括生物界)的相互作用的科学。

01.037 水资源学 science of water resources

研究水资源的产生、循环规律和开发利用及管理的学科。

01.038 水力学 hydraulics

研究水流运动规律等力学性能的学科。

01.039 河流动力学 river dynamics

研究河道水流、冰凌、泥沙运动和河流演变力学规律的学科。

01.040 海岸动力学 coastline hydrodynamics

研究海岸带波浪、潮汐、海流、冰凌、泥沙运动和通过海岸带的河流等海岸动力因素变动规律及其与岸滩海岸工程建筑物相互作用的学科。

01.041 水工结构学 technology of hydraulic structure

研究水工建筑物在水和其他外力影响下的稳定性和挡水能力的设计理论与方法的学科。

01.042 工程材料学 engineering material

研究工程所用的材料的性质、强度和承受外力及自然环境作用下的耐久性、抗冻融、抗风化、抗磨蚀等性质的学科。

01.043 土力学 soil mechanics

研究土的物理、化学和力学性质及土体在外力、水流和温度的作用下的应力、变形和稳定性的学科。

01.044 岩石力学 rock mechanics

研究岩石的物理、化学、力学性质和岩体在环境条件下及荷载作用下应力、变形和稳定性的学科。

01.045 工程地质学 engineering geology

研究与工程建设有关地质问题的学科。

01.046 农田水利学 irrigation and drainage engineering

研究农田中灌溉、排水等水利措施与耕作措施相结合促进农业生产发展的学科。

01.047 水能利用学 hydropower engineering

研究以一定的工程技术措施,经济合理地利用水能的学科。

01.048 水利经济学 water economics

应用经济学的基本原理和方法,研究水利事业在经济和社会发展中的地位和投资比例,测算和分析水利事业的投入和产出,以提高经济效益的学科。

01.049 环境水利学 environmental hydroscience

研究水利与环境的相互关系,以发挥水利优势,减免不利影响,保护和改善环境的学科。

01.050 水利史 history of water conser-

vancy
人类社会从事水利活动的发展历程的记
载。

02. 水文、水资源

02.01 水 文 学

02.001 水圈 hydrosphere
地球表层水体的总称。这些水体包括海洋、河流、湖泊、沼泽、冰川、积雪、地下水和大气圈中的水等。

02.002 水文循环 hydrological cycle, water cycle
又称"水循环"。地球上的水在太阳辐射和重力作用下,以蒸发、降水和径流等方式往返于大气、陆地和海洋之间周而复始的运动。包括全球水循环和局部水循环。

02.003 水文要素 hydrological element
用以表述水文现象的量值。如:水位、流量、含沙量、降水、蒸发、水质、水温等。

02.004 水量平衡 water balance, water budget
一定区域(或水体)在一定时段内水的收入量与支出量之差等于该区域(或水体)的蓄水变量。

02.005 水汽输送 transfer of water vapour
水文循环的一个环节。大气中的水分随着气流从一个地区输送到另一个地区或由低(高)空输送到高(低)空的现象。

02.006 陆地水文学 terrestrial hydrology
水文学的一个主要分支,研究陆地上水的分布、运动、化学和物理性质以及与环境的相互关系。

02.007 水文气象学 hydrometeorology
研究大气和陆地的水文循环,重点在于二者之间的相互关系。

02.008 地下水水文学 groundwater hydrology
研究地下水的动态规律和特性,以及与地下水资源评价等有关水文问题的学科。

02.009 河流水文学 river hydrology
水文学的一个分支,研究河流的自然地理特征、河流的补给、径流形成过程、河流的水温和冰情、河流泥沙运动和河床演变、河流水质、河流与环境的关系等。

02.010 湖泊水文学 limnology, lake hydrology
水文学的一个分支,主要研究湖泊的水量变化和水体运动、湖水的物理和化学性质、湖泊沉积等。

02.011 沼泽水文学 swamp hydrology, mire hydrology
水文学的一个分支,研究沼泽径流,沼泽水的物理、化学性质,沼泽对河流和湖泊的补给等。

02.012 冰川水文学 glacier hydrology
水文学的一个分支,主要研究冰川的分布、形成和运动,冰川融水径流的形成过程,冰川洪水的形成机制和预测等。

02.013 水文物理学 hydrophysics
研究水循环中水的物理性质及其在运动变化中的物理过程的学科。

02.014 水文化学 hydrochemistry
研究水循环中水的化学成分及其在时间上、空间上的变化过程和规律的学科。

02.015 水文地理学 hydrogeography
研究地球表面各类水体的性质、形态特征、变化与时空分布及地域规律。

02.016 区域水文学 regional hydrology
研究某些特殊自然景观地区(如河口、喀斯特及干旱区等)或特定行政区(如国家、省和市等)的水文特征和变化规律的水文学科。

02.017 水文分区 hydrological regionalization
根据水文现象的相似性与差异性,按照一定的分区原则和标准,划分成具有不同水文特征的区域。

02.018 应用水文学 applied hydrology
水文学的一个分支,研究水文学的原理与方法在各个与水有关领域中的应用。

02.019 工程水文学 engineering hydrology
应用水文学的一个分支,为工程规划、设计、施工、管理运行决策提供水文依据,主要包括水文计算、水文预报、水利计算和水资源评价等。

02.020 城市水文学 urban hydrology
应用水文学的一个分支,研究城市地区的水文规律,这种地区主要有几乎不透水的地面和人工地形所构成,所以它着重研究城市发展对水文现象的影响。

02.021 农业水文学 agricultural hydrology, agrohydrology
应用水文学的一个分支,着重研究水分－土壤－植物系统中与作物生长有关的水文问题,着重研究植物散发和土壤水的运动规律。

02.022 森林水文学 forest hydrology
应用水文学的一个分支,着重研究森林在水文循环中的作用,即森林的水文效应,包括森林对降水、蒸发和径流形成的影响。

02.02 陆 地 水 文 学

02.023 河流 river, stream
流域地面的天然排水通道,由一定流域内地表水和地下水补给,经常或间歇地沿着狭长凹地流动的水流。

02.024 干流 main stream, stem stream
在水系中,汇集流域径流的主干河流。

02.025 支流 tributary
直接或间接入干流的河流。

02.026 河系 river system
又称"水系"。干流、支流和流域内的湖泊、沼泽或地下暗河相互连接组成的系统。

02.027 分水岭 drainage divide
又称"分水线"。分开相邻流域的山脊或边界线。

02.028 流域 drainage basin, basin, watershed
河流或湖泊由分水岭所包围的集水区域。

02.029 外流河 exorheic river
注入海洋的河流。

02.030 内陆河 endorheic river
注入内陆盆地或因水量不足而中途消失的河流。

02.031 季节河 ephemeral stream, intermittent stream
又称"时令河"。在干旱季节河水干涸的河流。

02.032 悬河 perched river
又称"地上河"。河床高出两岸地面的河流。

02.033　河源　river source, headwaters
河流最初具有地表水流的地方。

02.034　河口　river mouth
河流汇入海洋、湖泊或其他河流的河段。

02.035　河槽　channel, stream bed
又称"河床"。河道中行水、输沙的部分。

02.036　中泓线　middle thread of channel
河道各横断面表面最大流速点的连线。

02.037　深泓线　thalweg, talweg
河槽各横断面最大水深点的连线。

02.038　河道横断面　river channel cross-section
垂直于河道中泓线,横截河流,以湿周和自由水面为界的垂直剖面。

02.039　河流纵剖面　river longitudinal profile
河流从上游至下游沿深泓线所切取的河床和水面线间的断面。

02.040　落差　fall
河段两端之间的水面高程差。

02.041　河床比降　slope of river bed
又称"河床斜率"。以沿水流方向河床两点高差除以其间距来表示。

02.042　河长　length of river
从河源沿河流中泓线至河口的距离。

02.043　河段　river reach
河流在两限定横断面之间的区段。

02.044　河网密度　river density
河流干、支流的总长度与流域面积之比,或平均单位面积内干、支流的长度。

02.045　感潮河段　tidal river reach
流量及水位受潮汐影响的河段。

02.046　三角洲　delta
在河口处由河流泥沙淤积形成的扇形平原。

02.047　滩涂　tidal flat
又称"海涂"。地面高程介于高、低潮位之间,由海洋向陆地的过渡地带。

02.048　湖泊　lake
陆地上洼地积水形成的、水面比较宽阔、换流缓慢的水体。

02.049　内陆湖　endorheic lake
内流区的湖泊,其入流水量消耗于蒸发。

02.050　淡水湖　freshwater lake
水中含盐度低于 1 000mg/l 的湖泊。

02.051　咸水湖　saltwater lake
水中含盐度为 1 000—35 000mg/l 的湖泊。

02.052　盐湖　saline lake
水中含盐度大于 35 000mg/l 的湖泊。

02.053　正温层　direct thermal stratification
湖水温度沿垂线分布,上层温度较高而下层较低(不低于 4℃)的状况。

02.054　逆温层　inverse thermal stratification
当气温降至 4℃ 以下时,湖水温度沿垂线分布呈上层温度较低而下层较高(不高于 4℃)的情况。

02.055　湖流　lake current
湖泊中的水团大致沿着一定的方向,保持着相对稳定的物理、化学性质的前进运动。

02.056　湖振　lake seiche
又称"假潮"。湖泊整个水体发生振荡的现象。

02.057　沼泽　swamp, mire, marsh
土壤经常为水饱和,地表长期或暂时积水,生长湿生和沼生植物,下层有泥炭累积或虽无泥炭累积但有潜育层存在的地段。

02.058 沼泽化 paludification
地下水接近地表,土壤长期为水饱和,在湿性植物作用和嫌气条件下进行着有机质的生物积累与矿质元素的还原过程。

02.059 冰川 glacier
分布在两极或高山地区、由大气固态降水积累演变而成、在重力作用下缓慢运动、长期存积的天然冰体。

02.060 雪线 snow line
高山常年积雪区的下边界,即年固态降水量与消融量开始达到平衡的地带。

02.061 冰川积累 glacier accumulation
冰川的物质补给,主要来自积雪、吹雪和雪崩以及少量的霜、雾凇、雹、液态降水和冰雪水的再冻结。

02.062 冰川消融 glacier ablation
冰川的物质消耗,包括冰的融化、蒸发和因崩落而部分冰块脱离冰体。

02.063 冰川融水径流 glacial melt-water runoff
冰川冰、粒雪和冰川表面的积雪融水汇入冰川末端河道形成的径流。

02.064 降水 precipitation
水汽凝结以后从空中降落到地球表面的液态或固态水。

02.065 积雪 snow cover
降雪形成的覆盖在陆地和海冰表面的雪层。

02.066 积雪水当量 water equivalent of snow cover
积雪融化后形成的水层的深度。

02.067 截留 interception
降水被植物枝叶拦截的现象。

02.068 蒸发 evaporation
温度低于沸点时,从水面、冰面或其他含水物质表面逸出水汽的过程。

02.069 水面蒸发 evaporation from open-water surface
在温度低于沸点时,从自由水面逸出水汽的过程。

02.070 土壤蒸发 evaporation from soil
土壤中的水分通过上升和汽化从土壤表面进入大气的过程。

02.071 蒸腾 transpiration
又称"散发"。植物中的水分以水汽形式转移到大气中的过程。

02.072 潜水蒸发 evaporation from phreatic water
潜水向包气带输送水分,并通过土壤蒸发或(和)植物蒸腾进入大气的过程。

02.073 总蒸发 total evaporation, evapo-transpiration
又称"蒸散发"。流域内土壤蒸发、水面蒸发和植物蒸腾的总称。

02.074 蒸发能力 potential evaporation
在充分供水条件下,单位时段内总蒸发的水量。

02.075 干燥指数 aridity index
又称"干燥度"。气候干燥程度,通常以蒸发能力与降水量之比表示。

02.076 下渗 infiltration
又称"入渗"。水通过地面进入土层的过程。

02.077 填洼 depression detention, depression storage
雨水或融雪水填充天然小洼地的过程。

02.078 地面滞留 surface detention
部分雨水在降雨期间暂时滞留在地面的现象,不包括填洼。

02.079 径流 runoff

形成河川水流的那部分降水。

02.080 地面径流 surface runoff
经地面汇入河流的那部分降水。

02.081 壤中流 interflow, subsurface flow
又称"表层流"。没有下渗到地下水面但作为潜流从该地区排入河道的那部分降水。

02.082 地下径流 groundwater runoff
渗入地下成为地下水,并以泉水或渗透水的形式泄入河道的那部分降水。

02.083 地下水 groundwater
埋藏在地面以下饱和层中的水。

02.084 包气带 aeration zone
又称"通气层"。地下水面以上,孔隙中含有空气和少量水分的那部分岩土层。

02.085 饱和带 saturation zone
又称"饱和层"。孔隙全部为水所充填的那部分岩土层。

02.086 土壤水 soil water
包气带最上层土壤中所含的水分,能在总蒸发作用下上升汽化逸入大气。

02.087 暗河 underground river, subterranean river
又称"地下河"。在喀斯特地区由潜水溶蚀石灰岩形成的经常流水的地下通道。

02.088 泉 spring
地下水的天然露头

02.089 地面沉降 land subsidence
地面在铅直方向发生高程降低的现象。

02.090 海水入侵 seawater intrusion
海水渗入沿海地区地下含水层的现象。

02.091 枯水 low flow
河流在少雨季节主要靠流域蓄水补给的水文情势。

02.092 基流 base flow
河川流量中基本稳定的部分,主要来自地下水补给,有时也包括来自湖泊和冰川的补给。

02.093 洪水 flood
(1)河流中水量迅速增加,水位急剧上涨的现象。(2)河流、湖泊、海洋等水位上涨,淹没平时不上水的地方的一种水文现象,常威胁有关地方安全或导致淹没灾害。

02.094 暴雨 rainstorm, storm, torrential rain
强度很大的降雨。中国气象部门规定 1h 内雨量大于等于 16mm,或 24h 雨量大于等于 50mm 的降雨为暴雨。

02.095 暴雨洪水 storm flood
暴雨引起的江河水量迅速增加并伴随水位急剧上升的现象。

02.096 山洪 flash flood
又称"骤发洪水"。历时很短而洪峰流量较大的山区骤发性洪水。

02.097 融雪洪水 snowmelt flood
冬季积雪于春季融化在河流中形成的洪水。

02.098 雨雪混合洪水 mixed rain and snowmelt flood
春季融雪,同时降雨所形成的混合型洪水。

02.099 溃坝洪水 dam-break flood
水坝溃决使蓄水骤然集中释放造成下游的巨大洪流。

02.100 产流 runoff generation
降雨或冰雪融水在流域中形成径流的过程。

02.101 汇流 flow concentration
产流水量在某一区域内的汇集过程。

02.102 流域汇流 flow concentration in river basin

产流水量从它形成水流的地点向流域出口断面的汇集过程。

02.103 坡面汇流 over land flow concentration

降雨或融雪形成的径流从它形成的地点沿坡地向河槽的汇集过程。

02.104 河网汇流 flow concentration in river net

水流沿河网中各级河道向流域出口断面的汇集过程。

02.105 流域产沙 sediment yield in river basin

流域地表的岩土在水力、风力、热力和重力等侵蚀作用下向河槽输移的现象。

02.106 泥沙输移 sediment transport

在河槽内泥沙被流动水体以任何方式输移的运动。

02.107 悬移质 suspended load

受水流紊动作用悬浮于水中随水流前进的泥沙。

02.108 推移质 bed load

沿河底以滚动、滑动或跳跃的方式随水流向前移动的泥沙。

02.109 冲泻质 wash load

又称"非造床泥沙"。河流挟带的泥沙中粒径较细的部分,且在河床中数量很少或基本不存在的泥沙。

02.110 床沙质 bed material load

河流挟带的泥沙中粒径较粗的部分,且在河床中大量存在的泥沙。

02.111 全沙 total load

输移泥沙的全部,包括推移质和悬移质。或者说,包括床沙质和冲泻质。

02.112 高含沙水流 hyperconcentration flow

含沙量高达到每立方米数百千克以上、流体性质改变的挟沙水流。

02.113 河流冰情 river-ice regime

河流在结冰、封冻和解冻过程中的各种水文现象。

02.114 结冰期 ice-formation period

气温下降,河水温度随之下降到0℃或稍低于0℃河流出现冰凌的时期。

02.115 冰花 frazil slush

浮在水面或潜于水中的水内冰、棉冰和冰屑等。

02.116 水内冰 frazil ice

由于水体过冷却和水流紊动作用,在水面以下任何部位结成的冰或其组合体。

02.117 流冰花 slush ice run

又称"淌凌"。冰花随水流动的现象。

02.118 封冻 freeze-up

又称"封河"。河段内出现横跨两岸的固定冰盖,且敞露水面面积小于河段总面积20%时的冰情现象。

02.119 冰盖 ice cover

横跨水体两岸覆盖水面的固定冰层。

02.120 清沟 lead

河流封冻区内未冻结的狭长水沟。

02.121 冰塞 ice jam

在冰盖下面,因大量冰花结积,堵塞了部分过水断面,造成上游水位壅高的现象。

02.122 冰坝 ice dam

开河时,大量流冰在浅滩、弯道、卡口及解体的冰盖前缘等受阻河段堆积成坝形且显著壅高上游水位的现象。

02.123 解冻 break-up

又称"开河"。在较长河段内已无固定冰盖,且敞露水面上下游贯通、水面超过河段总面积20％的冰情现象。

02.03 应用水文学

02.124 水文测验 hydrometry
(1)从站网布设到收集和整理水文资料的全部技术过程。(2)狭义的水文测验专指测量水文要素所需要的全部作业。

02.125 水文测站 hydrometric station
在河流上或流域内设立的按一定技术标准经常收集和提供水文要素资料的各种水文观测现场的总称。

02.126 基本水文站 principal hydrometric station, base station
为探索水文基本规律，满足水文分析计算、水文预报、水资源评价及环境监测等多方面需要，经统一规划而设立，并进行长期连续观测的水文测站。

02.127 专用水文站 hydrological station for specific purpose
为特定目的而设立，不具备或不完全具备基本水文站功能的水文测站。

02.128 水文站网 hydrological network
在整个流域或地区，按一定原则，用适当数量的各类水文测站构成的水文资料收集系统。

02.129 流量站 stream gauging station
又称"水文站"。进行流量测验和水位观测的水文测站。有些还兼测泥沙、降水量、水面蒸发量与水质等。

02.130 水位站 stage gauging station
对河流、湖泊或水库等水体的水位进行观测的水文测站。

02.131 雨量站 precipitation station
又称"降水量站"。观测降水量的水文测站。

02.132 水质站 water quality monitoring station
又称"水质监测站"。监测水体的物理、化学和生物学性质的水文测站。

02.133 地下水观测井 observation well of groundwater
用以观测地下水位或兼测地下水开采量、水质、水温等的水井。

02.134 水位 stage, water level
河流或其他水体的自由水面相对于某一基准面的高程。

02.135 水尺 staff gauge
为直接观测河流或其他敞露水体的水位而设置的标尺。

02.136 自记水位计 water-level recorder, limnograph
自动记录水位变化过程的仪器。

02.137 流量 discharge
又称"流率"。单位时间内流过某一横断面的水体体积。

02.138 洪峰流量 peak discharge
一次洪水过程中的最大瞬时流量。

02.139 洪水总量 flood volume
一次洪水过程中或在给定时段内通过河流某一断面的洪水体积。

02.140 进潮量 tidal prism
随着潮水的运动，在一个全潮过程中流入并再退出河段的水体体积，不包括河流上游来水。

02.141 流量测验 discharge measurement, stream gauging

在河流或其他水流中测定水体流量的作业。

02.142 水位流量关系 stage-discharge relation

河流或渠道中某一给定横断面处的水位和流量之间的对应关系,可以用曲线、数表或方程式等形式表示。

02.143 流速 velocity

在某一特定方向上,水流在某点的运动速率。

02.144 流速仪 current meter

用于测定水流速度的仪器。

02.145 转子式流速仪 rotating-element current-meter

装有一个转子的量测流速的仪器,反应测点周围流体速度的转子的转数是该点水流速度的函数。

02.146 超声波测速仪 ultrasonic velocity meter

利用声波传播来测定一组或多组在河流两岸上下游相互错开对应安装的换能器直线之间同水层的平均流速的装置。

02.147 电磁测速仪 electromagnetic current-meter

利用电磁感应原理,根据流体切割磁场所产生的感应电势与流体速度成正比的关系而制成的流速测量仪器。

02.148 动船法[测流] moving boat method

将测船沿测流断面往返横渡,施测各测点(垂线)的流速、水深和测船移动距离来测定流量的方法。

02.149 稀释法测流 dilution gauging

根据上断面注入的示踪剂浓度与下游取样断面处已经稀释的示踪剂浓度的比值来推算流量的方法。

02.150 量水建筑物 measuring structure

又称"测流建筑物"。用以测定流量的建筑物。如量水堰、缺口堰和测流槽等。

02.151 水文缆道 hydrometric cableway

横跨河流上空、在岸上操作的索道系统,用以输送和控制仪器在该处水流断面上进行水文测验或泥沙、水质采样作业。

02.152 水文缆车 hydrometric cable-car

装有吊箱以运载人员、仪器进行水文测验的水文缆道。

02.153 浮标 float

用以测定水流速度的、漂浮于水面或浸没在水中的天然或人工漂浮物体。

02.154 测深锤 sounding weight

用以测量水深的重物。

02.155 回声测深仪 echo-sounder

利用从河底反射的声信号测定水深的一种仪器。

02.156 降水量 precipitation

又称"降水深"。在一定时段内,从大气降落到地球表面的液态和固态水所折算的水层深度。

02.157 雨量器 raingauge

人工观测降水量的标准器具。

02.158 自记雨量计 rainfall recorder, pluviograph

自动记录降雨量及其过程的仪器。

02.159 蒸发器 evaporation pan, evaporimeter

又称"蒸发皿"。用以测定在一定时段内水面向大气蒸发的水量的仪器。

02.160 蒸发池 evaporation tank

具有较深的、面积较大的池盆的蒸发器,可以测定在蒸发作用下池内水位的下降值。

02.161 蒸渗仪 lysimeter

为研究水文循环中下渗、径流、蒸散发及排水中可溶解成分的转移等过程,而埋设在地面以下的观测装置。

02.162 泥沙测验 sediment measurement
观察和测量流域和水体中泥沙随水流运动的形式、数量及其演变过程。

02.163 悬移质采样器 suspended load sampler
为测定悬移质含沙量及其颗粒级配,用来采集河流悬移质水样的仪器。

02.164 推移质采样器 bed load sampler
为测定推移质输沙率及其颗粒级配,用来采集河流推移质样品的仪器。

02.165 核含沙量仪 nuclear sediment concentration meter
根据放射性同位素射线通过不同含沙浑液时其强度有不同程度衰减的原理来测定含沙量的仪器。

02.166 含沙量 sediment concentration
又称"含沙浓度"。单位体积浑水中所含悬移质干沙的质量。

02.167 悬移质输沙率 suspended load discharge
单位时间内通过河道某一横断面的悬移质质量。

02.168 推移质输沙率 bed load discharge
单位时间内通过河道某一横断面的推移质质量。

02.169 输沙量 sediment runoff
给定时段内通过河道某断面的泥沙质量。

02.170 地下水位 groundwater level
在某一定地点和时间,潜水水面相对于某一基面的高程。

02.171 水质 water quality
水体的物理、化学和生物等要素及各自的含量所决定的特性及其组成状况。

02.172 水质监测 water-quality monitoring
为掌握水体质量变化,对水质参数进行的测定和分析。

02.173 水质分析 water-quality analysis
应用物理学、化学、生物学方法,对水质样品的水质参数的性质、含量、形态和危害进行定性和定量分析。

02.174 离子总量 total ion concentration
又称"离子总浓度"。单位容积水样中所含有各种离子的总质量。

02.175 溶解氧 dissolved oxygen
以分子状态溶存于水中的氧。

02.176 pH值 pH value
氢离子浓度(活性)对数的负数,用作酸度(pH<7)或碱度(pH>7)的指标。

02.177 水文遥感 hydrological remote-sensing
应用传感器在遥远处探测不直接接触的水体的性质和水文要素。

02.178 水文遥测 hydrological telemetering
在一定距离之外记录由仪器所测得的水文数据。

02.179 水文自动测报系统 automatic system of hydrological data acquisition and transmission
为收集、传递和处理水文实时数据而设置的各种传感器、通信设备和接收处理装置的总体。一般由水文测站、信息传递通道和接收处理中心三部分组成。

02.180 水文调查 hydrological survey
为弥补水文基本站网定位观测的不足或其他特定目的,采用勘测、调查、考证等手段而进行的收集水文资料及有关信息的工作。

02.181　洪水调查　flood survey
为估算某次已发生的洪水的最高洪水位、洪峰流量、洪水总量、洪水过程及其重现期而进行的现场调查测量和资料收集、考证工作。

02.182　洪痕　flood marks
又称"洪水痕迹"。遗留在沿河建筑物或河岸上标志着洪水最高水位的天然痕迹或人工题刻。

02.183　枯水调查　low-flow survey
为查明测站或特定地点河流断面的最低水位和最小流量而进行的调查测量工作。

02.184　水文实验站　hydrological experimental station
为深入研究某些专门问题而设立的一个或一组水文测站。

02.185　水文实验流域　hydrological experimental basin
一个小流域，其自然条件被有意改变而研究这种改变对其水文情势造成的影响。

02.186　代表流域　representative basin
在一个自然地理条件和水文特征近似而难以普遍布设水文测站的较广地区内，选定代表性强、面积较小的流域进行系统的水文观测，为研究本地区各流域水文情况提供观测资料，这个流域称代表流域。

02.187　水文资料整编　hydrological data compilation
对观测的水文资料统一规定，进行管理、分析、统计、审查、汇编和刊印的全部工作过程。

02.188　水文年　hydrological year, water year
从枯水期结束后的月份开始的连续 12 个月时间。

02.189　水文统计　hydrological statistics
用概率论和数理统计学的原理和方法研究水文事件随机规律的技术途径。

02.190　水文过程线　hydrograph
水文要素(如水位、流量等)随时间变化的曲线。

02.191　历时曲线　duration curve
表示某一水文要素(如水位、流量、含沙量)等于或大于某给定值的持续时间的曲线，所用时间不考虑其连续性。

02.192　等值线图　isogram, isopleth
绘有某水文要素等值地点连线的地理分布图。

02.193　径流深　depth of runoff
在某一给定时段的径流总量除以相应集水面积所得的商。

02.194　径流模数　modulus of runoff
在某一给定时间内从单位集水面积上所产生的水量。如年径流模数。

02.195　水文资料　hydrological data
又称"水文数据"。各种水文要素的观测、调查记录及其整理分析成果的总称。

02.196　水文年鉴　hydrological year-book, water year-book
按照统一的要求和规格，并按流域和水系一编排卷册，逐年刊印的水文资料。

02.197　水文数据库　hydrological data bank, hydrological data base
以电子计算机为基础的水文数据存储、检索系统。

02.198　水文计算　hydrological computation
为确定水体的水文特征值而进行的分析计算工作。估算未来工程运行期间可能出现的水文设计特征值，为工程规划、设计和水资源评价提供依据。

02.199 频率分析 frequency analysis
根据历史资料对水文随机事件(如洪水、径流等)出现频率的分析估算。

02.200 水文频率曲线 frequency curve
又称"概率密度曲线"。水文变量的数值与其出现概率的关系曲线。

02.201 累积频率曲线 cumulative probability curve
又称"保证率曲线"。某一水文变量与其等值或超过值出现概率的关系曲线。工程水文中通常用作频率曲线。

02.202 变差系数 coefficient of variation
又称"离差系数"。描述随机变量相对于均值离散程度的统计参数,以标准差与均值之比表示。

02.203 偏态系数 coefficient of skewness
又称"偏差系数"。描述频率分布不对称性的统计参数,通常采用三阶中心矩与标准差立方之比表示。

02.204 [水文]重现期 recurrence interval, return period
指某水文变量 X 大于或等于一定数值 X_m(即 $X \geqslant X_m$)在很长时期内平均多少年出现一次。

02.205 设计暴雨 design storm
符合设计标准的暴雨量及其时程分配和面分布,主要用于推求设计洪水。

02.206 点降水量 point precipitation
在一个特定地点的降水量。

02.207 面降水量 areal precipitation
在一定范围的面积上的平均降水量。

02.208 降雨强度 rainfall intensity
单位时间内的降雨量。

02.209 设计暴雨雨型 design storm pattern
设计暴雨的降雨过程(降雨强度随时间的分配)称为设计暴雨时程分配雨型;设计暴雨在流域范围内的面分布图形称为设计暴雨面分布雨型;两者统称设计暴雨雨型。

02.210 暴雨时－面－深关系 rainfall depth-area-duration relationship
一次暴雨的不同历时、不同笼罩面积和这些面积上的最大面平均雨深之间的定量关系。

02.211 可能最大降水 probable maximum precipitation, PMP
在现代气候条件下,某一地区一定历时内可能发生的最大降水量。

02.212 暴雨移置 storm transposition
将某一地区内已经发生的实测暴雨(时－面－深典型)移置到同一个气象区内的设计流域或面积上。

02.213 暴雨极大化 rainfall maximization
通过将典型暴雨的水汽因子和动力因子放大以推求可能最大降水的方法。

02.214 前期降雨指数 antecedent-precipitation index
前期逐日雨量的加权累积数,作为土壤含水量的指标。

02.215 设计洪水 design flood
符合防洪设计标准的洪水。内容主要包括设计洪峰、洪量和洪水过程线。

02.216 校核洪水 check flood
符合防洪校核标准的洪水,是表示在非常运行情况下工程防洪能力的设计指标。

02.217 洪水过程线 flood hydrograph
表示洪水流量或水位随时间变化的曲线图。

02.218 可能最大洪水 probable maximum flood, PMF
由可能最大降水及其时、空分布,通过流域产流和汇流计算或其他方法求得的大洪水。

02.219 年径流 annual runoff
一年期间通过河流某一断面或流域出口断面的总水量。

02.220 设计年径流量 design annual runoff
相应于设计标准的年径流量及其年内分配。

02.221 流域降雨径流模型 watershed rainfall-runoff model
模拟流域上由降雨形成径流过程的物理模型或数学模型。系统的输入是雨量等,输出是流域出口的流量过程。

02.222 随机水文学 stochastic hydrology
用概率论的方法描述和分析水文过程和水文现象的学科。

02.223 水文情报 hydrological information
河流、湖泊、水库等水体的水文情势的及时报告。

02.224 水文预报 hydrological forecasting
对河流等水体在未来一定时段内的水文状况作出预测。

02.225 预报预见期 forecast lead time
从发布预报的时刻至预报事件发生所间隔的时间。

02.226 短期水文预报 short-term hydrological forecast
对未来 2 天内水体某一水情要素值的预报。

02.227 中期水文预报 medium-term hydrological forecast
对未来 3—10 天内水体某一水情要素值的预报。

02.228 长期水文预报 long-term hydrological forecast
对 10 天以后水体某一水情要素值的预报。

02.229 洪水预报 flood forecasting
根据洪水形成和运动的规律,利用过去和现时水文气象资料,预测未来的洪水情况。

02.230 降雨径流关系 rainfall-runoff relation
将降雨量、产流量及其主要影响因素,通过一定的相关曲线或数学公式表达的关系。

02.231 径流系数 runoff coefficient
径流量与相应降水量之比。

02.232 洪水演算 flood routing
计算洪水波通过河道或其他水体的运动和变形的技术。

02.233 马斯京根法 Muskingum method
洪水演算的水文近似方法,即联解河段水量平衡方程和表示河段水量与加权入流、出流为直线关系的槽蓄方程。

02.234 特征河长 characteristic river-length
能满足河段槽蓄量与出口断面流量成单值关系条件的河段长度。

02.235 特征河长法 characteristic river-length method
按特征河长分段连续进行流量演算的方法。

02.236 等流时线 isochrones
在流域图上绘制的一系列等值线,同条线上的所有水质点汇流到流域出口的传播时间均相等。

02.237 单位[过程]线 unit-hydrograph
单位时间内流域上均匀分布的单位净雨量在流域出口断面形成的地面径流量过程线。

02.238 瞬时单位[过程]线 instantaneous unit-hydrograph
净雨量的历时趋于无限小时所求得的单位过程线。

02.239 综合单位[过程]线 synthetic unit-hydrograph
根据流域特征与单位过程线要素之间的经

验关系,由流域特征间接推求的单位过程线。

02.240 汇流曲线 flow concentration curve
单元入流经过流域沿程滞蓄作用,在流域出口断面所形成的流量过程线。

02.241 融雪洪水预报 snowmelt fore-casting
对积雪融化形成的洪水的大小及发生时间的预报。

02.242 冰情预报 ice regime forecasting

对河流、湖泊、水库在结冰、封冻和解冻过程中的冰情及其变化的预报。

02.243 枯水预报 low-flow forecasting
根据流域蓄水的消退规律,利用前期流域蓄水资料,对枯水季节的河川径流量和过程的预报。

02.244 地下水位预报 groundwater level forecasting
对某地地下含水层水面高程未来变化的预报。

02.04 水 资 源

02.245 全球水储量 global water reserves
在地球水圈中各种形态水的总量。

02.246 全球水平衡 global water balance
是质量守恒定律在全球水循环中的特定表现形式。通过全球水循环,平均每年从陆地和海洋蒸发的水量为 577 000km³,等于每年降到地球表面的降水量。

02.247 水体更新周期 renewal period of water body
在地球上某一水体通过水循环更新一次的时间。

02.248 地表水资源量 surface water re-sources amount
某特定区域在一定时段内由降水产生的地表径流总量,其主要动态组成为河川径流总量。

02.249 地下水资源量 groundwater re-sources amount
某特定区域在一定时段内由于降水及其他补给源所形成的地下水量。

02.250 水资源总量 gross amount of water resources

某特定区域在一定时段内地表水资源与地下水资源补给的有效数量总和,即扣除河川径流与地下水重复计算部分。

02.251 地下水储量 groundwater reserves
某特定区域在一定时段内储存于各类地下含水层和储水结构中的地下水总量。

02.252 地下水补给量 amount of ground-water feed
某特定区域在一定时段内由降水和地表水体补给地下水的水量。

02.253 地下水开采量 amount of ground-water mining
在一定时段内由特定区域内地下含水层中所提取的地下水量。

02.254 降水入渗补给系数 feed coefficient of precipitation infiltration
由降水入渗补给的地下水量与降水量的比值。

02.255 导水系数 coefficient of transmissivity
单位水力坡度,单位时间通过单宽介质的水量,其量纲为 L^2T,是表示岩土层输水性大小的指标。

02.256 弹性释水系数 elastic storativity
又称"弹性给水度"。含水层水头变化一个单位时,从单位面积含水层中释放出的水量。

02.257 地下水漏斗 groundwater depression
又称"地下水下降漏斗"。地下水在开采条件下形成地下水位向下凹陷的漏斗形自由水面或水压面。

02.258 地下水回灌 groundwater recharge
将水从外部加进地下含水层的天然的或人为的过程。可直接注入含水层,也可取道另一岩层间接注入含水层。

02.259 水资源分区 water resources regionalization
在水文分区的基础上,考虑水资源的特点确定的分区。

02.260 水资源评价 water resources assessment
在确定水资源的来源、数量、变化范围、保证程度及水质的基础上,评价其可利用及控制的可能性。

02.261 水资源基础评价 basic assessment of water resources
对特定地区的水文、气象、水文地质、地形地貌和地理环境等与水资源有关的资料进行统计分析和评价工作。

02.262 水资源供需分析 supply-demand analysis of water resources
对某特定范围及特定目的进行供用水现状和需水前景的估计,并寻求供水方案,以适应供需发展的要求。

02.263 水资源系统分析 system analysis of water resources
利用系统科学的理论和方法分析制定水资源合理开发、利用、保护和管理方案,使达到整体最优或最满意的综合效益。

02.264 水资源优化配置 water resources optimal allocation
对特定范围内有限的水资源优化配置给既定的目标或地区,以期达到整体最满意的效果。

02.265 水资源优化规划 water resources optimal planning
用系统分析方法,寻求一个地区的水资源开发、利用、分配和控制的相对最优模式,以取得最大的经济效益、社会效益和环境效益的工作。

02.266 水资源优化调度 water resources optimal operation
对已建的水工程或现有的河流、水库、地下含水层中的水资源进行优化的运用和调度,以求取得最大的经济、社会和环境效益。

02.267 城镇生活用水 urban domestic water
城镇居民生活及公用设施所用的水量。

02.268 工业用水 industrial water
工业生产过程所用的水量。包括原料用水、动力用水、冲洗用水和冷却用水等。

02.269 灌溉用水 irrigation water
为农作物、林草等生长由人工供给的水量。

02.270 农村饮用水 rural potable water
为农村居民生活及饲养牲畜所供的水量。

02.271 屋顶接水 roof rainfall collection
利用屋顶承接天然降雨水,经净化处理后作为生活用水的措施。

02.272 用水定额 water-use quota
生产单位产量的需水定量,或每人每日生活及每头牲畜的需水定量。

02.273 耗水量 water consumption
为工农业所供水量中耗于蒸散发而逸失于大气和构成产品成分的部分水量。

02.274 重复利用率 repeating utilization factor
在工农业生产中所供水量扣除耗水量后,剩余水量经过一定处理后重复利用于供水,此重复利用水量与总供水量的比值即重复利用率。

02.275 循环用水 cycling use of water
对工业冷却水或其他已用过的水经处理后再用于供水,是水在供－排－供过程中循环使用。

02.276 冷却用水 cooling water
工业生产中为降低在生产过程中升高的温度所用的水量及在火力发电中为冷却废汽使凝为水的水量。

02.277 河道内用水 instream water-uses
在河道内航运、水力发电、保护河道生态系统和环境等基础不消耗水量的用水。

02.278 河道外用水 offstream water-uses
把水引到河道以外应用,如工农业及生活供水。

02.279 水力发电用水 water-use for hydropower
水力发电所需的水量。

02.280 航运用水 water-use for navigation
为保证航运要求的水深、流速等条件而必须在河道内保持的水量。

02.281 冲淤用水 water-use for scouring and warping
为保持河道的输沙能力或冲去河道中淤积物,以及为淤地或淤背固堤等所需用的水量。

02.282 环境用水 water-use for environment
为保持水体中一定的水环境容量以维持生态平衡、保护和改善景观所要求的水量。

02.283 节约用水 water saving
为达到同等用水效果而科学合理地减少供水量的活动措施。

02.284 可供水量 available water
某地区不同来水条件下水源工程可能提供的水量。

02.285 缺水量 water deficit
因供水不足,需水量与供水量的差距。

02.286 水长期供求计划 long-term planning of watersupply and demand
某特定区域的未来10—20年水资源供需规划。

02.287 水资源危机 water resources crisis
因水资源缺乏而供水不足发生的水的严重供需矛盾,以致危及正常生活和生产的情况。

02.288 水荒 water scarcity
因来水的随机变化在某一时间内供水严重不足以致影响正常生活及生产的情景。

02.289 水的矿化度 mineral content of water
单位水体积内含有的矿物离子总量。

02.290 水的总硬度 total hardness of water
单位水体积内含有的钙、镁离子总量。

02.291 水资源可持续开发 sustainable development of water resources
在开发利用水资源时应遵循能为今后持续开发利用水资源的原则,以适应水工程供水能力变化及社会和经济前景不断变化的情况。

03．水力学、河流动力学、海岸动力学

03.01 水 力 学

03.001 流体力学 fluid mechanics
研究流体(液体和气体)的力学运动规律及其应用的学科。

03.002 水静力学 hydrostatics
研究水和其他液体在静止状态下的力学运动规律及其应用的学科。

03.003 水动力学 hydrodynamics
研究水和其他液体在运动状态下的力学运动规律及其应用的学科。

03.004 连续介质 continuum, continuous medium
质点连续地充满所占空间的流体或固体。

03.005 流体 fluid
一受到切力作用就会连续变形的物体。

03.006 流体质点 fluid particle
又称"流体微团"。含有足够多的分子,可作为连续介质基本单元的最小流体团。

03.007 理想流体 ideal fluid
忽略粘性效应的流体。

03.008 粘性流体 viscous fluid
粘性效应不可忽略的流体。

03.009 牛顿流体 Newtonian fluid
剪切变形率与切应力成线性关系的流体。

03.010 非牛顿流体 non-Newtonian fluid
剪切变形率与切应力不成线性关系的流体。

03.011 宾厄姆体 Bingham body
曾称"宾汉体"。剪切应力超过屈服应力的余值与剪切变形率成正比的塑性体。

03.012 质量力 mass force
又称"体力"。作用于物体的每一个质点上,其大小与物体质量成比例的力。

03.013 [表]面力 surface force
分布于流体两部分的界面上或流体与固体的接触面上的相互作用力。

03.014 静水压力 hydrostatic pressure
作用于静止液体两部分的界面上或液体与固体的接触面上的法向面力。

03.015 动水压力 hydrodynamic pressure
作用于运动液体两部分的界面上或液体与固体的接触面上的法向面力。

03.016 粘滞性 viscosity
流体在流动状态下抵抗剪切变形的能力。

03.017 粘滞系数 coefficient of viscosity
度量流体粘滞性的系数,其值为切应力与剪切变形率的比值。

03.018 表面张力 surface tension
液体表面层由于分子引力不均衡而产生的沿表面作用于任一界线上的张力。

03.019 毛细管压力 capillary pressure
毛细管中由弯曲液面上表面张力的合力形成的管内外两侧的压强差。

03.020 流体压缩性 compressibility of fluid
流体在压力作用下发生体积变形并出现内部抵抗的性质。

03.021 压强 pressure
作用于单位面积上的压力。

03.022　水头　head
以液柱高度表示的单位质量液体的机械能。

03.023　水头线　head line
表示同一流线上各质点水头的诸假想水柱顶端的连线。

03.024　位置水头　elevation head
以水体中一点位置到基准面的高度表示的该点处单位重量液体的重力势能。

03.025　压强水头　pressure head
以液柱高度表示的单位重量液体的压强势能。

03.026　流速水头　velocity head
以液柱高度表示的单位重量液体的动能。

03.027　惯性水头　inertia head
加速或减速流动中,单位重量液体由于克服惯性而转移的机械能。

03.028　测压管　piezometer
用于测量液体相对压强的、连通于被测液体的开口管。

03.029　测压管水头　piezometric head
以测压管液面到基准面的高度表示的单位重量液体的总势能。

03.030　浮力　buoyant force
液体中物体所承受的垂直向上的静水总压力。

03.031　浮体　floating body
漂浮在液面的物体。

03.032　潜体　submerged body
潜没于液体中并可在任意深度处维持平衡的物体。

03.033　浮心　center of buoyancy
浮体的几何中心。

03.034　定倾中心　metacenter
浮体倾斜并处于平衡位置后,浮力作用线同浮心-重心连线的交点。

03.035　流线　streamline
流场中,线上每一流体质点同一时刻的速度矢量都和它相切的曲线。

03.036　迹线　path line
同一流体质点在不同时刻形成的轨迹曲线。

03.037　过水断面　cross section of flow
流场中与流线正交的横断面。

03.038　元流　flow filament
又称"流束"。过水断面面积无穷小的一束水流。

03.039　总流　total flow
无数元流集合而成的,过水断面面积有限的整股水流。

03.040　恒定流　steady flow
又称"定常流"。任一定点处的流动要素不随时间改变的流动。

03.041　非恒定流　unsteady flow
又称"非定常流"。在一定点处的流动要素随时间改变的流动。

03.042　渐变流　gradually varied flow
又称"缓变流"。流线曲率很小、流速沿程变化平缓,且流线间近乎平行的流动。

03.043　急变流　rapidly varied flow
流线曲率较大或流线间夹角较大、流速沿程变化较急剧的流动。

03.044　均匀流　uniform flow
流速的大小和方向沿流线不变的流动。

03.045　非均匀流　nonuniform flow
流速的大小和方向或二者之一沿流线变化的流动。

03.046　势流　potential flow

又称"无旋流动"。流体微团没有转动的流动。

03.047 涡流 vortex flow
又称"有旋流动"。流体微团有转动的流动。

03.048 涡量 vorticity
又称"涡度"。流体速度矢量的旋度。

03.049 涡线 vortex line
某一瞬时，涡量场中处处与涡量矢量相切的曲线。

03.050 涡通量 vorticity flux
涡量矢量通过任一截面的曲面积分。

03.051 涡管 vortex tube
涡量场中，通过一闭合曲线上各点的所有涡线组成的管状曲面。

03.052 涡丝 vortex filament
又称"线涡"。截面积无限小而强度（涡通量）为有限值的涡管。

03.053 势涡 potential vortex, free vortex
又称"点涡"。孤立的无限长直涡丝的诱导速度所引起的平面势流。

03.054 强迫涡 forced vortex
流体微团转动角速度在流动区域内处处相等的涡流。

03.055 速度环量 velocity circulation
速度矢量沿封闭有向曲线的曲线积分。

03.056 流速势函数 velocity potential function
简称"流速势"。势流中，其梯度等于流速矢量的标量函数。

03.057 流函数 stream function
二维流动中，由连续性方程导出的、其值沿流线保持不变的标量函数。

03.058 源 source

理想不可压缩势流中，流体从一点以一定流量均匀地向各方径向流出所形成的流动。

03.059 汇 sink
理想不可压缩势流中，流体均匀地由各方径向汇于一点的流动。

03.060 等流函数线 line of constant stream function
流场中，流函数值相等的各点的连线。

03.061 等势线 equipotential line
流场中，流速势取同一数值的各点的连线。

03.062 流网 flow net
由等势线与流线组成的正交网格。

03.063 层流 laminar flow
粘性流体的互不混掺的层状运动。

03.064 紊流 turbulent flow
又称"湍流"。速度、压强等流动要素随时间和空间作随机变化，质点轨迹曲折杂乱、互相混掺的流体运动。

03.065 脉动 fluctuation
紊流中一点处某物理量围绕其时间平均值随机变动的现象。

03.066 脉动流速 fluctuating velocity
紊流瞬时流速与其时间平均值之差。

03.067 压力脉动 pressure fluctuation
紊流中一点处压强随时间作随机变化的现象。

03.068 紊流强度 turbulence intensity
以脉动流速的均方根与相应时均流速的比值来反映紊动强弱的特征值。

03.069 时均流动 temporal mean flow
紊流中各点的速度、压强等均代以其时间平均值所形成的假想流动。

03.070 猝发 burst

紊流边界层中,低速带流体由壁面向外喷射,上层高速流体朝壁面冲入、扫掠,此过程重复发生、间歇出现而为紊流提供主要能量的物理过程。

03.071　雷诺应力　Reynolds stress
又称"紊动应力"。紊流时均流动中由于流速脉动引起质点间的动量交换而产生的附加应力。

03.072　紊动粘滞系数　turbulence viscosity coefficient
雷诺应力与时均变形速率的比值。

03.073　混合长度　mixing length
又称"混掺长度"。普朗特的动量传递理论中,流体微团在横向脉动流速作用下,与周围流体混合并交换动量以前所移动的距离。

03.074　边界层　boundary layer
粘性流体流经固体边壁时,在壁面附近形成的流速梯度明显的流动薄层。

03.075　分离　separation
边界层脱离绕流物体壁面的现象。

03.076　粘性底层　viscous sublayer
紊流边界层中紧靠固体壁面,粘性应力起主导作用的流体薄层。

03.077　水流阻力　flow resistance, drag
水流与物体作相对运动时,物体与水流接触面上相互作用力的沿运动方向的分力。

03.078　摩擦阻力　friction drag
水流与物体作相对运动时,由物体面摩擦力(切应力)合成的阻力。

03.079　形状阻力　form drag
又称"压差阻力"。实际流动绕过物体时上游面与下游面压力差形成的阻力。

03.080　阻力系数　drag coefficient
按某一特征面积计算的单位面积的阻力与单位体积来流动能的无因次比值。

03.081　升力　lift force
流体与物体作相对运动时,流体对绕流物体总作用力在与来流正交方向的分力。

03.082　尾迹　wake
又称"尾流"。绕物体流动在边界层分离点下游所形成的旋涡区。

03.083　涡街　vortex street
又称"涡列"。流动绕非流线形柱体后的尾流两侧交错排列的系列旋涡。

03.084　摩阻流速　friction velocity
又称"壁剪切流速"。壁面切应力与流体密度之比值的平方根。

03.085　驻点　stagnation point
又称"滞点"。流体受迎面物体的阻碍而沿物面四周分流时,物面上受流动顶冲而流速为零的点。

03.086　水头损失　head loss
水流中单位重量水体因克服水流阻力作功而损失的机械能。

03.087　沿程水头损失　frictional head loss
水流沿流程克服摩擦力作功而损失的水头。

03.088　局部水头损失　local head loss
流动过程中由于几何边界的急剧改变在局部产生的水头损失。

03.089　粗糙系数　roughness coefficient
又称"糙率"。反映管渠边壁的粗糙程度以及形状不规则性等影响水流阻力的一个综合性系数。

03.090　[水力]光滑壁面　hydraulically smooth surface
管渠紊流中,粗糙高度小于粘性底层厚度,对阻力系数不产生影响的壁面。

03.091　水力光滑区　hydraulically smooth

region

边界可作为水力光滑壁面对待的紊流分区。

03.092 **[水力]粗糙壁面** hydraulically rough surface

管渠紊流中,粗糙高度远大于粘性底层厚度,阻力系数只依粗糙程度而变化的壁面。

03.093 **水力粗糙区** hydraulically rough region

边界可作为水力粗糙壁面对待的紊流分区。

03.094 **阻力平方区** region of quadratic resistance law

切应力与时均流速的平方成正比的紊流分区。

03.095 **孔口** orifice

液体流过并具有闭合湿周的挡水壁面开口。

03.096 **堰流** weir flow

流经过水建筑物顶部下泄,溢流上表面不受约束的开敞水流。

03.097 **管流** pipe flow

管道中无自由液面的流动。

03.098 **管网** pipe network

若干条管道以分支、并联、串联等方式组合而成的有压输水系统。

03.099 **明渠水流** open channel flow

又称"明槽水流"。天然河道、人工渠道或某些水工建筑物中具有自由水面的水流。

03.100 **有压流** pressure flow

整个封闭横断面被水流充满、无自由水面的流动。

03.101 **无压流** non-pressure flow

自由水面上通常作用着大气压强的流动。

03.102 **沿程变量流** spatially varied flow

沿途有流量增减的流动。

03.103 **管道明满流** alternating pressure and non-pressure flow

管道内无压流与有压流交替发生的不稳定流动。

03.104 **水击** water hammer

又称"水锤"。有压管道中因流速、压力急剧变化而引起压力波在水中沿管道传播的现象。

03.105 **湿周** wetted perimeter

管道和渠槽横断面上固壁与水流接触部分的长度。

03.106 **水力半径** hydraulic radius

过水断面面积与湿周的比值。

03.107 **棱柱体明槽** prismatic channel

断面形状、尺寸和底坡沿流程不变的明槽。

03.108 **正常水深** normal depth

明渠均匀流的水深。

03.109 **断面比能** specific energy

又称"断面单位能量"。以明渠断面最低点为基准的单位重量水体的总能量。

03.110 **临界水深** critical depth

一定流量下,断面比能达最小值时的水深。

03.111 **缓流** subcritical flow

流速小于干扰微波传播速度,水深大于临界水深的水流。

03.112 **急流** supercritical flow

流速大于干扰微波传播速度,水深小于临界水深的水流。

03.113 **临界流** critical flow

明渠均匀流流速等于干扰微波传播速度,水深等于临界水深的水流。

03.114 **临界底坡** critical slope

明槽水流正常水深等于同流量临界水深的槽底坡度。

03.115 陡坡 steep slope
底坡大于临界底坡,均匀流水深小于同流量临界水深的明渠底坡。

03.116 缓坡 mild slope
底坡小于临界底坡,均匀流水深大于同流量临界水深的明渠底坡。

03.117 水面线 flow profile
明槽水流自由水面沿流的剖面线。

03.118 水力坡降 hydraulic gradient
又称"水力梯度"。管渠水流各断面总水头的沿程变化率。

03.119 水跃 hydraulic jump
明渠水流从急流过渡到缓流时水面突然跃起的局部水流现象。

03.120 共轭水深 conjugate depth
水跃中,跃前水深与跃后水深的互称或共称。

03.121 临界水跃 critical hydraulic jump
跃前断面位于收缩断面的水跃。

03.122 淹没水跃 submerged hydraulic jump
水流由急流向缓流过渡,下游水深大于临界水跃的跃后水深时,表层旋滚涌向上游,淹没收缩断面所形成的水跃。

03.123 远驱水跃 repelled downstream hydraulic jump
下泄急流在收缩断面后经历一段壅水才发生的水跃,其跃前断面远离收缩断面。

03.124 波状水跃 undular hydraulic jump
急流弗劳德数较小,水面跃起呈波状向缓流过渡,未能形成表面旋滚的水跃。

03.125 水跌 hydraulic drop
明渠水流从缓流向急流过渡,水面急剧降落的局部水流现象。

03.126 薄壁堰 sharp crested weir
堰顶厚度与堰上水头之比小于 0.67,对自由水舌没有影响的堰。

03.127 宽顶堰 broad crested weir
堰顶厚度与堰上水头比值在 2.5—10 之间的堰。

03.128 实用堰 practical weir
堰顶厚度与堰上水头比值在 0.67—2.5 之间的堰。

03.129 流量系数 discharge coefficient
将流量与水头及过水断面面积联系起来的无因次系数。

03.130 行近流速 approach velocity
过水建筑物上游一定距离处的渐变流断面平均流速。

03.131 收缩断面 vena-contracta
水流收缩形成的过水面积最小的渐变流断面。

03.132 收缩系数 coefficient of contraction
收缩断面面积与原断面面积之比。

03.133 消能 energy dissipation
对建筑物下泄水流,消耗其下游河道过多能量的措施。

03.134 孔板 orifice plate
设在管道或泄水隧洞中,用以量测流量或进行消能的开孔隔板。

03.135 旋辊 vortex roll
又称"旋滚"。具有与水流方向正交的水平旋转轴的旋涡水流。

03.136 折冲水流 zigzag current
天然河道或过水建筑物下游河渠断面上流量分布极不均匀,主流偏离原流向、左右摇摆、冲击两岸的水流。

03.137 高速水流 high velocity flow

流速较高并伴生空化、掺气、脉动、冲击波等现象的水流。

03.138 空化 cavitation
流动液体内局部压强降低发生汽化形成空泡的现象。

03.139 空化数 cavitation number
以液体中绝对压强水头同饱和蒸汽压强水头之差与来流流速水头的比值表征液流空化状态的无因次数。

03.140 空蚀 cavitation erosion
发生空化的液流中空泡溃灭区边壁材料的变形剥蚀现象。

03.141 掺气 aeration
高速水流的水气界面附近因紊动剧烈使空气掺入水中形成气液两相流的现象。

03.142 冲击波 shock wave
明渠急流遇到边墙局部改变,使水流转向,水面局部壅高或降低而产生的向下游传播的扰动波。

03.143 空泡流 cavity flow
液流中发生空化后形成的水气二相流动。

03.144 雾化 atomization
高速水流分散成不连续的水体、液滴掺混于周围气流的现象。

03.145 多孔介质 porous medium
由固体物质组成的骨架和由骨架分隔成大量密集成群的微小空隙构成的介质。

03.146 渗流 seepage flow
液体在多孔介质中的流动。

03.147 渗流阻力 seepage resistance
多孔介质对渗流的阻力。

03.148 射流 jet
流体依靠出流动量的原动力,喷射至另一流体域中的流动。

03.149 羽流 plume
出流流体在环境流体中依靠两者的密度差所形成的浮力作为原动力的流动。

03.150 浮射流 buoyant jet
射流流体与环境流体密度不同而以出流动量与浮力作为原动力的流动。

03.151 扩散 diffusion
通过分子运动或流体紊动的随机分散作用使原本分布不均匀的流体属性及其含有物趋于局部均化的过程。

03.152 分子扩散 molecular diffusion
由分子运动、分子相互作用引起流体属性及其中含有物的随机分散而趋于局部均化的过程。

03.153 紊动扩散 turbulent diffusion
由流体紊动引起流体属性及其中含有物的随机分散而趋于局部均化的过程。

03.154 离散 dispersion
又称"剪切流离散"。剪切水流由于横断面上流速分布不均匀而使流体中的含有物沿纵向散开的现象。

03.155 分层流 stratified flow
重力场中受液体密度不均匀所驱动或影响的流动。

03.156 两相流 two-phase flow
不同相的两种物体共存所形成的流动。

03.157 雷诺数 Reynolds number
表征流体运动中粘性作用和惯性作用相对大小的无因次数。

03.158 弗劳德数 Froude number
表征流体运动中重力作用和惯性作用相对大小的无因次数。

03.159 相似准则 similarity criterion
又称"相似律"。两个规模不同的系统保持

相似所必须遵循的准则。

03.160 风洞 wind tunnel
能人工产生和控制气流,对飞行器或物体周围气体的流动进行模拟观测研究的管道状试验设备。

03.161 减压箱 vacuum tank
能按模型相似律要求将试验段内水流表面压强降到低于大气压,以进行空化、空蚀研究的密封试验设备。

03.162 循环水洞 circulating water tunnel
试验段流速和压力可以分别控制,水流在管路中循环,用以研究高速水流的密封实验装置。

03.163 测针 point gauge
主要部件为一针形测杆,用以量测液体自由表面位置的仪器。

03.164 毕托管 Pitot tube
通过量测管状探头上正对来流与侧壁开口的两个小孔之间由流速水头形成的压差,以测算流速的仪器。

03.165 普雷斯顿管 Preston tube
通过量测水流的驻点压强以推算固体壁面上水流切应力的折管形仪器。

03.166 文丘里流量计 Venturi meter
曾称"文德里流量计"。通过量测收缩管段与进口管道之间的压差来推算管道流量的

03.167 弯头流量计 elbow flow meter
通过量测弯管内、外侧的压差以推算管道流量的仪器。

03.168 电磁流量计 electromagnetic flow meter
通过量测水流切割磁力线所产生的电动势来推算管渠流量的装置。

03.169 转子流量计 rotor flow meter
通过量测设在直流管道内的转动部件的转速来推算流量的装置。

03.170 热丝流速计 hot-wire current meter
又称"热线流速仪"。测量通电加热的金属细丝在水流或气流中散失的热量来推算流速的仪器。

03.171 热膜流速仪 hot-film current meter
测量通电加热的金属薄膜在水流或气流中散失的热量来推算流速的仪器。

03.172 激光测速仪 laser-Doppler anemometer
利用激光多普勒效应量测随流体一齐运动的微粒速度来确定流速的仪器。

03.173 本氏管 Bentzal tube
由一端向水、一端背水的两支相通的细折管组成的量测流速的仪器。

03.02 河流动力学

03.174 河流泥沙 river sediment
河流中被水流输移或组成河床的固体颗粒。

03.175 侵蚀 erosion
地表物质在外营力作用下从地面分离的过程。

03.176 输移 transport

地表物质在外营力作用下从源地转移到新位置的过程。

03.177 沉速 settling velocity
固体颗粒在静止液体中下沉至均匀时的速度。

03.178 絮凝 flocculation

悬浮于水中的细颗粒泥沙因分子力作用凝聚成絮团状集合体的现象。

03.179 起动流速 incipient velocity
泥沙颗粒从静止状态转为运动状态的临界水流平均流速。

03.180 沙波 sand wave, bed configuration
沙质河床在水流作用下形成的各种小尺度床面形态(沙纹,沙垄等)的总称。

03.181 沙纹 ripple
沙质河床在水流作用下形成的尺度最小(波高小于5cm,波长小于30cm),迎水面长而缓,背水面短而陡,形似不对称三角形的床面形态。

03.182 沙垄 dune
沙质河床在水流作用下形成的尺度较大(与水深有关)纵剖面接近不对称三角形的床面形态。

03.183 水流挟沙能力 sediment transport capacity, sediment carrying capacity
一定水流和河沙组成条件下水流能够输移的最大泥沙量。

03.184 输沙率 sediment transport rate, sediment discharge
单位时间(秒)水流输移的泥沙颗粒量(重量或体积)。

03.185 挟沙水流 sediment-laden flow
挟带泥沙颗粒的水流。

03.186 异重流 density flow
水体中因密度差形成的分层相对流动。

03.187 冲刷 erosion, scour
组成河床的泥沙颗粒被水流冲走,致使河底高程降低或河岸后退的过程。

03.188 淤积 deposition, siltation
水流挟带的泥沙颗粒沉落到河床上致使河底高程抬升或河岸淤涨的过程。

03.189 输沙平衡 equilibrium of sediment transport
河流或河段的来沙量与水流挟沙能力相等,河床不发生冲淤变化的状态。

03.190 河流地貌 river morphology
河流的侵蚀和堆积作用所形成的地面形态。

03.191 河谷 river valley
河流流经的介于山丘间的长条状倾斜凹地。

03.192 河漫滩 flood plain
又称"河滩"。位于河流主槽旁侧在洪水时被淹没而在枯水时露出的滩地。

03.193 主流线 main-flow alignment
河流沿程各断面最大垂线平均流速点的连线。

03.194 动力轴线 dynamic axis of flow
河流沿程各断面最大水流动量点的连线。

03.195 河势 river regime
河道水流动力轴线的位置、走向、岸线和洲滩分布的态势。

03.196 副流 secondary flow
河流中因流线弯曲,水流分离等原因引起的除主流(沿河槽总方向的流动)以外的各种次生流动的总称。

03.197 回流 reverse current
河流中因水流脱离边界和摩擦力等原因引起的主流旁侧绕立轴(沿水深方向)旋转的水流运动。

03.198 河床演变 river channel process, fluvial process
在水流与河床相互作用下,河道形态发生变化的过程。

03.199 河型 river pattern
河流在一定来水来沙和河床边界条件下通

过长期自动调整作用形成的典型的河床形态和演变模式。

03.200 顺直型河道 straight stream
河槽平面形态顺直微弯(曲折率小于1.05)，岸边有交错边滩分布的河道。

03.201 弯曲型河道 meander stream
又称"蜿蜒型河道"。河身蜿蜒曲折(曲折率大于1.05—1.25)，交错的弯道间由短直段衔接的河道。

03.202 分汊型河道 bifurcation stream
河身宽窄相间，宽段河槽中有江心洲将水流分成两股或多股汊道，相对稳定的河道。

03.203 游荡型河道 wandering stream
河身宽浅，洲滩密布，汊道交织，水流散乱，很不稳定的河道。

03.204 河流过渡段 transitional reach
两河弯之间的直河段。

03.205 河弯 river bend
河槽平面形态弯曲，凹岸为深槽，凸岸为滩地的河段。

03.206 边滩 alternative bar
位于河流主槽岸边的泥沙堆积体。

03.207 横比降 transverse gradient
因离心力作用引起的垂直于主流向的横向水面坡度。

03.208 横向环流 transverse circulating current
因离心力作用引起的垂直于主流向的横向水流运动，其表层水流流向凹岸，底部水流流向凸岸。

03.209 深槽 deep pool
河槽中因水流冲刷或环流作用形成的水深较深的局部水域或河段。

03.210 自然裁弯 natural cutoff
弯曲型河道由于一弯道曲率增锐而上下游河段靠近，水流冲开其间的狭颈逐渐发展成新河道，而老河道则逐渐淤积的过程。

03.211 牛轭湖 oxbow lake
弯曲型河道自然裁弯后，老河逐渐淤积形成的状似牛轭的水域。

03.212 撇弯切滩 chute cutoff
弯曲型河道当曲率半径过小时，主流离开凹岸向凸岸方向迁移，凹岸淤积，凸岸边滩被冲刷切割的现象。

03.213 河流节点 river node
由抗冲能力强的河岸或人工建筑物构成的、对水流和河势变化有一定约束作用的河段。

03.214 矶头 rock spur, unscour-able jetty
河槽中突出岸边起挑流作用的山嘴、基岩或人工建筑物。

03.215 散滩 scattering bar reach
河槽中不规则分布着各种泥沙堆积体，水流十分散乱的河段。

03.216 串沟 erosion ditch
河流滩地上因水流冲刷形成的沟槽。

03.217 涟子水 water surface drop by dune
河流中因床面沙垄运动引起的水面局部跌落和波动现象。

03.218 淦 standing waves by antidune
河流中因床面逆行沙波运动引起的水面波动现象。

03.219 泡漩 water surface boil and flow vortex, boil-eddy
河流中因局部地形突然变化或受人工障碍物的影响产生的水面翻花和水流旋转运动。

03.220 浆河 silt-jam by hyperconcentrated flow
高含沙洪水时洪峰水位突然降落，流速迅速

减小,整个水流不能保持流动状态而发生停滞不前的现象。

03.221 揭河底 bed scour by hyperconcentrated flow

多沙河流发生高含沙洪水时出现的短时间内河床剧烈冲刷,床面泥沙被成片掀起的现象。

03.222 造床流量 dominate discharge

与多年流量过程综合造床作用相当的某级流量。

03.223 河相关系 hydrogeometric relation, hydromorphology relation

处于动力平衡状态的河流河床形态特征与流域来水来沙条件和河床组成之间的定量关系。

03.224 普遍冲刷 general scour, degradation

河流来水来沙或边界条件发生重大变化引起的长距离河床冲刷过程。

03.225 局部冲刷 local scour

河流因单宽流量增加或局部水流条件改变引起的较小范围河床冲刷过程。

03.226 溯源冲刷 headcut scour

河流因下游水位跌落而引起自下游向上游发展的河床冲刷过程。

03.227 河床质粗化 bed material armoring

河流冲刷过程中因床沙组成不均匀,细颗粒先被冲走,粗颗粒遗留下来,致使河床质逐渐变粗,甚至形成抗冲覆盖层的过程。

03.228 回水变动区 varying backwater zone

在水库末端因受水库水位升降影响有时而成为水库回水区,有时又脱离回水影响恢复为天然河道的地段。

03.03 海岸动力学

03.229 海岸 coast

海滩及相邻接的狭窄陆上地带。

03.230 海岸带 coastal zone

海洋与陆地相互交接、相互作用的地带。

03.231 海滩 shore

低潮位以上至特大高潮和暴风浪所达到的岸滩。

03.232 海岸地貌 coastal morphology

海岸在波浪、潮汐及水流等作用下形成的地表形态。

03.233 基岩海岸 rocky coast

岬湾相间、岸线曲折、水深岸陡、由岩石组成的海岸。

03.234 淤泥质海岸 muddy coast

沿冲积平原或冲积海积平原外缘发育成的、由淤泥组成的水浅坡缓的海岸。

03.235 海岸横向泥沙运动 on-off shore sediment transport

垂直于海岸线的向岸 - 离岸方向的泥沙运动。

03.236 海岸沿岸输沙率 longshore transport rate of sediment

单位时间内通过波浪破碎线以内海岸断面的沿岸输沙量。

03.237 岸滩平衡剖面 equilibrium beach profile

在波浪作用下各点泥沙颗粒仅就地摆动、横向净推移速度为零而达到稳定状态的岸滩剖面。

03.238 暴风浪型海岸 storm beach profile

由暴风浪所塑造的因滩肩受侵蚀而岸坡较缓,且在波浪破碎处形成水下沙坝和凹槽的海岸。

03.239　涌浪型海岸　swell beach profile
由涌浪塑造的、具有滩肩且岸坡较陡的海岸。

03.240　稳定平衡海岸线　stable and equilibrium shoreline
波浪、潮流等动力因素作用下平面位置和平面形态保持稳定的海岸线。

03.241　河口混合　estuarine mixing
在入海河口,不同的海水和河水交汇而产生的咸、淡水混合现象。

03.242　含盐度　salinity
每千克海水中在碳酸盐转化为氧化物、溴和碘被等当量的氯置换、有机物全部被氧化后,所含固体物质的总克数。符号为 S‰。

03.243　盐水楔　salt wedge in estuary
密度大于河水的海水沿底部呈楔形侵入河口后形成的交界面清晰且形态稳定的水体。

03.244　拦门沙　bar, entrance bar
由于河流或其他汇入水域的来沙在口门附近淤积形成的横亘于河口的浅滩。

03.245　波浪　wave
水体在外力作用下水质点离开平衡位置作周期运动、水面呈周期起伏并向一定方向传播的现象。

03.246　波峰　wave crest
又称"波顶"。一个波的波面上的最高点。也泛指一个波长范围内波面位于静水面以上部分。

03.247　波谷　wave trough
又称"波底"。一个波的波面上的最低点。也泛指一个波长范围内波面位于静水面以下部分。

03.248　波高　wave height
相邻的波峰与波谷之间的垂直距离。

03.249　波长　wavelength
相邻两个波峰或波谷之间的水平距离。

03.250　波周期　wave period
波形传播一个波长距离所需要的时间,或相邻两波峰或波谷通过某定点所经过的时间间隔。

03.251　波速　wave celerity
单位时间内波形传播的距离,以波长与波周期之比表示。

03.252　波数　wave number
在单位距离内波的个数,有时以 2π 与波长之比表示。

03.253　波陡　wave steepness
波高与波长之比。

03.254　波向　wave direction
波浪传播的方向。

03.255　波向线　orthogonal, wave ray
表示波浪传播方向的线。

03.256　波峰线　wave crests
与波浪传播方向垂直的、沿波峰的连线。

03.257　波浪中线　middle line of wave height
平分波高的水平线。

03.258　波群　wave group
两个具有相同振幅和波向,波长和周期差别微小的微幅波(线性波)叠加形成的合成波。

03.259　风成波　wind generated wave
风直接作用于水面并将能量不断地传给水体而产生的水面波动。

03.260　前进波　progressive wave
又称"行进波"。波形向前传播且水质点以

封闭或近似封闭运动轨迹呈周期性振动的波浪。

03.261　自由波　free wave
当引起波动的外力消失后,水体在惯性力和重力作用下继续存在的波动,或传播至外力作用范围以外的波浪。

03.262　强制波　forced wave
水体从持续较长时间的外力不断摄取能量而产生的波动。

03.263　深水波　deep-water wave
当水深与波长的比值较大时,水底边界对水体的波动没有影响的波浪。

03.264　浅水波　shallow-water wave
水深与波长的比值较小时水底边界影响水体运动的波浪。

03.265　微幅波　small amplitude wave
又称"线性波"。水体波动的振幅相对于波长是微小的,可忽略高阶非线性效应的波浪。

03.266　斯托克斯波　Stokes wave
考虑高阶非线性效应的有限振幅波。因斯托克斯(G.G.Stokes)提出该理论而得名。

03.267　余摆线波　trochoidal wave
可用圆余摆线描述波面曲线的波浪。

03.268　椭圆余弦波　conoidal wave
可用椭圆余弦函数描述水体波动的有限振幅浅水非线性长波。

03.269　长波　long wave
又称"长周期波"。波周期为几分钟至 24 小时以上的波浪。

03.270　短波　short wave
又称"短周期波"。波周期为数秒至几十秒的波浪。

03.271　驻波　standing wave

又称"立波"。波面作周期性振动而波形不向前传播的波浪。

03.272　船行波　ship wave
船舶在水域中航行所产生的非恒定波动。

03.273　孤立波　solitary wave
在浅水中传播的、只在静水面以上有一个单独波峰而无波谷的波浪。

03.274　规则波　regular wave
具有确定波高、周期的波浪。

03.275　不规则波　irregular wave
波高、波长和波周期变化不规则的水面波动。

03.276　混合浪　superposition of wind wave and swell
风浪与涌浪叠合和相互作用形成的波浪。

03.277　涌浪　swell
又称"余波"。产生波浪的外力停止后继续存在的波浪,或风成波离开风区在静止水域继续传播的波浪。

03.278　势波　potential wave
又称"无涡波动"。假设水体作无涡运动,存在速度势函数,并用以描述运动特性的波动。

03.279　波浪破碎　wave breaking
波浪发生显著变形,波峰水质点水平分速达到或超过波速,使波形发生破碎的现象。

03.280　近破波　breaking wave
在建筑物墙面或其附近发生破碎的波浪。

03.281　远破波　broken wave
又称"破后波"。在防波堤、海堤等直墙式建筑物前半波长或稍远的浅水处发生破碎的波浪。

03.282　波浪绕射　wave diffraction
又称"波浪衍射"。波浪在传播过程中与建

筑物或岛屿、海岬等障碍物相遇后绕过障碍物向被掩护的水域传播、扩散的现象。

03.283 波浪反射 wave reflection
波浪与建筑物或其他障碍物相遇时从物体边界上产生反射的现象。

03.284 波浪折射 wave refraction
波浪传播方向受水底地形影响而发生偏转并产生波高变化的现象。

03.285 波浪变形 wave transformation
波浪自深水向浅水传播直至破碎过程中受水深、地形、水底摩阻和海岸轮廓线等影响而使波高、波长、波向以及波浪运动特性发生变化的现象。

03.286 波能 wave energy
波动水体所具有的动能和势能。

03.287 波能谱 wave energy spectrum
又称"方向频率谱"。不规则波的各组成波能量相对于频率和波向的分布。

03.288 波压力 wave pressure
水体波动时作用于水体中某点或固体边界上的压力。

03.289 波浪爬高 wave run-up
波浪在斜坡上发生破碎后部分水体沿斜坡面上涌、爬高的高度。

03.290 波玫瑰图 wave rose diagram
表示一水域在一定时间内波浪在各方位出现的大小、频率统计图,因形似玫瑰花而得名。

03.291 潮汐 tide
海水在月球和太阳引潮力等外力作用下产生的周期性运动。

03.292 天文潮 astronomical tide
地球上的海洋受月球和太阳的引潮力作用产生的潮汐现象。

03.293 风暴潮 storm surge
由大风以及气压急剧变化等因素造成的沿海或河口水位的异常升降现象。

03.294 日潮 diurnal tide
又称"全日潮"。在一个太阴日(24h50min)内发生一次高潮和一次低潮的现象。

03.295 半日潮 semi-diurnal tide
在一个太阴日(24h50min)内发生两次高潮和两次低潮的现象。

03.296 混合潮 mixed tide
(1)在半日潮海区中,两次高(低)潮的高度相差很大,涨潮历时和落潮历时不等的现象。(2)在全日潮海区中,通常半月中数天出现两次涨落的现象。

03.297 大潮 spring tide
又称"朔望潮"。在朔、望日,太阴潮和太阳潮相合产生的涨落幅度较大的潮汐。

03.298 小潮 neap tide
又称"方照潮"。在上、下弦日,太阴潮和太阳潮相抵消产生的涨落幅度较小的潮汐。

03.299 分潮 component tide, tidal constituent
由一个假想天体的引潮力所产生的简谐潮汐振动。

03.300 涨潮 flood tide
在潮汐的周期性过程中,海面从低潮位到高潮位的上涨过程。

03.301 落潮 ebb tide
在潮汐的周期性过程中,海面从高潮位到低潮位的下落过程。

03.302 平潮 still tide, stand of tide
在涨落潮过程中,海面上升到最高位置和下降到最低位置时所处的短暂平衡状态。

03.303 潮位 tidal level

自水位基面起算的受潮汐的影响周期性涨落的海面高度。

03.304　潮差　tidal range
相邻的高潮和低潮的潮位差。

03.305　海平面　mean sea level
又称"平均海面"。某测潮站一段时间内每小时潮位的平均值。

03.306　引潮力　tidal generating force
由天体间引力作用使地球上大洋水域产生潮汐现象的原动力。

03.307　海啸　tsunami
由于海底地震、地壳变动、火山爆发、山体滑坡、海中核爆炸等造成的海洋和近岸水域水面巨大涨落现象。

03.308　潮流　tidal current
在月球和太阳引潮力作用下产生的周期性海水水平流动。

03.309　往复潮流　alternating tidal current
因受边界和地形限制主要在两个相反方向上作周期性往复运动的潮流。

03.310　旋转潮流　rotary tidal current
在一个周期内流向改变360°而流速不为零的潮流。

03.311　余流　residual current
实测海流矢量中除去纯潮流后所剩余的部分。

03.312　憩流　slack tide
往复潮流在水流转向之际,有一段时间水流停止流动的现象。

03.313　沿岸流　longshore current
波浪斜向行近浅水岸边破碎后,在波浪破碎区内所产生的沿岸纵向水流。

03.314　漂流　drift current, wind drift
在离岸较远的海洋中由于风对海面的切应力作用所引起的水体流动。

03.315　离岸流　rip current
又称"裂流"。在破波区内,向海方向流动的一股比较集中的离岸水流。

03.316　近岸环流　nearshore circulation
由向岸运动的波浪质量输移流、破波区内的沿岸流和离岸裂流组成的水平环流系统。

03.317　潮流界　tidal current limit
感潮河口潮波自口门沿河道上溯至潮流速度恰与河流下泄流速相抵消的地界。

03.318　潮区界　tidal limit
感潮河段潮波自口门沿河道上溯至潮汐影响消失潮差为零的地界。

03.319　潮间带　intertidal zone
又称"前滩"。高潮位与低潮位之间的岸滩。

04．工程力学、工程结构、建筑材料

04.01 工 程 力 学

04.001　工程力学　engineering mechanics
应用于工程实际的各门力学学科的总称。常指以可变形固体为研究对象的固体力学。广义的工程力学还包括水力学、岩石力学、土力学等。

04.002　固体力学　solid mechanics
研究可变形固体在荷载、温度等作用下的应力、应变、位移以及稳定、破坏等规律的学科。

04.003 材料力学 mechanics of materials
研究工程结构中材料的强度和构件承载力、刚度、稳定的学科。

04.004 刚体 rigid body
实际固体的理想化模型,即在受力后其大小、形状和内部各点相对位置都保持不变的物体。

04.005 弹性体 elastic body
在外力作用下,内部各点的应变和应力一一对应,当外力除去后能恢复到原来状态的物体。

04.006 约束 constraint
对物体运动所加的几何学方面或运动学方面的限制。

04.007 力系 system of forces
作用在同一物体上的一组力。

04.008 力矩 moment of force
力对物体产生转动效应的量度,即力对一轴线或对一点的矩。

04.009 力偶 couple
大小相等、方向相反、不作用在同一直线上的两个力所组成的力系。

04.010 摩擦 friction
相互接触的两个物体有相对运动或相对运动的趋势时,在接触界面上出现阻碍相对运动的现象。

04.011 功 work
描述物体状态改变过程中能量变化的一种量度。

04.012 功率 power
单位时间内所做的功。

04.013 动能 kinetic energy
物体作机械运动所具有的能量。

04.014 势能 potential energy
又称"位能"。物体由于位置或位形而具有的能量。

04.015 冲量 impulse
作用在物体上的力使物体的动量在某一时段内发生变化的度量,其值等于力和其作用时间的乘积。

04.016 动量 momentum
物体的质量和它的质心速度的乘积。

04.017 动量矩 moment of momentum
又称"角动量"。描述物体转动状态的量,即物体中所有质点的动量对一点或一轴之矩的和。

04.018 变形 deformation
物体在外来因素作用下产生的形状和尺寸的改变。

04.019 位移 displacement
物体在外来因素作用下引起的质点位置的改变。

04.020 挠度 deflection
结构构件的轴线或中面由于弯曲引起垂直于轴线或中面方向的线位移。

04.021 拉伸 tension
杆件或单元体的两端平面上受到法向均布拉力而产生沿拉力方向的伸长现象。

04.022 压缩 compression
杆件或单元体的两端平面上受到法向均布压力而产生沿压力方向的缩短现象。

04.023 剪切 shear
单元体的两对互相垂直的平面上只受剪应力作用时发生的相对滑移现象。

04.024 弯曲 bending
构件受力矩或垂直于轴线或中面的外力,使轴线或中面发生曲率改变的现象。

04.025 扭转 torsion

构件在力偶作用下使相邻两横截面绕构件轴线发生相对转动的现象。

04.026 内力 internal force
物体因荷载等作用而引起的内部产生抵抗变形的力。

04.027 应力 stress
受力物体截面上内力的集度,即单位面积上的内力。

04.028 主应力 principal stress
物体内任一点剪应力为零的截面上的正应力。

04.029 莫尔圆 Mohr circle
又称"应力圆"。在以正应力和剪应力为坐标轴的平面上,用来表示物体中某一点各不同方位截面上的应力分量之间关系的图线。

04.030 应变 strain
物体内任一点因各种作用引起的相对变形。

04.031 强度 strength
材料在经受外力或其他作用时抵抗破坏的能力。

04.032 刚度 rigidity
结构或构件抵抗弹性变形的能力,用产生单位应变所需的力或力矩来量度。

04.033 劲度 stiffness
结构或构件抵抗弹性位移的能力,用产生单位位移所需的力或力矩来量度。

04.034 硬度 hardness
·固体材料对外界物体压陷、刻划等作用的局部抵抗能力,是衡量材料软硬程度的一个指标。

04.035 弹性模量 elastic modulus
材料在弹性变形阶段内,正应力和对应的正应变的比值。

04.036 剪切模量 shear modulus

又称"剪变模量"。材料在弹性变形阶段内,剪应力和对应的剪应变的比值。

04.037 泊松比 Poisson ratio
材料在单向受拉或受压时,横向正应变与轴向正应变的绝对值的比值。

04.038 冲击韧度 impact toughness
带缺口的试件在冲击破坏时断裂面上所吸收的能量,是评定材料塑性变形和抵抗冲击能力的一种实用指标。

04.039 截面模量 section modulus
又称"抗弯截面模量"。杆件截面对其形心轴的惯性矩与截面上受拉或受压边缘至形心轴距离的比值。

04.040 截面面积矩 first moment of area, static moment
又称"截面静矩"。截面各微元面积与其到截面某一指定轴线距离的乘积之积分。

04.041 转动惯量 moment of inertia
又称"惯性矩"。面积或刚体质量与一轴线位置相关联的量,是面积微元或组成刚体的质量微元到某一指定轴线距离的二次方的乘积之积分。

04.042 截面回转半径 radius of gyration
截面对其形心轴的惯性矩除以截面面积的商的正二次方根。

04.043 惯性半径 radius of inertia
物体的转动惯量除以物体质量的商的正二次方根。

04.044 应力集中 stress concentration
物体在形状急剧变化处、有刚性约束处或集中力作用处,局部应力显著增高的现象。

04.045 接触应力 contact stress
两个物体相互接触受压时对接触区产生的局部应力。

04.046 残余应力 residual stress
物体受载超过材料的弹性范围,在卸去荷载后物体内残存的应力。

04.047 温度应力 thermal stress
又称"热应力"。物体温度变化时因变形受到约束而产生的应力。

04.048 交变应力 alternating stress
又称"重复应力"。随时间作周期性变化的应力。

04.049 疲劳强度 fatigue strength
在规定的循环应力幅值和大量重复次数下,材料所能承受的最大交变应力。

04.050 蠕变 creep
又称"徐变"。材料在常应力作用下,变形随时间的延续而缓慢增长的现象。

04.051 应力松弛 stress relaxation
材料在恒定变形条件下,应力随时间的延续而逐渐减少的现象。

04.052 本构关系 constitutive relation
反映材料特定性质的数学模型。

04.053 强度理论 strength theory
判断材料在复杂应力状态下是否破坏的理论和准则。

04.054 虚位移 virtual displacement
结构受力分析中所假设的从其平衡位置偏离一个无限微小的并为约束条件所容许的位移。

04.055 虚力 virtual force
结构位移计算中所假设的与待求位移相应的无限微小的广义力。

04.056 虚功 virtual work
荷载在结构虚位移上所作的功或虚力在结构位移上所作的功。

04.057 应变能 strain energy
又称"变形能"。物体变形过程中贮存在物体内部的势能。

04.058 结构力学 structural mechanics
研究工程结构在外来因素作用下的强度、刚度和稳定性的学科。

04.059 结构静力学 statics of structure
研究工程结构承受静态作用时的强度、刚度和稳定性的学科。

04.060 结构动力学 dynamics of structure
研究工程结构的动力特性及其在动态作用下的动力响应和稳定性的学科。

04.061 静定结构 statically determinate structure
在外力因素作用下全部支座反力和内力都可由静力平衡条件确定的结构。

04.062 超静定结构 statically indeterminate structure
又称"静不定结构"。在外来因素作用下只用静力平衡条件不能确定其全部反力和内力的结构。

04.063 力法 force method
以多余约束力为未知量求解静不定结构反力和内力的基本方法。

04.064 位移法 displacement method
以结点位移(角位移和线位移)为未知量以求解静不定结构反力和内力的基本方法。

04.065 力矩分配法 moment distribution method
以位移法为基础,逐次渐近地求解结构刚结点力矩的一种数值方法。

04.066 结构矩阵分析法 matrix analysis of structure
用矩阵表示结构的基本量和基本方程,并用矩阵进行推演运算的结构力学分析方法。

04.067 影响线 influence line
表示沿结构跨长移动的单位力的作用位置与由该单位力引起的结构支座反力、截面内力、结点位移等量值之间的关系的曲线。

04.068 文克勒假说 Winkler's hypothesis
计算弹性基础结构时,认为地基单位面积上所受的压力与地基沉降成正比的假说。

04.069 振动 vibration
物体经过它的平衡位置所作的往复运动或某一物理量在其平衡值附近的来回变动。

04.070 激励 excitation
激起结构系统出现振动的随时间变化的外力或其他输入。

04.071 反应 response
又称"响应"。结构系统受到激励作用时产生的动应力、动位移等输出。

04.072 地震反应谱 earthquake response spectrum
在给定的地震加速度作用期间,单质点系统的最大位移反应、速度反应和加速度反应随质点自振周期变化的曲线。

04.073 自由度 degree of freedom
完整地描述一个力学系统的运动所需要的独立变量的个数。

04.074 谐振动 harmonic vibration
物体在与位移成正比的恢复力作用下,在其平衡位置附近按正弦规律作往复的运动。

04.075 共振 resonance
结构系统受激励的频率与该系统的固有频率相接近时,使系统振幅明显增大的现象。

04.076 振型 mode of vibration
又称"振动模态"。结构系统按其某一自振周期振动时的变形模式。

04.077 阻尼 damping
使振动能量随时间或距离逐步耗损的因素。如振动系统内部质点间相对运动的阻碍及外部介质摩擦等。

04.078 自由振动 free vibration
引起振动的激励除去后,结构系统所保持的振动。

04.079 自振频率 natural frequency
又称"固有频率"。结构系统在自由振动下所具有的振动频率。

04.080 自振周期 natural period of vibration
结构系统按某一振型完成一次自由振动所需的往复时间。

04.081 强迫振动 forced vibration
又称"受迫振动"。结构系统在外来激励持续作用下的振动。

04.082 自激振动 self excited vibration
结构系统受到自身控制的激励作用时所引起的振动。

04.083 随机振动 random vibration
又称"非确定性振动"。不能用确定性函数描述但具有一定统计规律的振动。

04.084 底部剪力法 equivalent base shear method
根据地震反应谱理论,以工程结构底部的总地震剪力与等效单质点的水平地震作用相等来确定结构总地震作用的一种计算方法。

04.085 时程分析法 time-history method
由结构基本运动方程沿时间历程进行积分求解结构振动响应的方法。

04.086 振型叠加法 mode superposition method
又称"振型分解法"。将结构各阶振型作为广义坐标系,求出对应于各阶振动的结构内力和位移,经叠加后确定结构总响应的方法。

04.087 减振 vibration reduction
采用减少激励、增加系统阻尼、设置减振器等减弱系统振动的措施。

04.088 隔振 vibration isolation
用专门装置将工程结构与震源隔离,以减少振动影响的措施。

04.089 弹性力学 theory of elasticity
又称"弹性理论"。研究弹性体在荷载等外来因素作用下所产生的应力、应变、位移和稳定性的学科。

04.090 应力分量 stress components
能完全确定物体中某一点应力状态的 3 个相互垂直面上的正应力和剪应力,共 9 个或 6 个独立的应力量。

04.091 应力不变量 stress invariant
物体内任一点由应力分量所组成的不随坐标变换而改变的量。

04.092 体积应变 volumetric strain
单位体积物体的体积改变,等于直角坐标中 3 个正应变之和。

04.093 圣维南原理 Saint-Venant's principle
说明弹性体小部分面积或体积内荷载作静力等的变换时,只在局部产生不同效应而对远处没有影响的原理。

04.094 胡克定律 Hooke's law
材料在弹性变形范围内,力与变形成正比的规律。

04.095 粘弹性体 viscoelastic body
在外力作用下产生瞬时弹性变形及随时间变化的粘性变形的物体。

04.096 有限元法 finite element method
一种将连续体离散化为若干个有限大小的单元体的集合,以求解连续体力学问题的数值方法。

04.097 有限差分法 finite difference method
简称"差分法"。力学中将求解微分方程问题转化为求解差分方程的一种数值解法。

04.098 边界元法 boundary element method
将力学中的微分方程的定解问题化为边界积分方程的定解问题,再通过边界的离散化与待定函数的分片插值求解的数值方法。

04.099 薄膜理论 membrane theory
又称"无矩理论"。假定整个薄壳的所有横截面均没有弯矩和扭矩而只有薄膜内力的壳体分析理论。

04.100 塑性力学 theory of plasticity
又称"塑性理论"。研究物体在塑性变形阶段的应力、应变、位移和稳定性的学科。

04.101 屈服准则 yield criteria
材料在复杂应力状态下产生塑性变形的判据,一般表示为应力分量和材料屈服应力的函数。

04.102 屈服面 yield surface
材料进入塑性阶段时的屈服函数在应力空间或应变空间所构成的曲面。

04.103 加载面 loading surface
又称"瞬态屈服面"。有强化特性材料屈服后因继续受载而在应力空间发生形状、位置变化的屈服面。

04.104 强化规律 hardening rule
材料屈服后的强化特性使材料屈服面发生形状、位置变化的规律。

04.105 复合材料力学 mechanics of composites
研究由两种或多种不同性能的物质组成的固体材料在外界因素作用下的应力、应变、位移和稳定性的学科。

04.106 断裂力学 fracture mechanics
研究存在宏观裂纹的构件,在裂纹尖端附近的应力和位移以及裂纹扩展规律的学科。

04.107 应力强度因子 stress intensity factor
在线弹性断裂力学中,表示带初始裂纹构件的裂纹尖端处应力场奇异性性态的一个参数。

04.108 断裂韧度 fracture toughness
在线弹性断裂力学中材料抵抗裂纹扩展的能力。

04.109 应力腐蚀 stress corrosion
材料在腐蚀介质和拉应力共同作用下,引发裂纹导致断裂的现象。

04.110 损伤力学 damage mechanics
研究材料中微空隙或微裂纹的发展及其对应力、应变和破坏影响的学科。

04.111 散体力学 mechanics of granular media
研究散粒集合体受力时的极限平衡和运动规律的学科。

04.112 爆炸力学 mechanics of explosion
研究爆炸的发生和发展规律、爆炸波在介质中的传播及引起介质和结构的变形、破坏、抛掷和振动等力学效应的学科。

04.113 实验应力分析 experimental stress analysis
用机测、电测、光测、声测等实验分析方法确定物体在受力状态下的应力状态的学科。

04.114 结构模型试验 structural model test
根据相似理论在模拟结构原型的模型上进行的力学试验。

04.115 结构原型观测 prototype test of structure
在工程结构上直接量测荷载等因素作用下的应变、位移、自振频率等反应的试验。

04.116 无损检测 nondestructive test
在不损伤被检测结构构件的条件下,检查构件内在或表面缺陷,检测有关物理量的材料试验方法。

04.117 电阻应变计 resistance strain gauge
将受力构件的应变转换成为电阻变化的检测元件。

04.118 应变[片]花 rosette gage
具有两个或两个以上不同轴向的电阻应变计,用于确定应力场中主应变的大小和方向。

04.119 光弹性法 photoelasticity
利用偏振光通过透光的弹性变形模型产生的双折射效应,测定光程差来确定物体弹性应力的实验应力分析方法。

04.120 光塑性法 photoplasticity
利用偏振光通过透光的弹塑性变形模型产生的双折射效应研究物体塑性变形的实验分析方法。

04.121 等差线 isochromatic lines
又称"等色线"。在光弹性实验,圆偏振光场中单色光经起偏镜通过光弹性模型从检偏镜透出后,在观察屏上呈现出的主应力差相等的彩色干涉条纹。

04.122 等倾线 isoclinic lines
在光弹性实验,平面偏振光场中单色光经起偏镜通过光弹性模型从检偏镜透出后,在观察屏上呈现出的主应力倾角相等的黑色条纹。

04.123 全息光弹性法 holo-photoelasticity
在全息照相的物光和参考光的光路中增置偏振器使其具有偏振特性,以获得比全息三维图象更多信息的一种实验应力分析方法。

04.124 散斑干涉法 speckle interferometry
对比物体变形前后漫反射表面被激光照明
干涉后出现的散斑的变化,以测定物体表面
位移的实验方法。

04.125 [叠栅]云纹法 moiré method
在粘贴于受力物体表面的栅片上,重叠一不
变形的栅板,根据两者之栅线因几何干涉而
产生明暗波纹、测定物体表面变形的实验分
析方法。

04.126 脆性涂层法 brittle-coating method
在工程结构或模型表面涂抹树脂型或陶瓷
型涂料形成脆性涂层,根据加载后的涂层裂
纹确定主应力方向及大小的一种实验方法。

04.127 网格法 grid method
在模型物体表面印刷或刻划规则网格图线,
根据其受力后的网格变形确定出应变或位
移的实验应力分析方法。

04.128 结构系统识别 identification of structural system
应用结构系统在运行试验时测得的激励和
响应,反演分析结构系统数学模型的理论和
方法。

04.02 工 程 结 构

04.129 工程结构 engineering structure
工程建筑物中以各种工程材料建成的能承
受荷载或其他作用的构件的组合体。

04.130 结构构件 structural member
组成工程结构的基本单元。如梁、柱、压杆、
拉杆、缆索、板、壳和块体等。

04.131 杆系结构 framed structure
用杆件相互连接组成的几何不变体系。如
连续梁、桁架、刚架、拱、悬索结构、网架结构
等。

04.132 梁 beam
由支座支承的主要承受弯矩和剪力的构件。

04.133 深梁 deep beam
跨度与截面高度之比小于 2,受力后截面上
弹性弯曲应力不再保持为线性分布的梁。

04.134 柱 column
主要承受轴向压力,用来支承上部结构并将
荷载传至基础的竖向直杆。

04.135 拱 arch
主要承受轴向压力并由两端推力维持平衡
的曲线或折线形构件。

04.136 板 slab, plate
主要用来承受垂直于板面的荷载,厚度远小
于平面尺度的平面构件。

04.137 壳 shell
由上下两个几何曲面围成的厚度很薄的、主
要承受中面内的法向力和切向力,有时也承
受垂直于中面的弯矩、剪力和扭矩的曲面构
件。

04.138 桁架 truss
主要承受轴向力的直杆在相应的节点上连
接成几何不变的格构式承重结构。

04.139 框架 frame
由若干梁和柱连接而成的能承受垂直和水
平荷载的平面结构或空间结构。

04.140 托座 bracket
俗称"牛腿(corbel)"。承受集中力的短悬臂
构件。

04.141 作用 action
施加在结构上的一组力或引起结构变形的

原因,前者称荷载;后者称间接作用。

04.142　荷载　load
施加在结构上的集中力或分布力。

04.143　作用效应　effects of action
由作用引起的结构或构件的内力、位移、挠度、裂缝、损伤等的总称。

04.144　抗力　resistance
结构构件或材料承受作用效应的能力。

04.145　可靠性　reliability
结构在规定的时间内,在规定的条件下,完成预定功能的能力。包括安全性、适用性和耐久性。

04.146　稳定性　stability
结构或构件受力后保持原有稳定平衡状态的能力。

04.147　适用性　serviceability
结构在正常使用条件下能满足预定使用功能要求的能力。

04.148　耐久性　durability
结构在正常使用和维护条件下,随时间的延续仍能满足预定功能要求的能力。

04.149　抗裂度　crack resistance
结构或构件抵抗开裂的能力。

04.150　延性破坏　ductile failure
结构或构件在破坏前有明显变形或其他预兆的破坏类型。

04.151　脆性破坏　brittle failure
结构、构件或岩、土体在破坏前无明显变形或其他预兆的突发性破坏类型。

04.152　承载力　bearing capacity
结构或构件所能承受的最大内力或达到不适于继续承载的变形时的内力。

04.153　设计基准期　design reference period

进行结构可靠性分析时,考虑各项基本变量与时间关系所取用的基准时间。

04.154　可靠指标　reliability index
度量结构可靠度的一种数量指标,为结构功能函数的均值与标准差的比值,与结构的失效概率在数值上有对应关系。

04.155　失效概率　probability of failure
结构或构件不能完成预定功能的概率。

04.156　容许应力设计法　allowable stress method
按结构构件在使用荷载作用下截面计算应力不超过材料的容许应力为原则的工程结构设计方法。

04.157　极限状态设计法　limit states method
按结构或构件达到某种预定功能要求的极限状态为原则的工程结构设计方法。

04.158　概率设计法　probabilistic method
将影响结构可靠性的各基本变量作为随机变量处理,并采用以概率可靠度理论为基础的可靠指标来度量结构可靠性的工程结构设计方法。

04.159　结构优化设计　optimized design of structure
工程结构在满足约束条件下按预定目标求出最优方案的设计方法。

04.160　结构可靠度分析　reliability analysis of structure
对结构或构件在规定时间和条件下完成预定功能的能力所进行的概率分析。

04.161　混凝土结构　concrete structure
以混凝土为主要材料建造的工程结构。包括素混凝土结构、钢筋混凝土结构、预应力混凝土结构等。

04.162　素混凝土结构　plain concrete struc-

ture

以混凝土为建筑材料建造的主要用于承受压力的工程结构。

04.163 钢筋混凝土结构 reinforced concrete structure

由钢筋和混凝土两种材料结合成整体共同受力的工程结构。

04.164 预应力混凝土结构 prestressed concrete structure

在荷载作用之前对结构构件施加压力，使截面产生预压应力以全部或部分抵消由荷载引起的拉应力的混凝土结构。

04.165 钢管混凝土结构 concrete-filled steel tube

将混凝土注入钢管内的一种组合结构，它能使混凝土受压时受到钢管约束藉以增强强度及延性，同时也提高钢管受压的稳定性。

04.166 钢丝网水泥结构 ferro-cement

由数层细钢丝网紧密叠置并压抹水泥砂浆制成抗裂性高及弹性好的薄壁结构。

04.167 [钢]结构 steel structure

由型钢和钢板通过焊接、螺栓连接或铆接而制成的工程结构。

04.168 [钢]型材 shaped steel

热轧成型的钢板，型钢、钢管和冷弯成型的薄壁型钢的总称。

04.169 焊接 welding

利用连接件之间的金属分子在高温下互相渗透而结合成整体的一种金属结构构件连接方法。

04.170 铆接 riveting

用铆钉连接金属构件的方法。

04.171 预应力钢结构 prestressed steel structure

在施加荷载之前，经过预加应力以调整结构

内力分布，藉以充分发挥材料强度或增大结构刚度的一种钢结构。

04.172 木结构 timber structure

全部或大部分用木材制成的工程结构。

04.173 砖石结构 masonry structure

又称"砌体结构"。用石块、砖或其他砌块为主砌筑成的工程结构。

04.174 配筋砌体 reinforced masonry

用钢筋或钢筋混凝土加强的砖砌体。

04.175 装配式结构 prefabricated structure

在专用工场预制好构件，然后在施工现场将构件进行组装的结构。

04.176 肋形楼板 ribbed floor

由板和支承板的梁(肋)构成的楼板。

04.177 无梁楼板 flat-slab floor

直接支承在柱上的平面型楼板。

04.178 板柱结构体系 slab-column system

由无梁板和柱组成的承重体系。

04.179 剪力墙 shear wall

主要承受风荷载或地震作用所产生的水平剪力的墙体。

04.180 框架-剪力墙结构 frame-shear wall structure

多层或高层建筑中，以框架和剪力墙共同承受竖向和水平向作用的结构。

04.181 筒体结构 tube structure

由一个或多个竖向筒体(由剪力墙围成的薄壁筒或由密柱框架构成的框筒)组成的结构。

04.182 折板结构 folded-plate structure

由多块条形或其他外形的平板组成的承重或围护用的薄壁空间结构。

04.183 网架结构 spatial grid structure,

space truss structure

由多根杆件按一定网格形式通过节点连接而构成大跨度覆盖的空间结构。

04.184 悬索结构 cable-suspended structure

由柔性受拉索及边缘构件或支承塔架所组成的承重结构。

04.185 悬挂结构 suspended structure

将楼面系统的荷载通过吊杆传递到悬挂在竖立井筒上的水平桁架上,再由桁架传递到井筒直至基础的结构。

04.186 塔桅结构 tower-mast structure

竖立于地面的塔形结构和靠纤绳维持稳定的桅杆结构的总称。

04.187 充气结构 pneumatic structure

在高分子材料制成的薄膜制品中充入空气,形成一定空间的结构。

04.188 叠合构件 superposed member

由同一种材料的若干部分重叠而成整体的构件。

04.189 混合结构 mixed structure, composite structure

又称"组合结构"。不同材料的构件或部件混合组成的结构。

04.190 建筑模数制 modular system of construction

为建筑物、建筑构件、建筑制品以及有关设备的尺寸之间相互协调而选定的标准尺度系列。

04.03 建 筑 材 料

04.191 建筑材料 construction materials

土建工程中所用材料(水泥、砂、石、木材、金属、沥青、合成树脂、塑料等)的总称。

04.192 水泥 cement

粉状水硬性无机胶凝材料。加水搅拌成浆体后能在空气或水中硬化,用以将砂、石等散粒材料胶结成砂浆或混凝土。

04.193 硅酸盐水泥 Portland cement

又称"波特兰水泥"。以粘土和石灰石为原料,经高温煅烧得到以硅酸钙为主要成分的熟料,加入 0%—5% 的混合材料和适量石膏磨细制成的水硬性胶凝材料。

04.194 普通硅酸盐水泥 ordinary Portland cement

又称"普通水泥"。由硅酸盐水泥熟料、6%—15% 的混合材料和适量石膏磨制成的水硬性胶凝材料。

04.195 矿渣硅酸盐水泥 Portland blast-furnace-slag cement, Portland blast-furnace cement

又称"矿渣水泥"。由硅酸盐水泥熟料和 20%—70% 的粒化高炉矿渣加入适量石膏磨细制成的水硬性胶凝材料。

04.196 火山灰质硅酸盐水泥 Portland pozzolana cement

又称"火山灰水泥"。由硅酸盐水泥熟料和 20%—50% 的火山灰质混合材料加入适量石膏磨细制成的水硬性胶凝材料。

04.197 粉煤灰硅酸盐水泥 Portland fly-ash cement

又称"粉煤灰水泥"。由硅酸盐水泥熟料和 20%—40% 的粉煤灰加入适量石膏磨细制成的水硬性胶凝材料。

04.198 抗硫酸盐硅酸盐水泥 sulfate-resisting Portland cement

又称"抗硫酸盐水泥"。以硅酸钙为主的特定矿物组成的熟料加入适量石膏磨细制成的具有较高抗硫酸盐侵蚀性能的水泥。

04.199　大坝水泥　cement for dam
水化过程中释放水热量较低的适用于浇筑坝体等大体积结构的硅酸盐类水泥。

04.200　高铝水泥　high alumina cement, aluminous cement
又称"铝酸盐水泥"、"矾土水泥"。以矾土和石灰石为原料,经高温煅烧得到以铝酸钙为主、氧化铝含量约50%的熟料,经磨细制成的水硬性胶凝材料。

04.201　低热微膨胀水泥　low-heat micro-expanding cement
以粒化高炉矿渣为主要成分,加入15%的左右硅酸盐水泥熟料和适量石膏,磨细制成的具有低水化热和微膨胀性能的一种水泥,用于浇筑大坝和其他大体积混凝土工程。

04.202　混凝土　concrete
由胶凝材料将骨料胶结成整体的工程复合材料的统称。

04.203　骨料　aggregate
又称"集料"。用于拌制混凝土或砂浆的砂、碎石或砾石的总称。

04.204　外加剂　admixture
为改善和调节混凝土或砂浆的功能,在拌制时掺加的有机、无机或复合的化合物。

04.205　掺合料　addition
又称"混合材"。制造水泥或拌制混凝土和砂浆时,为改善性能、节省水泥、降低成本而掺加的矿物质粉状材料。

04.206　粉煤灰　fly ash
从燃煤火力发电厂的烟道中用吸尘器收集的粉尘。常用作为混凝土的掺合料。

04.207　硅粉　silica fume
从冶炼硅金属的高炉烟道中收集到的粒径极细的粉尘。主要成分为玻璃态二氧化硅,

掺入混凝土中能使其具有高强、抗冲磨、耐久等优异性能。

04.208　水灰比　water cement ratio
水泥浆、砂浆、混凝土拌合料中,拌和用水与水泥的质量比。

04.209　骨料级配　grading of aggregate
混凝土或砂浆所用骨料颗粒粒径的分级和组合。

04.210　和易性　workability
混凝土拌合物在拌和、运输、浇筑过程中,便于施工的技术性能。包括流动性、粘聚性和保水性等。

04.211　坍落度　slump
测定混凝土拌合物和易性(流动性)的一种指标,用拌合物在自重作用下向下坍落的高度,以厘米数表示。

04.212　砂率　sand percentage
混凝土中,细骨料(粒径0.16—5mm)占粗细骨料总量的百分数。

04.213　砂浆　mortar
由胶凝材料和细骨料调制成的建筑材料。

04.214　轻骨料混凝土　light aggregate concrete
由天然轻骨料(如浮石)或人造轻骨料(如陶粒)或工业废料轻骨料(如矿渣珠)加水泥和水拌制成的重度小于18—19.5kN/m³的混凝土。

04.215　大孔混凝土　coarse porous concrete, hollow concrete
由粒径相近的粗骨料加水泥、外加剂和水拌制成的一种有大孔隙的轻混凝土。

04.216　沥青混凝土　asphalt concrete
由沥青、填料和粗细骨料按适当比例配制而成。

04.217 纤维混凝土 fiber-reinforced concrete

水泥混凝土中掺入适量散乱短纤维以提高抗裂、抗冲击等性能的复合材料。常用的纤维有钢纤维、玻璃纤维、尼龙纤维等。

04.218 聚合物浸渍混凝土 polymer impregnated concrete

将已硬化的混凝土,经干燥后浸入有机单体,用加热或辐射等方法使孔隙内的单体聚合,从而提高其抗拉、抗渗、抗冻、抗冲、耐磨、耐蚀等能力的复合材料。

04.219 聚合物胶结混凝土 polymer concrete

又称"树脂混凝土"。以合成树脂或单体作为胶凝材料并配以相应固化剂制成的一种聚合物混凝土,用于快速修补或耐磨护面。

04.220 聚合物水泥混凝土 polymer cement concrete

又称"聚合物改性混凝土"。以聚合物或单体和水泥共同作为胶凝材料的一种聚合物混凝土,能提高抗拉、抗渗、抗冲、耐磨、耐蚀等性能。

04.221 碱-骨料反应 alkali-aggregate reaction

水泥中的碱与混凝土骨料中的活性物质发生的化学反应,会使体积局部膨胀,导致混凝土开裂和强度下降。

04.222 沥青 bitumen, asphalt

由不同分子量的碳氢化合物及其非金属衍生物组成的黑褐色复杂混合物,呈液态、半固态或固态,是一种防水防潮和防腐的有机胶凝材料。

04.223 沥青胶 bitumen mastic

又称"沥青玛瑞脂"。由沥青与石粉、石棉等填充料配制而成的膏状物,具有粘结和防水性能。

04.224 沥青砂浆 bitumen mortar

由沥青、填充料和砂拌制而成的混合材料,常用于防水层和伸缩缝止水。

04.225 乳化沥青 emulsified asphalt

将熔化的沥青微粒($1-6\mu m$)分散在乳化剂的水介质中而成的乳状液,毋需加热,就可拌成沥青胶、沥青砂浆、沥青混凝土等。

04.226 防水卷材 waterproof roll

由厚纸或纤维织物为胎基,经浸涂沥青或其他合成高分子防水材料而成的成卷防水材料。

04.227 石灰 lime

由石灰石、白云石或白垩等原料,经煅烧而得的以氧化钙为主要成分的气硬性无机胶凝材料。

04.228 砖 brick

以粘土、页岩以及工业废渣为主要原料制成的小型建筑砌块。

04.229 料石 squared stone

开采出的较规则的六面体石块,经人工凿琢,厚度不小于250mm的石料。

04.230 毛石 rubble

由爆破直接获得的石块。依其平整程度可分为乱毛石与平毛石。

04.231 铸石 cast stone

以天然岩石或工业废渣为主要原料,经破碎、配料、熔化、烧注成型、结晶、退火等工艺制得的具有优异耐磨耐腐性能的硅酸盐结晶材料。

04.232 木材 timber, lumber

由天然树木加工成的圆木、板材、枋材等建筑用材的总称。

04.233 人造木板 artificial timber board

用多层微薄单板或用木纤维、刨花、木屑、木丝等松散材料以粘结剂热压成型的板材。

04.234 钢筋 reinforcing steel bar, rein-
forcement
配置在钢筋混凝土及预应力钢筋混凝土构
件中的钢条或钢丝的总称。

04.235 碳素结构钢 structural carbon steel
用以制造工程结构的型钢、钢筋、钢丝的低、
中碳钢。

04.236 低合金结构钢 structural low-alloy
steel
含碳量一般为 0.15%—0.50%,并含有一
种或数种合金元素(含量不大于 5%)的钢
材,用于制造工程结构的型钢和钢筋。

04.237 合成橡胶 synthetic rubber
以合成高分子化合物为基础具有可逆变形
的高弹性材料。

04.238 三合土 trinity mixture fill
用石灰、粘土和细砂相混夯实而成的土料,
用于夯墙、地坪、地基土和渠道防渗等。

04.239 土工织物 geotextile
用合成纤维经纺织或无纺工艺制成,用以加
固地基及用作土工渗滤层、排水盲沟等的卷
材。表面涂敷不透水面层后可作为渠道防
渗铺面。

04.240 玻璃纤维增强塑料 fibrous glass
reinforced plastic
又称"玻璃钢"。用玻璃纤维或其织物以增
强合成树脂,用涂布、注塑、挤塑、层压等方
法加工成形的制品。

05. 岩石力学、土力学、岩土工程

05.01 岩石力学

05.001 岩石 rock
组成地壳的天然矿物集合体。

05.002 岩体 rock mass
含结构面的原生地质体。

05.003 完整岩石 intact rock
未受到不连续结构面分割的岩石。

05.004 新鲜岩石 fresh rock
未经风化作用的岩石。

05.005 风化岩石 weathered rock
经过物理、化学、生物作用后,岩石力学性质
降低或矿物成分受到变化的岩石。

05.006 蚀变岩石 altered rock
岩石受到岩浆侵入时,由于高温在接触带使
原岩发生物理、化学变化后形成的新矿物和
岩体。

05.007 结构面 structural plane
又称"不连续面"。岩体中分割固相组分的
地质界面的统称,如层理、节理、片理、断层
等不连续的开裂面。

05.008 块状岩体 block rock mass
被裂缝切割呈块状的岩体。

05.009 层状岩体 beded rock mass
具有多层层理结构面的岩体。

05.010 软弱夹层 weak intercalated layer
岩体中夹有强度较低或被泥化、软化、破碎
的薄层。

05.011 切割面 cutting plane
将岩体分割开的结构面。

05.012 起伏度 waviness
又称"起伏差"。表示结构面在沿伸方向的
表面起伏程度的一个指标。

05.013 微裂纹 microcrack

岩石受力后矿物本身及岩石中产生的肉眼看不见的裂纹。

05.014 裂纹扩展 crack growth

当固体中应力达到某一临界值时,裂纹尖端或其邻域开始发生裂纹的现象。

05.015 裂隙水压力 fissure water pressure

渗透水流通过岩石裂隙时对裂隙表面作用的压力。

05.016 膨胀岩石 swelling rock

具有明显的吸水膨胀和失水收缩性能的岩石。

05.017 岩石质量指标 rock quality designation

用直径 75mm 金刚石钻头在钻孔每次进尺中,长度大于 10cm 的岩心断块总长度与该次进尺之比,以百分率表示。以表征岩体节理、裂隙等发育的程度。

05.018 流变 rheology

材料的应力、应变随时间变化而变化的现象。

05.019 滞后 retardation

粘弹性物体在加载、卸载时需经历一段时间方能完成应变的现象。

05.020 弹性后效 delayed elasticity

物体在卸载后弹性变形不能立即恢复的现象。

05.021 松弛时间 relaxation time

粘弹性材料作松弛试验时,应力从初始值降至 $1/e(=0.368)$ 倍所需的时间。

05.022 长期模量 long-term modulus

固体经长时间受力后,应力与稳定应变的比值。

05.023 初始应力 initial stress

又称"地应力"。岩体未经受人工扰动前的天然状态应力。

05.024 二次应力场 secondary state of stress

又称"围岩应力场"。硐室开挖后围岩中重新分布的应力场。

05.025 岩体扩容 dilatancy of rock

岩石在偏应力作用下由于内部产生微裂隙而出现的非弹性体积应变。

05.026 压屈 buckling

岩柱或片状岩石在高荷载作用下突然弯曲导致失稳的现象。

05.027 尺度效应 scale effect

岩土试件的尺寸或岩土体受荷载作用的大小对岩土的力学性质的影响。

05.028 饼状岩心 disking

在高应力部位钻孔取出的呈横向劈裂破坏状态的坚硬岩心。

05.029 岩石声发射 acoustic emission of rock

岩石在裂纹扩展时以脉冲波形式释放应变能的现象。

05.030 凯塞效应 Kaiser effect

凯塞发现,材料在单向拉伸或压缩试验时,当应力达到历史上曾经受过的最大应力时会突然产生明显的声发射现象。

05.031 劈裂试验 split test

又称"巴西试验"。用圆柱形岩样在直径方向上对称施加沿纵轴均匀分布压力使之破坏,从而测定岩样强度的一种试验方法。

05.032 吕荣单位 Lugeon unit

岩体压水试验时,在 1MPa 水压力作用下,每米钻孔内每分钟耗水 1l 时的渗透性称为 1 吕荣。

05.033 岩石分类 rock classification
根据岩石的强度、裂隙率、风化程度等特性指标,将其划分成各种类别或等级。

05.034 数值模拟 numerical simulation
建立反映真实状态的本构方程,在符合实际工作状态的边界条件下,采用某种数值方法计算分析岩体、土体的力学性状。

05.035 地质力学模型试验 geomechanical
model test
摸拟岩体工程地质构造、物理力学特性和受力条件的结构破坏模型试验。

05.036 破坏准则 failure criteria
岩体、土体破坏时应力状态达到的限度。

05.037 格里菲斯强度理论 Griffith's
strength theory
格里菲斯考虑裂纹随机排列的岩石中最不利方向上的裂缝周边应力最大处首先达到张裂状态而建立的岩石破裂理论。

05.038 修正的格里菲斯理论 modified
Griffith's theory
考虑到压应力场中,裂缝闭合影响其尖端的应力集中,对格里菲斯强度进行修正的理论。

05.039 库仑-纳维强度理论 Coulomb-
Navier strength theory
库仑与纳维建立的强度理论。该理论认为:岩石破坏时,破坏面上的剪应力达到极限值,该极限强度不仅与岩石抗剪能力有关而且与破坏面上的法向应力有关。

05.040 离散元法 distinct element method
由康德尔建立的应用于不连续岩体的数值求解方法。即将含不连续面的岩体看作若干块刚体组成,块体之间靠角点作用力维持平衡。角点接触力用弹簧和粘性元件描述,并服从牛顿第二定律。块体的位移和转动根据牛顿定律用动力松弛法按时步进行迭代求解。

05.041 反演分析 back analysis
根据岩土体在实际工程荷载作用下监测到的性状变化,采用数值分析方法对岩土体的力学特性和(或)初始应力条件进行分析的方法。

05.02 土 力 学

05.042 土 soil
矿物或岩石碎屑构成的松散物。

05.043 土体 soil mass
分布于地壳表部尚未固结成岩体的松散堆积物。

05.044 巨粒土 over-coarse-grained soil
粒径大于 60mm 的颗粒含量大于总质量 50% 的土。

05.045 粗粒土 coarse-grained soil
粒径大于 0.075mm 的颗粒含量大于总质量 50% 的土。

05.046 细粒土 fine-grained soil
粒径小于 0.075mm 的颗粒含量大于或等于总质量 50% 的土。

05.047 漂石 boulder
粒径大于 200mm 以浑圆(棱角)状为主,其含量超过总质量 50% 且粒径大于 60mm 颗粒含量超过总质量 75% 的土。

05.048 卵石 cobble
粒径大于 60mm,且小于或等于 200mm,以浑圆(棱角)状为主,其含量超过总质量 50%,其中粒径大于 60mm 的颗粒含量超过总质量 75% 的土。

05.049 砾类土 gravelly soil
粗粒土中砾粒(2—60mm)含量大于总质量50%的土。

05.050 砂类土 sandy soil
粗粒土中砾粒(2—60mm)含量小于或等于总质量50%的土。

05.051 粉质土 silty soil
细粒土中粉粒(0.005—0.075mm)含量大于总质量50%,且塑性指数小于10的土。如砂质粉土、粘质粉土等。

05.052 粘质土 clayey soil
粒径小于0.005mm,含量大于总质量50%,且塑性指数大于或等于10的土。如砂质粘土、粘土等。

05.053 原状土 undisturbed soil
又称"不扰动土"。保持天然结构和含水率的土。

05.054 扰动土 disturbed soil
天然结构受到破坏或含水率改变了的土。

05.055 饱和土 saturated soil
土体孔隙被水充满的土。

05.056 非饱和土 unsaturated soil
土体孔隙中含有较多气体的土。

05.057 均质土 homogeneous soil
土类相同,土的状态也相同的土。

05.058 非均质土 heterogeneous soil
土类及土的状态均不相同的土。

05.059 正常固结土 normally consolidated soil
土体现有的上覆有效压力等于先期固结压力的土。

05.060 超固结土 overconsolidated soil
又称"先期固结土"。土体现有的上覆有效压力小于先期固结压力的土。

05.061 欠固结土 underconsolidated soil
土体上现有上覆有效压力作用下尚未完成固结的土。

05.062 特殊土 special soil
具有特殊物质成分、结构构造和独特工程特性的土。

05.063 湿陷性土 collapsible soil
结构疏松、颗粒间胶结微弱,在一定压力下浸水时,结构迅速破坏,产生明显沉陷的土。

05.064 黄土 loess
主要由粉粒组成,颜色呈棕黄、灰黄或褐黄,具有大孔隙和垂直节理特征。在一定压力下浸水产生湿陷的土称湿陷性黄土,不产生湿陷的称非湿陷性黄土。

05.065 红土 laterite
由碳酸盐类或含其他富铁铝氧化物的岩石在湿热气候条件下风化形成,一般呈褐红色,具有高含水率、低密度而强度较高、压缩性较低特性的土。

05.066 膨胀土 swelling soil, expansive soil
又称"胀缩土"。富含亲水性矿物,具有明显的吸水膨胀和失水收缩的高塑性粘质土。

05.067 冻土 frozen soil
温度低于0℃的含冰土。

05.068 盐渍土 saline soil, salty soil
含盐量大于一定量的土。土粒为石膏、芒硝、岩盐等凝结,具有腐蚀、溶陷和盐胀等特性的土。

05.069 分散性土 dispersive soil
富含钠蒙脱土矿物,对纯水冲刷抵抗能力很低的粘质土。

05.070 软粘土 soft clay
又称"软土"。天然含水率大,呈软塑到流塑状态,具有压缩性高,强度小等特征的粘质土。

05.071 淤泥类土 mucky soil
又称"淤泥"。在静水或缓慢流水环境中沉积,经生物、化学作用形成的土。

05.072 土的结构 soil structure
土的固体颗粒之间联结特征的综合表现。

05.073 土的组成 soil fabric
土的固体颗粒及其孔隙的空间排列特征。

05.074 三相图 three phase diagram
表示土体的固相、液相、气相3种组分相对含量的直方图。

05.075 土骨架 soil skeleton
土中固体颗粒构成的格架。

05.076 粒组 fraction
按粒径范围划分的颗粒组别。

05.077 比表面积 specific surface
单位体积或单位质量土颗粒的总表面积。

05.078 孔隙 void, pore space
土中未被固体颗粒占据的空间。

05.079 重力水 gravitational water
又称"自由水"。受重力作用在孔隙中自由运动的水。

05.080 毛细水 capillary water
土体中受毛细管作用保持在自由水面以上的水。

05.081 土粒比重 specific gravity of soil particle
土的固体颗粒的重量与其相同体积的4℃纯水的重量之比。

05.082 含水率 water content
又称"含水量"。土体中水的质量与土颗粒质量之比,以百分率表示。

05.083 孔隙率 porosity
土体中空隙体积与土总体积之比,以百分率表示。

05.084 孔隙比 void ratio
土体中空隙体积与固体颗粒体积之比值。

05.085 密度 density
单位体积土体的质量。

05.086 容重 unit weight
单位体积土体的重量。

05.087 相对密度 relative density
砂土最疏松状态的孔隙比和天然孔隙比之差与砂土最疏松状态的孔隙比和最紧密状态的孔隙比之差的比值。

05.088 饱和度 degree of saturation
土体中孔隙水体积与孔隙体积之比值。

05.089 稠度界限 consistency limit
粘质土随含水率的变化从一种状态变为另一种状态时的界限含水率。

05.090 液限 liquid limit
粘质土流动状态与可塑状态间的界限含水率。

05.091 塑限 plastic limit
粘质土可塑状态与半固体状态间的界限含水率。

05.092 缩限 shrinkage limit
饱和粘质土的含水率减少至土体体积不再变化时的界限含水率。

05.093 膨胀性 swellability
又称"胀缩性"。粘质土的体积随含水率的增减而胀缩的特性。

05.094 崩解性 slaking
又称"湿化"。粘质土在水中,结构联结和强度丧失而崩解离散的特性。

05.095 压实性 compactibility
土体在重复荷载作用下体积变小的特性。

05.096 冻胀性 frost heave
土在冻结过程中土体膨胀的特性。

05.097 湿陷性 collapsibility
土在上部压力或自重作用下浸水产生沉陷变形的性状。

05.098 融陷性 thaw collapsibility
冻土在融化过程中在自重或外力作用下产生沉陷变形的性状。

05.099 活动性指数 activity index
粘质土塑性指数与小于 $2\mu m$ 颗粒含量百分率之比值。

05.100 压缩性 compressibility
土在压力作用下体积缩小的特性。

05.101 固结 consolidation
饱和粘质土在压力作用下,孔隙水逐渐排出,土体积逐渐减小的过程。包括主固结或次固结。

05.102 主固结 primary consolidation
在荷载作用下,饱和土体随着孔隙水的排出,导致土体积逐渐减小的过程。

05.103 次固结 secondary consolidation
土体在主固结完成后,土体积随时间减小的现象。

05.104 抗剪强度 shear strength
岩体、土体在剪切面上所能承受的极限或允许剪应力。

05.105 莫尔－库仑定律 Mohr-Coulomb
law
由莫尔和库仑提出的判别岩、土体承受剪应力时土体破坏的准则。

05.106 抗拉强度 tensile strength
岩体、土体在单向受拉条件下,破坏时的最大拉应力。

05.107 抗压强度 compressive strength

岩体、土体在单向受压力作用破坏时,单向面积上所承受的荷载。

05.108 峰值强度 peak strength
岩体、土体应力应变关系曲线上最高点对应的应力值。

05.109 残余强度 residual strength
岩体、土体应力应变关系曲线过峰值点后尾段的稳定应力值。

05.110 塑性破坏 plastic failure
岩体、土体在外力作用下出现明显的塑性变形后发生的破坏。

05.111 疲劳破坏 fatigue failure
岩土因重复荷载作用而引起的破坏。

05.112 剪胀性 dilatancy
土样在剪切过程中体积产生膨胀或收缩的性状。

05.113 触变性 thixotropy
粘质土受到扰动作用导致结构破坏,强度丧失;当扰动停止后,强度逐渐恢复的性能。

05.114 渗透性 permeability
土传导液体或气体的能力,常以渗透系数来度量。

05.115 渗径 seepage path
渗透水通过土体的流动路径。

05.116 渗透变形 seepage deformation
在渗透力作用下发生的土粒或土体移动或渗透破坏现象。主要表现形式有管涌或流土。

05.117 浸润线 phreatic line
土体中渗流水的自由表面的位置,在横断面上为一条曲线。

05.118 达西定律 Darcy's law
渗流水流量与水力梯度呈正比的定律。

05.119　管涌　piping
在渗流作用下,土中的细颗粒通过骨架孔隙通道随渗流水从内部逐渐向外流失形成管状通道的现象。

05.120　流土　soil flow
在渗流作用下,土体处于浮动或流动状态的现象。对粘土表现为较大土块的浮动,对无粘性土呈砂粒跳动和砂沸。

05.121　液化　liquefaction
在振动时,土中孔隙水压力增加导致剪切阻力减至接近于零而使土体呈流动状态的过程和现象。

05.122　总应力　total stress
作用在土体内单位面积上的总力,其值等于孔隙压力和有效应力之和。

05.123　有效应力　effective stress
土体内单位面积上固体颗粒承受的平均法向力。

05.124　孔隙压力　pore pressure
土体内孔隙流体承受的压力,其值等于孔隙水压力和孔隙气压力两者之和。

05.125　孔隙水压力　pore water pressure
土体中某点孔隙水承受的压力。

05.126　孔隙气压力　pore air pressure
土体中某点气体承受的压力。

05.127　自重应力　self-weight stress
岩体、土体自身重力所引起的应力。

05.128　有效应力原理　principle of effective stress
用有效应力阐明在力系作用下土体的各种力学效应(如压缩、强度等)的原理。

05.129　应变软化　strain softening
岩体、土体试样在加荷过程中,随应变或剪切位移的增大,剪切阻力先是增加而后又逐

渐下降趋于稳定的剪切特征。

05.130　应变硬化　strain hardening
岩体、土体试样在加荷过程中,剪切阻力随应变或剪切位移增加而增大的特征。

05.131　应力路径　stress path
在岩体、土体的加载或卸载过程中,某点的应力状态变化在应力空间或平面中移动的轨迹。

05.132　应力历史　stress history
土体在历史上曾受过的应力状态。

05.133　应力水平　stress level
作用在岩体、土体上的应力的大小。一般是指岩体、土体中的一点所受的剪应力与该点抗剪强度的比值。

05.134　弹性变形　elastic deformation
岩体、土体受力产生的、力卸除后能恢复的那部分变形。

05.135　塑性变形　plastic deformation
岩体、土体受力产生的、力卸除后不能恢复的那部分变形。

05.136　塑流　plastic flow
土体中应力达到屈服值后,塑性变形持续发展的现象。

05.137　屈服　yield
岩体、土体中在某应力状态下由弹性状态转变到塑性状态的现象。

05.138　土动力学　soil dynamics
研究在动力作用下土的性状和应力波在土体中传播规律的学科。

05.139　骨干曲线　backbone curve
连接应力应变滞回曲线两个端点,并通过座标中心的连线。

05.140　波动方程　wave equation
描述波在同性均质弹性介质内传播的微分

方程。

05.141 机械阻抗 mechanical impedance
使物体产生简谐振动的激振力与其振动速度的比值,反映了稳态振动过程中的阻力的影响。

05.142 导纳 admittance
机械阻抗的倒数。

05.143 颗粒分析试验 particle-size analysis
遵循技术程序,测定土中各粒径组所占该土总质量的百分率的技术操作。

05.144 颗粒级配 gradation of grain
反映构成土的颗粒粒径分布曲线形态的一种特征。

05.145 粒径分布曲线 grain size distribution curve
又称"颗粒级配曲线"。反映土中粒径小于某一值的颗粒质量占土总质量百分率的关系曲线。

05.146 不均匀系数 coefficient of uniformity
反映土颗粒粒径分布均匀性的系数。定义为限制粒径(d_{60})与有效粒径(d_{10})之比值。

05.147 曲率系数 coefficient of curvature
反映土颗粒粒径分布曲线形态的系数。定义为 $C_c = d_{30}^2/(d_{10} \cdot d_{60})$,其中 d_{30} 为粒径分布曲线上小于该粒径的土粒质量占土总质量的 30% 的粒径。

05.148 击实试验 compaction test
遵循技术程序,测定土在一定功能作用下密度和含水率的关系,以确定最大干密度和相应的最优含水率的技术操作。

05.149 最大干密度 maximum dry density
击实或压实试验所得的干密度与含水率关系曲线上峰值点对应的干密度。

05.150 最优含水率 optimum moisture content
击实或压实试验所得的干密度与含水率关系曲线上相应于峰值点的含水率。

05.151 渗透试验 permeability test
遵循技术程序,测定土体渗透系数的技术操作。

05.152 渗透系数 permeability coefficient
土中水流呈层流条件下,流速与水力梯度呈正比关系的比例系数。

05.153 临界水力梯度 critical hydraulic gradient
渗流水出逸面处开始发生流土或管涌时的界限梯度。

05.154 固结试验 consolidation test
遵循技术程序,测定饱和粘性土加荷和排水条件下变形与压力,变形与时间关系的技术操作。

05.155 固结度 degree of consolidation
饱和土层或试样在固结过程中,某一时刻的孔隙水压力平均消散值(或压缩量)与初始孔隙水压力(或最终压缩量)比值,以百分率表示。

05.156 固结系数 coefficient of consolidation
反映土体固结快慢的指标,它与试样的渗透系数(K),体积压缩系数(m_v)和水的密度有关。

05.157 时间因素 time factor
固结理论中的一个无因次数。它与试样的排水距离(H),固结系数(C_v)及固结时间(t)有关。

05.158 压缩试验 compression test
遵循技术程序,测定土样在侧限条件下变形或孔隙比和压力关系的技术操作。

05.159 压缩系数 coefficient of compressibility

表示土体压缩性大小的指标,是压缩试验所得 $e-p$ 曲线上某一压力段的割线的斜率。

05.160 压缩指数 compression index

表示土体压缩性大小的指标,是压缩试验所得的孔隙比与有效压力对数值关系曲线上直线段的斜率。

05.161 回弹指数 swelling index

土试样在压缩试验条件下,卸荷回弹所得的孔隙比与有效压力对数值关系曲线的斜率。

05.162 压缩模量 modulus of compressibility

土试样在压缩试验条件下,竖向应力与竖向应变之比。

05.163 体积模量 bulk modulus

土在三向应力作用下,平均正应力与相应的体积应变之比。

05.164 先期固结压力 preconsolidation pressure

土在地质历史上受过的最大有效竖向压力。

05.165 黄土湿陷试验 collapsibility test of loess

遵循技术程序,测定黄土浸水时变形和压力的关系,计算湿陷系数,溶滤变形系数,自重湿陷系数等黄土压缩性指标的技术操作。

05.166 湿陷系数 coefficient of collapsibility

黄土试样在一定压力作用下,浸水湿陷变形量与原高度之比。

05.167 抗剪强度试验 shear strength test

遵循技术程序,测定土体抵抗剪切破坏能力的技术操作。试验室常用的方法有直接剪切试验,三轴压缩试验和无侧限抗压强度试验。

05.168 三轴压缩试验 triaxial compression test

遵循技术程序,用3—4个圆柱形试样,分别在不同的围压(即小主应力 σ_3)下,施加轴向压力(即主应力差 $\sigma_1-\sigma_3$)直至试样破坏,计算抗剪强度参数(粘聚力,内摩擦角)的技术操作。

05.169 无侧限抗压强度试验 unconfined compressive strength test

遵循技术程序,使试样在无侧限条件下,施加轴向压力直至试样破坏,确定土体抗剪强度的技术操作。

05.170 直剪试验 direct shear test

遵循技术程序,用3—4个相同试样,在直剪仪预定剪切面上施加不同法向应力和剪切力直至破坏测定抗剪强度参数(粘聚力、内摩擦角)的技术操作。

05.171 强度包线 strength envelope

又称"莫尔包线"。试样在不同大小主应力达到极限状态所得莫尔圆的包络线,该线上各点的坐标即表示剪切面上破坏时的法向应力与剪应力的组合。

05.172 粘聚力 cohesion

又称"凝聚力"。由结构联结所产生的岩体、土体的抗剪强度。

05.173 摩擦系数 coefficient of friction

岩体、土体强度包线的斜率。即内摩擦角的正切。

05.174 内摩擦角 internal friction angle

土体中颗粒间相互移动和胶合作用形成的摩擦特性。其数值为强度包线与水平线的夹角。

05.175 天然休止角 natural angle of repose

无粘性土堆积时,其坡面与水平面形成的最大夹角。

05.176 土的灵敏度 sensitivity of soil
粘质土原状与重塑的无侧限抗压强度的比值。

05.177 孔隙水压力系数 pore pressure parameter
土体中应力变化引起孔隙水压力增量与应力增量的比值。

05.178 振动三轴试验 dynamic triaxial test
遵循技术程序,在一定围压下施加动荷载,测定动应力、动应变与孔隙水压力的关系,确定土的动力特性参数的技术操作。

05.179 共振柱试验 resonant column test
遵循技术程序,对圆柱形土试样施加扰力,测定扰力频率与土样体系的固有频率,以确定动弹模量和阻尼比。

05.180 原位测试 in-situ test
在岩体、土体所处的原位置,保持其原有结构、含水率和应力状态,遵循技术程序,直接或间接测定岩土的工程特性及参数的技术操作。

05.181 原型试验 prototype test

遵循技术程序,对岩土工程实体的一部分进行工程状态的综合测试。

05.182 原型监测 prototype monitoring
又称"原型观测"。遵循技术程序,对岩土工程的性状及其变化规律进行动态测试的技术操作。

05.183 工程检验 project quality inspection
按程序,对工程的一种或多种特性进行测量、检查、试验、度量并将这些特性与规定的要求进行对比以确定其符合性的活动。

05.184 动力测桩 dynamic pile test
又称"桩的动测法"。遵循技术程序,测定应力波在桩身与地基间的传播性状,确定桩的承载力及桩身质量的技术操作。

05.185 土工离心模型试验 geotechnical centrifugal model test
利用离心机提供的离心力模拟重力,按相似准则,将原型的几何形状按比例缩小,用相同物理性状的土体制成模型,使其在离心力场中的应力状态与原型在重力场中一致,以研究工程性状的测试技术。

05.03 岩 土 工 程

05.186 岩土工程 geotechnical engineering
在工程建设中有关岩石或土的利用、整治或改造的科学技术。

05.187 岩石工程 rock engineering
以岩体为工程建筑地基或环境,并对岩体进行开挖、加固的工程,包括地下工程和地面工程。

05.188 地基 foundation
承受结构物荷载的岩体、土体。

05.189 天然地基 natural foundation
处于天然状态的岩体、土体地基。

05.190 人工地基 artificial foundation
由人工填筑或改造的岩体、土体构成的地基。

05.191 复合地基 composite foundation
天然地基中部分土体得到加强或置换而形成与原地基土共同承担荷载的地基。

05.192 覆盖层 overburden layer, overburden
覆盖在基岩上的各种成因的土,或特定地下工程上的覆盖岩土层。

05.193 沉降 settlement

岩体、土体地基或结构物的垂直变形。

05.194 容许沉降量 allowable settlement
结构物能承受的而不致产生损害的或影响使用的沉降值。

05.195 极限承载力 ultimate bearing capacity
地基能承受的最大荷载强度。

05.196 容许承载力 allowable bearing capacity
保证地基不产生整体破坏，又保证结构物的沉降量不超过容许值的最大荷载。

05.197 持力层 bearing stratum
直接承受基础荷载的一定厚度的地基土层。

05.198 下卧层 underlying stratum
处于地基持力层以下的土层。

05.199 基础 foundation footing
直接与地基接触用于传递荷载的结构物的下部扩展部分。

05.200 深基础 deep foundation
一般指基础埋深大于基础宽度且深度超过5m的基础。

05.201 浅基础 shallow foundation
一般指基础埋深小于基础宽度或深度不超过5m的基础。

05.202 刚性基础 rigid foundation
主要承受压应力的基础，一般用抗压性能好，抗拉、抗剪性能较差的材料(如混凝土、毛石、三合土等)建造。

05.203 柔性基础 flexible foundation
能承受一定弯曲变形的基础。

05.204 联合基础 combined foundation
为了减小基底压力而将柱下单独基础相联形成条形、网格形或筏片形基础的总称。

05.205 补偿式基础 compensated foundation
建在地面下足够深度,使结构物的重量不超过或少超过挖除的土体重,以减少由结构物附加荷载引起地基沉陷的整体基础。

05.206 桩基础 pile foundation
由桩和承台构成的深基础。

05.207 主动土压力 active earth pressure
挡土结构物向离开土体的方向移动,致使侧压力逐渐减小至极限平衡状态时的土压力,它是侧压力的最小值。

05.208 被动土压力 passive earth pressure
挡土结构物向土体推移,致使侧压力逐渐增大至被动极限平衡状态时的土压力,它是侧压力的最大值。

05.209 静止土压力 earth pressure at rest
土体在天然状态时或挡土结构物不产生任何移动或转动时,土体作用于结构物的水平压应力。

05.210 地下连续墙 underground diaphragm wall
在地面以下用于支承建筑物荷载、截水防渗或挡土支护而构筑的连续墙体。

05.211 防滑桩 slide-resistant pile
又称"抗滑桩"。用于抵抗边坡或斜坡岩体、土体滑动的桩。

05.212 板桩墙 sheet-pile wall
用于抵抗水平压力或防止土体崩塌或防渗而打设的连续板桩。

05.213 边坡 slope
又称"斜坡"。岩体、土体在自然重力作用或人为作用而形成一定倾斜度的临空面。

05.214 斜坡蠕动 slope creeping
斜坡岩体、土体在自重长期作用下临空面发生的缓慢而持续的变形。

05.215　地下硐室　underground opening
在岩体、土体中开挖形成的洞穴或通道。

05.216　隧道　tunnel
又称"隧洞"。挖筑在山体内或地面以下的长条形的通道。

05.217　导洞　guide adit, heading
隧道施工中为增加开挖的临空面或探查掌子面前方地质条件,并为整个隧道导向而开挖的坑道。

05.218　竖井　vertical shaft
与地面相通的垂直通道。

05.219　斜井　inclined shaft
与地面相通的倾斜通道。

05.220　掌子面　tunnel face
地下工程或采矿工程中的开挖工作面。

05.221　临空面　free face
又称"自由面"。岩体、土体与空气或水接触的外部有一定倾斜度的分界面。

05.222　围岩　surrounding rock
因开挖地下硐室,其周围一定范围内对稳定和变形可能产生影响的岩体。

05.223　松动圈　relaxation zone
又称"松动带"。硐室开挖引起周围应力集中所导致的围岩破坏、松动、弱化或塑性变形的范围。

05.224　海姆假说　Heim's hypothesis

假定岩体深部的应力状态符合于静水压力的学说。

05.225　岩爆　rockburst
在地应力高的岩体中开挖硐室,围岩应力突然释放,岩块破裂并抛出的动力现象。

05.226　冒顶　fall of ground, roof fall
地下硐室的顶板突然塌落的事故现象。

05.227　劈裂剥落　splitting and peeling off
地下硐室开挖后,硐壁的岩片、岩板沿壁面剥落的现象。

05.228　隧洞衬砌　tunnel lining
防止硐室围岩松动、坍塌或加固围岩的永久性支护层。

05.229　喷锚支护　shotcrete and rock bolt
由锚杆与喷射混凝土形成的复合体加固围岩的技术。

05.230　表面滑移　surface sliding
建筑物沿其自身与岩体、土体接触面的剪切滑移。

05.231　浅层滑移　shallow sliding
建筑物连同部分地基岩体、土体一起沿浅层滑动而发生的剪切滑移。

05.232　深层滑移　deep sliding
建筑物连同地基岩体、土体一起沿深层滑动而发生的剪切滑移。

06．水利勘测、工程地质

06.01　水利工程测量

06.001　水利工程测量　hydraulic engineering survey
水利工程在规划、设计、施工和运行管理各

阶段进行的测量工作,是水利工程建设前期工作的一项基础工作。

06.002　坐标系　coordinate system

在一个国家或一个地区范围内统一规定地图投影的经纬线作为坐标轴,以确定国家或某一地区所有测量成果在平面或空间上的位置的坐标系统。

06.003　天文测量　astronomical survey
是通过观测太阳或其他恒星位置以确定地面点的经度、纬度和至某点天文方位角的测量工作。

06.004　三角测量　triangulation
用经纬仪观测各三角形中的水平角,根据起算数据和三角学原理推算各点坐标的平面控制测量。

06.005　导线测量　traverse survey
依次测定各导线边边长和各导线角,根据起算数据推算各导线点坐标的平面控制测量工作。

06.006　电磁波测距　electromagnetic wave distance measuring
又称"物理测距"。利用电磁波作为载波,运载测距信号,进行精密测距的技术。其基本原理是根据电磁波的传导速度和往返于发射器与反射器之间的时间,计算发射器与反射器之间的距离。

06.007　水准测量　levelling
又称"几何水准测量"。建立高程控制网和测量任意两点间高差的基本方法。

06.008　水准标志　bench mark
标定水准点高程位置的标石和其他标记的总称。

06.009　测量平差　adjustment of measurement
利用最小二乘法原理合理调整观测误差评定测量成果精密度的一种计算方法。

06.010　地形测量　topographic survey
根据已测定的大地控制点,采用经纬仪视距测量、平板仪测量和摄影测量等方法,按照一定的符号和图式将地物和地貌以等高线的形式测绘成地形图。

06.011　摄影测量　photogrammetric survey
利用摄影像片测量地形地物的技术方法。

06.012　建筑物变形观测　deformation observation of structure
利用观测设备对建筑物在荷载和各种影响因素作用下产生的结构位置和总体形状的变化,所进行的长期测量工作。

06.013　地壳形变观测　observation of earth crust deformation
为评价地震监测或库坝区的区域构造的稳定性,对一个地区地壳的表面和河谷阶地基座或一条活动断层两侧地面的相对变化而进行的重复的连续观测。

06.014　经纬仪　theodolite, transit
测量水平角、垂直角以及为视距尺配合测量距离的仪器。

06.015　水准仪　level instrument, level
测量地面两点间高差的仪器。

06.016　平板仪　plane table
由照准仪、测图板、三角架等组成,进行地形测量的一种仪器。

06.017　计算机辅助绘图系统　computer-aided mapping system
通过全站型测距仪取得、贮存测算数据,输送给电子计算机进行处理,并以电子绘图桌绘制地形图的组合测量系统。

06.02 工 程 地 质

06.018 工程地质 engineering geology
研究与人类工程活动有关的地质环境及对其评价、合理利用、保护的科学。

06.019 火成岩 igneous rock
又称"岩浆岩"。地球深处的岩浆侵入地壳内或喷出地表后冷凝而形成的岩石。

06.020 沉积岩 sedimentary rock
由成层沉积的松散堆积物固结而成的岩石。

06.021 变质岩 metamorphic rock
地壳中原有的岩石受构造运动、岩浆活动或地壳内热流变化等内营力影响，使其矿物成分、结构构造发生不同程度的变化而形成的岩石。

06.022 断裂构造岩 faulted rock
在构造应力作用下，岩体断裂带及其两侧影响带产生变形、压碎或重结晶等动力变质作用而形成具有一定组织结构的岩石。

06.023 软岩 weak rock
又称"软弱岩石"。单轴抗压强度小于30MPa的岩石。

06.024 造岩矿物 rock-forming mineral
组成岩石的基本矿物。自然界造岩矿物很多，其大部分为硅酸盐和碳酸盐矿物，常见的有石英、长石、云母、角闪石、辉石、方解石等。

06.025 残积土 residual soil
岩体经风化作用后残留在原地形成的土。

06.026 坡积土 slope wash
山坡上岩体风化的碎屑物质，在流水或重力作用下运移到斜坡下部或山麓处的堆积物。

06.027 洪积土 pluvial soil
由山区洪流搬运而堆积的碎屑土。

06.028 冲积土 alluvial soil
由水流搬运堆积形成的土。

06.029 风积土 aeolian deposit
碎屑物质经风力搬运堆积所形成的土。

06.030 海积土 marine soil
海洋中靠近海岸的浅海至深海地带堆积形成的土。

06.031 有机土 organic soil
含大量植物残留有机质的土。

06.032 沼泽土 swamp soil, marsh soil
在沼泽地区内压缩性和有机质含量均高的纤维质土。

06.033 地质构造 geological structure
在地壳运动影响下，地块和地层中产生的变形和位移形迹。地质构造按其成因分为原生构造和次生构造。

06.034 向斜 syncline
地层中一种下凹的褶曲构造，其核部由新地层组成。地层时代由核部向两翼由新到老排列。

06.035 背斜 anticline
地层中一种上凸的褶曲构造，其核部由老地层组成。地层时代由核部向两翼由老到新排列。

06.036 走向 strike
地层中面状构造的产状要素之一。其构造面或地质体的界面与水平面的交线称为走向线，而走向线两端的延伸方向，即为走向。

06.037 倾向 dip

地层中面状构造的产状要素之一。垂直于走向线,沿地质界面倾斜向下的方向所引的直线称为倾斜线;倾斜线在水平面上的投影线所指的界面倾斜方向称为倾向。在数值上与走向相差 90°。

06.038 倾角 angle of dip
地层中面状构造的产状要素之一。即在垂直地质界面走向的横剖面上所测定的此界面与水平面之间的两面角。也就是倾斜线与其水平投影线之间的夹角。这个倾角又称真倾角。

06.039 剪切裂隙 shear crevasse
在地质应力作用下,剪应力达到或超过岩石抗剪强度时发生的两组共轭剪切的破裂面。

06.040 层理 stratification bedding
又称"层面"。指岩石沉积过程中的原生成层构造。

06.041 节理 joint
将岩体切割成具有一定几何形状的岩块的裂隙系统。也是岩体中未发生位移的(包括实际的或潜在的)破裂面。

06.042 片理 schistosity
在变质岩区,由于强烈变形和变质作用,使片状和板状矿物定向排列而形成的一种面状构造。它是变质岩中特有的构造形迹。

06.043 裂隙 fissure
岩体中的破裂面或裂纹。

06.044 断裂 rupture
岩体的破碎现象。是由于应力作用下的机械破坏,使岩体丧失其连续性和完整性,不涉及其破碎部分是否发生位移。断裂包括裂隙、节理和断层等。

06.045 褶皱 fold
岩层受构造应力作用形成的连续弯曲现象。

06.046 岩层产状 attitude of rock formation
岩层在地壳中展布的状态。通常用走向、倾向和倾角三个产状要素来确定。

06.047 断层 fault
岩体在构造应力作用下发生破裂,沿破裂面两侧的岩体发生显著的位移或失去连续性和完整性而形成的一种构造形迹。

06.048 活动断层 active fault
又称"活动性断层"。现今仍在活动或近代地质时期曾有过活动,将来还可能重新活动的断层。

06.049 构造地质学 structure geology
地质学的一门分支学科。是研究地壳中岩石的构造形迹、空间分布及其形成原因的一门学科。

06.050 岩体结构 structure of rock mass
岩体中结构面和结构体的大小、形状及组合形式。

06.051 地质年代 geological age
表明地质历史时期的先后顺序及其相互关系的地质时间系列。

06.052 岩石变形特征 deformation behaviour of rock
岩石在应力等物理因素作用下形状和大小变化的性能。

06.053 强风化 intense weathering
岩体大部分变色,组织结构基本破坏,矿物部分变异,形成次生矿物,岩体破碎成干砌石状,完整性差,用镐撬可以挖动。

06.054 弱风化 moderate weathering
部分岩体变色,岩体原始组织结构清楚完整,裂隙两侧矿物变质,风化裂隙较发育,完整性较差,开挖需要爆破。

06.055 微风化 weak weathering
岩体组织结构和矿物成分基本未发生变异,仅沿裂隙面色泽略有改变,大部分裂隙面闭合或为钙质薄膜充填,强度比新鲜岩石略低。

06.056 山坡堆积 hill slope debris
山坡上各种沉积物的总称。主要是坡积物,缓坡上可能有残积物,陡坡下可能有重力堆积物,在山坡上常出现它们之间的复合型堆积。

06.057 地壳运动 crustal movement
指包括花岗岩－变质岩层(硅铝层)和下部玄武岩层(硅镁层)在内的整个地壳的运动。广义的指地壳内部物质的一切物理的和化学的运动,如地壳变形、岩浆活动等;狭义的指由地球内营力作用所引起的地壳隆起、拗陷和各种构造形态形成的运动。

06.058 矿物成分 composition of mineral
由地质作用所形成的天然单质或化合物,是组成岩石、矿石的基本单元。

06.059 滑坡 landslide
又称"地滑"。斜坡部分岩、土体在自然或人为因素作用下失去稳定,发生整体下滑的现象。

06.060 滑动面 sliding surface
滑坡体与滑床面贯通的剪切破裂面。

06.061 滑动带 sliding zone
滑坡体与滑床之间具有一定厚度碎屑物质的剪切带。

06.062 滑坡体 landslide mass
沿滑动面向下滑动的岩体、土体。

06.063 滑坡床 slide bed
又称"滑床"。滑动面或滑动带以下稳定的岩体、土体。

06.064 岩崩 rock fall
岩石自陡坡或悬崖上突然向下崩塌的现象。大规模的崩塌称山崩。

06.065 泥石流 debris flow
突然爆发的饱含大量泥沙和石块的特殊山洪。

06.066 喀斯特 karst
又称"岩溶"。水对可溶岩的溶蚀作用所产生的地质现象。

06.067 卸荷裂隙 relief joint
由于自然地质作用和人工开挖,使岩体应力释放和调整而造成的拉张裂隙。

06.068 地貌 landform
是地表外貌各种形态的总称。是内、外营力地质作用在地表的综合反映。

06.069 古河道 ancient river course
地质历史或人类历史上被废弃的河道。

06.070 冰川作用 glaciation
冰川或冰盖活动对地表的刨蚀、搬运和堆积等的地质作用。

06.071 地震 earthquake
地壳在内、外营力作用下,集聚的构造应力突然释放,产生震动弹性波,从震源向四周传播引起的地面颤动。

06.072 震级 earthquake magnitude
按地震时所释放出的能量大小确定的等级标准。

06.073 水文地质 hydrogeology
研究地下水的形成,分布,运动规律,物理、化学性质以及同其他水体的相互关系的科学。

06.074 含水层 aquifer
存储地下水并能够提供可开采水量的透水岩土层。

06.075 隔水层 aquiclude
虽有孔隙且能吸水,但导水速率不足以对井或泉提供明显的水量的岩土层。

06.076 地下水循环 groundwater circulation
地下水交替更新的过程。

06.077 地下水动态 groundwater regime
地下水的水位、水量、水温、化学成分等要素随时间、空间的变化过程。

06.078 地下水埋深 bury of groundwater
地下水位与地面高程之差。

06.079 地下水量平衡 groundwater balance
又称"地下水均衡"。一个地区在一定时间内,地下水的总补给量与总消耗量之间的数量对比关系。

06.080 地下水矿化度 mineralization of groundwater
地下水中含各种离子、分子、化合物的总量,以 g/l 表示。

06.081 地下水补给 groundwater recharge
含水层自外部获得水量补充的过程。

06.082 单位吸水量 specific water absorption

压水试验中,在每米水柱压力下每米试段长度内岩体每分钟的吸水量数。以 l/min·m·m 表示。

06.083 地下水水质 quality of groundwater
地下水的物理性质、化学成分、细菌和其他有害物质含量的总称。

06.084 潜水 phreatic water
地面以下第一个稳定隔水层以上具有自由水面的地下水。

06.085 承压水 confined water
充满两个隔水层之间的承受静水压力的地下水。

06.086 孔隙水 pore water
岩土体孔隙中储存的重力水。

06.087 裂隙水 fissure water
岩体裂隙中储存的重力水。

06.088 喀斯特水 karstic water
又称"岩溶水"。在喀斯特岩层的溶洞或溶蚀裂隙中存储的重力水。

06.03 工程地质勘探

06.089 工程地质勘探 engineering geological exploration
综合运用各种勘探手段,对工程区进行工程地质调查和研究的工作。

06.090 工程地质测绘 engineering geological mapping
将测区实地调查搜集的各项地质成果,经过分析整理,按一定比例尺填绘在地理基础底图或地形图上的工作。

06.091 水文地质测绘 hydrogeological mapping
对测区地下水露头、地表水体和与地下水有

关的地质现象进行观察描述、分析整理、编制成图的工作。

06.092 遥感地质应用 application of remote-sensing to geology
利用遥感技术进行工程地质调查、制图、专题研究及动态观测等工作。

06.093 工程地质钻探 engineering geological drilling
利用钻探机械设备,探明工程区域地下一定深度内的工程地质情况,补充、验证地面测绘资料的勘探工作。

06.094 地球物理勘探 geophysical

prospecting

简称"物探"。利用地球物理的原理,根据各种岩石之间的密度、磁性、电性、弹性、放射性等物理性质的差异,选用不同的物理方法和物探仪器,测量工程区的地球物理场的变化,以了解其水文地质和工程地质条件的勘探和测试方法。

06.095 电法勘探 electrical prospecting
根据不同岩土体之间电磁性质的差异,利用仪器探测人工产生的或自然界本身存在的电场与电磁场,并对其特点和变化规律进行分析研究的地球物理勘探方法之一。

06.096 地震勘探 seismic prospecting
利用仪器检测、记录人工激发地震的反射波、折射波的传播时间、振幅、波形等,从而分析判断地层界面、岩土性质、地质构造的一种地球物理勘探方法。

06.097 重力勘探 gravitational prospecting
利用重力仪对地质体的重力场和重力异常进行探测,以确定某地质体的性质、空间位置、大小和形状的一种地球物理勘探方法。

06.098 电阻率测井 resistivity logging
测定钻井(孔)内岩层电阻率,研究钻孔地质剖面的一种测井方法。

06.099 放射性测井 radioactive logging
在钻孔中测定岩土的天然放射性或测量人工放射性同位素与岩层中物质的相互作用发生的一系列效应(散射、吸收等),研究岩层结构与性质的一种测井方法。

06.100 声波测井 sonic logging
利用岩土的传送声波速度或其他声学特性,研究钻孔岩层剖面的一种测井方法。

06.101 磁法勘探 magnetic prospecting
探测地下岩体磁异常以查明地质情况的方法。

06.102 跨孔法 cross hole method
利用相邻两个钻孔,从一个孔激振发射,另一个孔接收,探测其纵、横波在岩体中传播速度的方法。

06.103 钻孔电视 borehole television
应用电视技术观察钻孔壁地质情况的一种测井方法。

06.104 地质雷达 geological radar
利用高频电磁波在岩体传播中遇到地质界面产生反射的特性,探测异常地质体的一种方法。

06.105 节理玫瑰图 rose diagram of joints
将野外所测裂隙产状要素资料分别不同组、系予以整理,绘制形似玫瑰花的一种图式。

06.106 节理等密图 contour diagram of joints
以裂隙极点图为基础,用中心密度计和边缘密度计分别统计极点图内和边缘的裂隙点,将每次统计的数字分别记在圆心上,选择适当等密线距把等值的点连接起来的图。

06.107 钻孔岩心采取率 core recovery of drilling hole
衡量岩石钻探工程质量的一项重要指标,是钻进采得的岩心长度与相应实际钻进尺之比,以百分率表示。

06.108 地震波 seismic wave
由天然地震或通过人工激发的地震而产生的弹性振动波,在地球中由介质的质点依次向外围传播的形式。

06.109 赤平投影图 stereogram
将结构面的产状投影到通过参考球体中心的赤道平面上的几何图。

06.110 大口径钻探 large diameter drilling
采用直径大于500mm钻头的钻进技术。钻进工艺有取心和不取心全断面钻进两种。

06.111 综合地层柱状图 comprehensive strata log diagram

按一定比例尺和图例综合反映测区内地层层序、厚度、岩性特征和区域地质发展史的柱状剖面图。

06.112 工程地质图 engineering geological map

反映工程区各种地质体和工程地质现象的空间分布及其特征的图。

06.113 工程地质剖面图 engineering geological profile

依一定比例尺和图例表示某一方向垂直切面上的工程地质现象的图。

06.114 水文地质剖面图 hydrogeological profile

按照一定比例尺和图例反映某一地区在一定垂直深度内水文地质条件的图件。

06.115 钻孔柱状图 borehole log

按一定比例尺和图例表示钻孔的地层岩性、厚度、水文地质试验、各种测井成果和孔内钻进情况的图。

06.116 洞井展示图 exposition of adit and shaft

依一定比例尺和图例,按平面连续展开的方式,将平洞、竖井勘探中揭露的水文地质、工程地质现象和岩体原位试验成果编制绘成的图。

06.117 岩石薄片鉴定 rock slice identification

利用偏光显微镜对岩石薄片进行矿物成分

及其光学特性的测定。

06.118 标准贯入试验 standard penetration test

在土层钻孔中,利用重 63.5kg 的锤击贯入器,根据每贯入 30cm 所需锤击数来判断土的性质,估算土层强度的一种动力触探试验。

06.119 抽水试验 water pumping test

在选定的钻孔中或竖井中,对选定含水层(组)抽取地下水,形成人工降深场,利用涌水量与水位下降的历时变化关系,测定含水层(组)富水程度和水文地质参数的试验。

06.120 钻孔压水试验 water pressure test in borehole

利用水泵或水柱自重,将清水压入钻孔试验段,根据一定时间内压入的水量和施加压力大小的关系,计算岩体相对透水性和了解裂隙发育程度的试验。

06.121 灌浆试验 grouting test

为取得最佳的灌浆效果,给灌浆处理工程设计提供合理参数(最佳孔距、水灰比、灌浆压力、单位耗灰量和灌浆前后岩体透水性的变化等)而进行的试验性灌浆工作。

06.122 喀斯特连通试验 test of karstic channel-connection

在喀斯特区利用地下水天然露头或人工揭露点投放一定量的示踪剂或采用抽、排、封堵地下水等方法,利用地下水流向与渗流历时,查明溶洞,溶融裂隙和地下暗河的连通性、延伸长度及出口分布的试验。

06.04 水利工程地质评价

06.123 水利工程地质评价 geological appraisal for water project

根据水工建筑物的要求和工程地质勘察成

果,分析、判断水利工程区域或场地的工程地质条件及其与水工建筑物相互作用下可能产生的工程地质问题,并提出与克服这些工程地质问题应采取的措施。

06.124 区域构造稳定评价 appraisal for regional tectonic stability
对水利工程建设地区发生断层位移和地震等构造活动的可能性及其对水工建筑物稳定性的影响或危害所作的分析、预测和估价。

06.125 边坡稳定评价 stability appraisal of slope
分析、判断边坡的稳定条件,评定边坡岩土体抵抗变形、破坏的潜在能力或安全度。

06.126 库岸稳定评价 appraisal of reservoir bank stability
分析、判断水库周边岸坡的稳定条件,评定库岸边坡岩土体在水体升降(特别是在近坝库岸,当水体骤降的条件下)、风浪冲蚀下抵抗变形、破坏的潜在能力或安全度。

06.127 水库渗漏 reservoir seepage
库水向库盆以外的邻谷和下游的渗漏现象。

06.128 水库地震 reservoir induced earthquake
水库蓄水后引起库内及其附近地区原有地震活动性发生变化的现象,是诱发地震的一种类型。

06.129 岩体工程地质分类 engineering geological classification of rock mass
按照岩体的物理力学性质和结构特征,将岩体划分为不同的类型和等级。岩体工程地质分类种类繁多,但大部分属于围岩分类。

06.130 土的工程地质分类 engineering geological classification of soil
根据土体的物理、力学、水理性质、矿物成分和土的结构将土划分成不同的类型和定名。

06.131 断裂构造分级 classification of faults
按断裂、裂隙的延伸规模,断裂深度以及所处构造单元部位划分的断裂等级。

06.132 地下硐室围岩稳定 stability of surrounding rock in underground cavern
研究地下硐室围岩的成硐条件,可能的破坏形式以及支护的必要性。

06.133 环境工程地质 environmental engineering geology
研究人类工程、经济活动与地质环境之间的相互作用和影响,为制定利用、保护和改造地质环境等方案提供依据。

07. 水 利 规 划

07.01 水 利 规 划

07.001 水利区划 water conservancy zoning
以水资源的开发利用为主,考虑自然条件的相似性,并考虑照顾流域界限与行政界线,而进行的划片分区。

07.002 水利规划目标 objective of water conservancy planning
水利规划中在不同规划水平年应达到的特定要求。

07.003 水利规划标准 criterion for water conservancy planning
水利规划中对防洪、除涝、灌溉、供水、水力发电、航运、游乐、水产养殖、水环境保护等各项规划任务的保证程度。

07.004 水利规划水平年 target year of water conservancy planning
实现水利规划特定目标的年份。

07.005　多目标水利规划　multi-objective water conservancy planning

综合考虑经济、社会、环境等多种规划目标的水利规划。

07.006　流域规划　river-basin planning

统筹研究一条河流流域范围内各项治理、开发任务的水利规划。

07.007　跨流域调水规划　interbasin water transfer planning

研究从某一流域的多水区向其他流域的缺水区送水,使两个或两个以上流域的水资源经过调剂得以合理开发利用的规划。

07.008　区域水利规划　regional water conservancy planning

以一定的自然地理单元、行政单元或经济单元为对象的水利规划。

07.009　专业水利规划　water conservancy planning for specific purpose

流域或地区范围内,为某一治理开发任务所进行的专项水利规划。

07.010　水资源开发利用规划　water resources development planning

为开发利用水资源而制定的专业水利规划。

07.011　防洪规划　flood control planning

为防治某一河流或某一地区的洪水灾害而制定的专业水利规划。

07.012　灌溉规划　irrigation planning

为某一区域实施农牧业灌溉而制定的专业水利规划。

07.013　排水规划　drainage planning

为排除某一区域多余的地面水、土壤水,控制地下水,防治盐渍化而制定的专业水利规划。

07.014　水能利用规划　hydropower planning

为开发利用水能资源而制定的专业水利规划。

07.015　梯级开发规划　cascade development planning

在河流或河段上研究布置一系列阶梯式水利枢纽的开发方式与总体安排。以最大限度地兴利除害,有效控制和利用河流、河段的水能,水利资源。

07.016　供水规划　water supply planning

为提供城镇居民生活和工业生产用水而制定的专业水利规划。

07.017　水土保持规划　soil and water conservation planning

为防止水土流失,保护、改良和合理利用水土资源而制定的专业水利规划。

07.018　水资源保护规划　water resources protection planning

为防治水污染,保护水资源、水环境而制定的专业水利规划。

07.019　水质管理规划　water quality management planning

为防治水污染,保护改善水体水质而制定的专业水利规划。

07.020　河道整治规划　river regulation planning

为适应兴利除害要求,治理、改造、开发河道而制定的专业水利规划。

07.02　水　利　计　算

07.021　水利计算　water conservancy com-　putation

为研究水资源的合理开发利用、研究工程对河川径流和水流条件的变化影响,评价工程的经济和环境效果等所进行的有关分析计算。

07.022 径流调节 runoff regulation
通过某些工程措施对地面和地下径流的时间过程和地区分布进行调整。

07.023 径流调节时历法 chronological series method for runoff regulation
以实测径流系列为基础,按历时顺序逐时段进行水库水量蓄泄平衡的径流调节计算方法。

07.024 径流调节概率法 probability method for runoff regulation
应用径流的统计特性,按概率论原理对年内、年际入库径流的不均匀性进行调节的径流调节计算方法。

07.025 径流调节随机模拟法 stochastic simulation method for runoff regulation
应用水文时间序列的理论和方法,建立径流系列的随机模型,据以生成人工序列再进行调节的径流计算方法。

07.026 水库调洪计算 reservoir flood routing
研究洪水通过水库调节后洪水过程线变化的演算。

07.027 水库灌溉调节计算 reservoir regulation computation for irrigation
担负农业灌溉供水任务的水库的径流调节计算。

07.028 水库供水调节计算 reservoir regulation computation for water supply
担负工业、城镇生活与航运供水任务的水库的径流调节计算。

07.029 水库特征水位 characteristic water level of reservoir
根据任务要求,水库在各种不同时期的水文情况下,需控制或允许达到消落的各种库水位。

07.030 正常蓄水位 normal water level
又称"兴利水位"。水库在正常运用情况下,为满足兴利要求应在开始供水时蓄到的高水位。

07.031 死水位 dead water level
水库在正常运用情况下,允许消落到的最低水位。

07.032 防洪限制水位 flood control level
又称"汛期限制水位"。水库在汛期允许兴利蓄水的上限水位,也是水库在汛期防洪运用时的起调水位。

07.033 防洪高水位 upper water level for flood control
水库或其他水工建筑物遇到下游保护对象设防洪水时,在坝前或建筑物前达到的最高水位。

07.034 设计洪水位 design flood level
水库或其他水工建筑物遇到设计洪水时,在坝前或建筑物前达到的最高水位。

07.035 校核洪水位 maximum flood level
水库或其他水工建筑物遇到校核洪水时,在坝前或建筑物前达到的最高水位。

07.036 水库特征库容 characteristic capacity of reservoir
相应于水库特征水位以下或两特征水位之间的水库容积。

07.037 死库容 dead reservoir capacity
又称"垫底库容"。死水位以下的水库容积。

07.038 兴利库容 beneficial reservoir capacity

又称"调节库容"。正常蓄水位至死水位之间的水库容积。

07.039 防洪库容 flood control capacity
防洪高水位至防洪限制水位之间的水库容积。

07.040 调洪库容 reservoir capacity for flood control
校核洪水位至防洪限制水位之间的水库容积。

07.041 总库容 total reservoir capacity
校核洪水位以下的水库容积。

07.042 重叠库容 overlap reservoir capacity
正常蓄水位至防洪限制水位之间的水库容积。这部分库容汛期腾空作为防洪库容或调洪库容的一部分;汛后充蓄作为兴利库容的一部分,兼有防洪兴利的双重作用。

07.043 水库水量损失 reservoir water loss
兴建水库后,因改变河流天然状态、库内外水力关系所引起的水量蒸发损失、渗漏损失和结冰损失等。

07.044 径流调节系数 coefficient of runoff regulation
水库调蓄后设计放泄的枯水时段平均流量与天然入库的多年平均流量的比值。

07.045 库容系数 regulation storage coefficient

水库兴利库容与入库多年平均径流量的比值。

07.046 水能计算 hydropower computation
研究水电站工作状况,确定水电站能量指标的水利计算。

07.047 综合利用水库调节 multi-purpose reservoir regulation
负担两种或两种以上重要规划任务的水库径流调节。

07.048 水库群调节 reservoir group regulation
2个或2个以上水库按特定要求联合调度运行所进行的水库径流调节。

07.049 水库回水计算 reservoir backwater computation
水库蓄水后在各种设计条件下库区沿程水位壅高情况的计算。

07.050 水库淤积计算 reservoir sedimentation computation
水库蓄水后库区泥沙淤积过程及相对平衡状态的计算。

07.051 水库下游河道冲刷计算 computation for river erosion at reservoir downstream
水库蓄水后下游河道冲刷过程及相对平衡状态的计算。

07.03 水利工程移民

07.052 移民安置 resettlement of affected residents
按有关规定的标准将水库淹没范围内、工程用地范围内的居民迁移到适宜地点,并妥善安置。

07.053 淹没处理 compensation for inunda-tion
对兴建工程产生的淹没影响和损失,采取合理的经济补偿与妥善安排。

07.054 水库库底清理 reservoir site cleaning
水库蓄水前按规定要求,对库区内障碍物和

污染源进行清除和整理。

07.055 开发性移民 development resettlement policy

把移民安置同安置区自然资源、人力资源开发有机地结合起来,为移民创造新的生产、生活条件的一种移民方式。

07.056 水库淹没区 zone of reservoir inundation

水库蓄水后和遇洪水后的淹没范围。

07.057 水库淹没处理范围 treatment zone of reservoir inundation

由于水库淹没和由其引起的浸没、坍岸、滑坡等需给予合理经济补偿和妥善安排的地区。

07.058 居民迁移线 line of resident relocation

按有关规定的标准,确定水库淹没区人口迁移的高程线。

07.059 土地征用线 line of land requisition

按有关规定的标准,确定水库淹没区土地征用的高程线。

07.060 库区综合开发利用 development of reservoir zone

利用库区水土资源进行造林绿化、水产养殖、旅游、航运等多种经营,扩大库区的经济效益。

07.061 移民安置区环境容量 resettlement zone environment capacity

移民安置区在其自然环境条件下,所具有的容纳居民数额的能力。

08. 水 工 建 筑

08.01 水 工 建 筑 物

08.001 水工建筑物 hydraulic structure

为控制调节水流防治水患和开发利用水资源而兴建的承受水作用的建筑物。

08.002 枢纽布置 layout of hydroproject

各永久性水工建筑物在枢纽中的位置安排。

08.003 永久性建筑物 permanent structure

长期使用的建筑物。

08.004 临时性建筑物 temporary structure

施工中、初期运用中或维修中短时期使用的建筑物。

08.005 主要建筑物 main structure

在水利枢纽中起主导作用,失事后影响较大的建筑物。

08.006 次要建筑物 secondary structure

在水利枢纽中作用相对较小,失事后影响较大的建筑物。

08.007 可行性研究 feasibility study

对拟建的水利工程的建设条件作进一步调查、勘测、分析、比较,研究其近期兴建的必要性,技术上的可行性及经济上的合理性。

08.008 初步设计 preliminary design

根据设计任务书进行的基本设计阶段。对兴建工程的必要性、技术可能性和经济合理性进行论证。

08.009 技术设计 technical design

在初步设计和施工图设计之间的设计阶段,解决初步设计尚未完全解决的具体技术问题。

08.010 施工图设计 constructional drawing

design

根据批准的初步设计或技术设计绘制施工图的设计阶段。

08.011 招标设计 bidding design

又称"标书设计"。为工程招标而进行的设计。内容包括合同条款,基数要求和工程图纸。

08.012 安全系数 safety factor

水工建筑物、结构或构件的抗破坏强度与设计荷载效应组合的比值,它是建筑物、结构或构件的安全储备的指标。

08.013 水工结构可靠度设计 reliability design of hydraulic structure

按完成结构预定功能、概率极限状态为原则和以分项系数为实用方法的设计。

08.014 分项系数 sub-coefficient

基本变量的设计值与标准值之比。

08.015 结构重要性系数 structure importance coefficient

按工程结构的重要性和失事后果制定的系数。常以 γ_0 表示。

08.016 作用分项系数 action sub-coefficient

按作用对其标准值的不利变异制定的系数。常以 γ_f 表示。

08.017 材料性能分项系数 material sub-coefficient

考虑材料性能对其标准值的不利变异制定的系数。常以 γ_m 表示。

08.018 设计状况系数 design condition coefficient

反映结构不同设计状况应有不同目标可靠指标。常以 ψ 表示。

08.019 结构系数 structure coefficient

反映作用效益计算不定性和抗力计算不定性,并考虑上述分项系数未能反映的其他不定性而采用的系数。常以 γ_d 表示。

08.020 永久作用 permanent action

又称"永久荷载"。在建筑物设计基准期内,作用强度不随时间变化。

08.021 可变作用 variable action

又称"可变荷载"。在建筑物设计基准期内,作用强度随时间变化。

08.022 偶然作用 accidental action

又称"偶然荷载"。在建筑物使用期间偶然发生的作用。如地震等。

08.023 静态作用 static action

又称"静荷载"。数值、位置和作用方向不随时间改变或随时间改变,但变化缓慢,在建筑物上不产生加速度的作用。

08.024 动态作用 dynamic action

又称"动荷载"。数值、位置或作用方向随时间迅速变化,在建筑物上产生加速度的作用。

08.025 固定作用 fixed action

又称"固定荷载"。在结构空间位置上具有固定分布的作用。

08.026 可动作用 movable action

又称"可动荷载"。在结构空间位置上的一定范围内,可以任意分布的作用。

08.027 基本作用效应组合 basic action combination

又称"正常荷载组合"。建筑物在正常运用情况下可能同时出现的基本作用组合。

08.028 施工检修作用效应组合 construction and maintenance action combination

又称"施工检修荷载组合"。建筑物在施工、检修情况下可能出现的作用组合。

08.029 偶然作用效应组合 accidental action combination

又称"特殊荷载组合"。建筑物在特殊运用情况下可能同时出现的基本作用与特殊作用的组合。

08.030 标准值 standard value

建筑物或构件设计时所采用的各种基本作用的基本代表值。

08.031 结构抗力 structure reactance

建筑物或构件承受作用的能力。

08.032 水压力 water pressure

水在静止或流动时作用在建筑物与水接触的表面上的压力。

08.033 渗透压力 seepage water pressure

渗流场的水压力。在水工建筑设计中通常指因上、下游水位差使渗水流动各点水压强度超过下游水位的部分。

08.034 扬压力 uplift pressure

因上、下游水位差而产生的渗流作用于建筑物基底截面或其他截面的力(等于浮托力与渗透压力之和)。

08.035 浮托力 buoyancy force

下游水位作用于水工建筑物水下基底截面或其他截面的浮力。

08.036 水流冲击力 water flow impact pressure

由于水流的质量及流速而产生的力。

08.037 温度作用 temperature action

又称"温度荷载"。温度变化时建筑物由于受到外部的约束,其体积不能自由胀缩而产生的约束力。

08.038 湿度作用 wetness action

湿度变化时建筑物由于受到外部或内部的约束,其体积不能自由胀缩而产生的约束力。

08.039 冰压力 ice pressure

冰层膨胀对建筑物产生的力。

08.040 冻胀作用 frost heave action

因地基冻胀对结构产生的效应。

08.041 泥沙压力 silt pressure

淤积泥沙作用于建筑物的压力。

08.042 围岩压力 surrounding rock pressure

地下洞室开挖后由于围岩的变形松动和破坏以及地应力而作用在支护或衬砌上的压力。

08.043 风[荷]载 wind load

风吹对建筑物表面产生的力。

08.044 雪[荷]载 snow load

积雪作用在建筑物上的重力。

08.045 船舶荷载 ship load

船舶对建筑物产生的力。如系缆力、靠船力、挤压力等。

08.046 地震作用 earthquake action

又称"地震荷载"。地震引起的作用于建筑物上的动荷载。水工建筑物的地震作用主要包括地震惯性力和地震动水压力,其次为地震动土压力。

08.047 地震动水压力 earthquake hydrodynamic pressure

地震时的水体对水工建筑物的一种附加水压力。

08.048 地震动土压力 earthquake dynamic earth pressure

地震时的土体对水工建筑物的一种附加土压力。

08.049 吹程 distance of wind stretch, fetch

建筑物前沿受风的水域的迎风距离长度。

08.050 安全超高 free board

水工建筑物的顶部超过静水位加波浪高度

以上所预留的高度。

08.051　地震烈度　earthquake intensity
根据地震对地面造成的破坏程度划分的等级。

08.052　最大可信地震　maximum credible earthquake, MCE
根据历史统计地震纪录资料推测今后可能发生的最大地震。

08.053　容许应力　allowable stress
由材料的极限强度或屈服强度除以相应的安全系数得出，或由可靠度的分析方法确定。

08.054　容许变形　allowable strain
结构或构件在荷载作用下可容许的变形。

08.055　坝基抗滑稳定　stability of dam foundation
沿着坝和其地基接触面或地基内部在荷载作用下的抗滑动稳定性。

08.056　坝肩稳定　stability of dam abutment
坝肩岩体在坝端力系和渗流场等作用下的稳定性。

08.057　抗倾稳定　stability against over turning
建筑物在外力作用下不倾覆，并保持稳定。

08.058　抗浮稳定　stability against floating
建筑物在外力作用下不上浮，并保持稳定。

08.059　渗透稳定　seepage stability
土体在渗透水流作用下不产生有害性变形、渗漏、管涌等破坏，并保持稳定。

08.060　弹性稳定　elastic stability
根据受力建筑物在弹性极限内应力和应变的分布规律计算其稳定性，通常指结构抗纵向折屈的能力。

08.061　抗震稳定　stability against earthquake
建筑物在地震时的稳定性。

08.062　危险性分析　risk analysis
对建筑物失效概率的分析。

08.063　抗裂验算　crack resisting calculation
在各种作用下对建筑物抗御产生裂缝能力的验算。

08.064　裂缝宽度验算　crack width calculation
在各种作用下对建筑物产生裂缝宽度的计算。

08.065　刚体极限平衡分析　limit equilibrium for rigid body analysis
岩体及坝体作为刚体分析时承载能力或位移达到最大容许值的计算分析。

08.066　非线性有限元分析　non-linear finite element analysis
考虑材料或结构非线性变化的有限元分析。

08.067　钢筋混凝土有限元分析　RC finite element analysis
考虑钢筋混凝土材料基本特性的有限元法分析。

08.068　弹塑性有限元分析　elastic and plastic finite element analysis
考虑结构体具有弹性和塑性的有限元分析。

08.069　拱坝拱梁分载法　arch-cantilever load method for arch dam
又称"试载法"。将拱坝分为水平拱和竖向悬臂梁两个体系，根据拱和梁交点处变位一致的条件，求得拱和梁的荷载分配，和变位，内力的计算方法。

08.070　水工建筑物监测　hydraulic structure monitoring
借助观测仪器和设备从水工建筑物及其所在环境采集资料通过计算机分析了解建筑

物的实际性态并对其安全程度作出估计。

08.071 统计性模型 statistical model
水工建筑物监测资料依靠统计进行分析。

08.072 确定性模型 determinate model
从水工建筑物监测资料依靠反分析以取得更切实际的参数,对水工建筑物的性状更进一步的了解。

08.073 水工模型试验 hydraulic model test
在将泄水建筑物原型按相似律要求缩小成模型,在模型中观测水流运动规律,来验证设计和计算的结果,为工程设计和运行提供科学依据的研究方法。

08.074 电拟试验 electric simulate test
根据渗流达西定律与电学中欧姆定律的相似性,以及拉普拉斯方程式的类同,以电流场模拟渗流场进行的水工建筑物模型试验。

08.075 脆性材料结构模型试验 brittle material structural model experiment
用石膏等脆性材料制作的结构模型以观测应力、应变、位移和稳定等。

08.076 水工混凝土强度等级 hydroconcrete strength rank
曾称"水工混凝土标号"。按混凝土标准试件的抗压强度分成的不同等级。符号"C"。

08.077 水工混凝土抗渗标号 hydroconcrete percolation resisting rank
以 28 天龄期的混凝土标准试件在标准试验方法下小于一定渗水量时的最大水压力值来表示。符号"W"。

08.078 水工混凝土抗冻标号 hydroconcrete frozen resisting mark
以 28 天龄期的混凝土标准试件在水饱和状态下所能承受的冻融循环(慢冻法其抗压强度降低不超过 25%,快冻法其弹性模量下降至 60%,或失重率达 5% 时)次数来表示。符号"F"。

08.079 水工混凝土耐久性 hydroconcrete durability
混凝土在设计运用条件下抗渗性、抗冻性、抗磨性、抗侵蚀性以及抗碱－骨料反应和混凝土碳化等。

08.02 挡 水 建 筑 物

08.080 挡水建筑物 water retaining structure
拦截江河、渠道等水流以壅高水位及为防御洪水或挡潮,而沿江河海岸修建的水工建筑物。

08.081 坝 dam
用以拦蓄水流或壅高水位或引导水流方向的挡水或导水建筑物。

08.082 混合坝 mixed dam
具有两种以上坝型组合成的坝。

08.083 混凝土坝 concrete dam
用混凝土浇筑、碾压或用预制构件装配而成

的坝。

08.084 重力坝 gravity dam
主要依靠坝体自重保持强度和稳定的坝。

08.085 宽缝重力坝 slotted gravity dam
在两个坝段之间具有空腔的重力坝。

08.086 支墩坝 buttress dam
由一系列挡水面板和支承面板的支墩组成的坝。

08.087 大头坝 massive-head buttress dam
将支墩上游部分向两侧扩展形成厚实的挡水面板的支墩坝。

08.088 平板坝 flat-slab buttress dam
面板为钢筋混凝土的平板支墩坝。

08.089 连拱坝 multiple arch dam
有多个拱形挡水面板的支墩坝。

08.090 连穹坝 multiple dome dam
迎水面由连穹组成的支墩坝。

08.091 拱坝 arch dam
坝面向上游弯曲并起拱作用的坝。

08.092 双曲拱坝 double curvature arch dam
坝面双向(水平向和铅直向)均呈曲线的拱坝。

08.093 薄拱坝 thin arch dam
坝体最大厚度与坝高比小于0.2的拱坝。

08.094 重力拱坝 gravity arch dam
重力作用较为显著的拱坝。其坝体最大厚度与坝高比一般大于0.35。

08.095 空腹坝 hollow dam
腹部沿坝轴线方向为一大空腔的坝。有空腹重力坝和空腹拱坝等类型。

08.096 碾压混凝土坝 roller compacted concrete dam
采用零坍落度混凝土分薄层摊铺,经振动碾碾压而成的混凝土坝。

08.097 土石坝 earth-rockfill dam
又称"当地材料坝"。土坝和堆石坝的统称。

08.098 土坝 earth dam
利用当地土料和砂、砂砾、卵砾等筑成的坝。

08.099 均质土坝 homogeneous earth dam
用同一种土质筑成的土坝。

08.100 心墙土石坝 earth-rockfill dam with central core
防渗体位于坝体中间的土石坝。

08.101 斜墙土石坝 earth dam with inclined core
倾斜的防渗体在坝体上游坡的土石坝。

08.102 水力冲填坝 hydraulic fill dam
用水力冲填法修建的土坝。

08.103 水中填土坝 earth dam by dumping soil into water
将土分层填入静水中,借助土在水中崩解和土自重压实作用下得到脱水固结的土坝。

08.104 水坠坝 sluicing-siltation earth dam
将高于坝顶的岸坡土料用水力冲刷形成高浓度泥浆自流到筑坝位置,靠土体自重脱水固结而成的土坝。

08.105 土工膜防渗坝 geomembrane seepage protection dam
用塑料或合成橡胶等制成的不透水薄膜作防渗体的坝。

08.106 堆石坝 rock-fill dam
坝体主要材料为石料以及防渗体筑成的坝。

08.107 面板堆石坝 rock-fill dam with face slab
位于堆石体迎水面的防渗体为由钢筋混凝土,沥青混凝土或防渗防腐保护材料等制成的面板的堆石坝。

08.108 定向爆破堆石坝 directed blasting rockfill dam
将两岸或一岸的山体爆破,使岩体按一定的方向抛掷堆积到坝址河谷中,再修整为预定断面并在上游面设防渗体的堆石坝。

08.109 框架填碴坝 rock-fill cellular dam
由纵横向隔墙构成方格,内填石碴筑成的坝。

08.110 浆砌石坝 stone masonry dam
主要用胶凝材料将石料砌筑而成的坝。

08.111 尾矿坝 tailing dam
利用水力选矿后的泥浆矿碴(尾矿)或当地材料筑成的坝式建筑物,用以蓄积尾矿。

08.112 木坝 wooden dam
主要由木结构承受荷载,采用嵌固于坝基或压土石等材料保持稳定的坝。

08.113 橡胶坝 rubber dam
由锚固于底板上的橡胶袋或橡胶片形成的坝,用充、泄气或水而升降。

08.114 坝址 dam site
坝的地址。

08.115 坝轴线 dam axis
标志坝的平面位置的一根横跨河谷的线。一般重力坝与拱坝用坝顶上游面在平面上的投影线;土坝用坝顶中心线。

08.116 坝踵 dam heel
坝底的上游端部。

08.117 坝趾 dam toe
坝底的下游端部。

08.118 坝内廊道 gallery
设置在坝体内互相连通并通向坝外的通道。

08.119 结构缝 structural joint
由于结构而设置的缝。

08.120 伸缩缝 contraction joint
又称"收缩缝"。为适应温度变化而设置的接缝。

08.121 沉降缝 settlement joint
为适应地基不均匀沉降而设置的接缝。

08.122 横缝 transverse joint
垂直于水工建筑物轴线方向每隔一定距离而设置的接缝。

08.123 纵缝 longitudinal joint
平行于水工建筑物轴线方向在浇筑块之间设置的接缝。

08.124 施工缝 construction joint
分层分块浇筑混凝土时,在各浇筑层块之间临时性的水平缝或斜缝。

08.125 斜缝 inclined joint
混凝土坝分块浇筑时,大致沿主应力轨迹线方向设置的施工缝。

08.126 错缝 staggered joint
混凝土坝分块浇筑时,分层交错设置的缝。

08.127 键槽 key
为保证施工横缝、纵缝的缝面在灌浆后能形成整体或不灌浆也能有效地传递剪力而在缝面上设置的三角形或梯形的槽。

08.128 拱坝周边缝 peripheral joint of arch dam
设置在拱坝坝体与拱坝垫座之间的永久结构缝。

08.129 拱坝重力墩 gravity abutment of arch dam
设在拱坝坝端,承受拱端推力并传至岸边岩体的重力式墩体结构。

08.130 止水 waterstop
水工建筑物内防止接缝漏水的设施。

08.131 沥青井 asphalt well
在收缩缝或沉降缝内充填沥青的圆形、棱形或矩形的井式结构。

08.132 灌浆帷幕 grouting curtain
在岩石或砂砾石地基中,用灌浆的方法形成的连续阻水幕,以拦阻渗流。

08.133 固结灌浆 consolidation grouting
将浆液灌入基岩裂隙或破碎带以提高岩体完整性的灌浆工程。

08.134 化学灌浆 chemical grouting
利用泵压力通过钻孔将硅酸钠或高分子化

合物浆液压入岩土微细裂隙或混凝土裂缝内加固或防渗的工程。

08.135 排水孔 drainage hole
为降低坝基渗流而设置的钻孔。

08.136 反滤层 filter
在排水设施之间,沿渗流方向将砂、石料按颗粒粒度或孔隙率逐渐增大的顺序分层铺筑而成的防止管涌的滤水设施。

08.137 减压井 relief well
为降低堤防、闸、坝等水工建筑物下游覆盖层的渗透压力而设置的井管排渗设施。

08.138 排水管 drainage pipe
为降低坝体内渗透压力而在靠近坝上游面附近设置的竖向排水管。

08.139 铺盖 blanket
在闸、坝上游的透水地基表面填筑的用以延长渗径的近水平向的防渗设施。

08.140 心墙 central core
设在土石坝坝体中部的垂直防渗体。

08.141 斜墙 inclined core
设在土石坝坝体靠近上游坡面的倾斜防渗体。

08.142 防渗面板 face slab for water retaining
在土石坝体的上游坝坡上筑造的防渗平板。

08.143 地下防渗墙 underground wall for retaining water
在软基中挖槽内浇筑混凝土或粘土构成连续的防渗墙。

08.144 坝体排水系统 drainage system in dam
设置在坝内的排水管网系统。

08.145 坝基排水 drain in dam foundation
设置在坝基内的排水设施。

08.146 贴坡排水 drain on embankment slope
又称"表面排水"。铺设在土石坝下游下部坡面的表面排水设施。

08.147 竖直排水 vertical drainage
在土坝内中心或偏下游竖向埋设的和坝基排水系统相接的排水设施。

08.148 褥垫式排水 horizontal blanket drainage
铺设在土石坝的下游部分坝底和坝基之间的近水平向排水设施。

08.149 棱体排水 prism drainage
在土石坝坝趾处用块石堆砌成棱形体的排水设施。

08.150 防浪墙 wave protection wall
为防止波浪翻越堤、坝顶,在上游侧建筑的挡水墙。

08.151 拱冠梁法 crown cantilever method
按中央悬臂梁(拱冠梁)与若干个水平拱变形一致的原则分配拱、梁荷载的拱坝应力分析法。

08.152 土坝稳定分析 stability analysis for earth dam
对土坝的坝坡或坝体连同坝基在荷载作用下发生失稳破坏的可能性所作的计算和分析。

08.153 圆弧滑动法 slip circle method
把滑动面呈圆弧形的滑动土体分成若干条块分别计算,取其总和,以滑动土体对其圆心的总抗滑力矩与总滑动力矩之比为安全系数的土体稳定计算方法。

08.154 普遍条分法 generalized procedure of slices
计入土体条块间作用力的土坝滑动稳定分析法。

08.155 水闸 sluice
修建在河道、渠道或湖、海口,利用闸门控制流量和调节水位的水工建筑物。

08.156 开敞式水闸 open type sluice
闸门全开时,过闸水流具有自由水面的水闸。

08.157 拦河闸 barrage, sluice
拦河修建的水闸。

08.158 进水闸 intake sluice
建在渠首,从河道、水库、湖泊引水并控制进水流量的水闸。

08.159 节制闸 regulating sluice
调节上游水位,控制下泄流量的水闸。

08.160 挡潮闸 tide sluice
建于滨海地段或感潮河口附近,用于挡潮、蓄淡、泄洪、排涝的水闸。

08.161 分洪闸 flood diversion sluice
建于河道一侧蓄洪区或分洪道的首部,分泄河道洪水的水闸。

08.162 排水闸 drainage sluice
排泄洪涝渍水的水闸。

08.163 冲沙闸 scouring sluice
利用河道或渠道水流冲排上游河段、渠系或上、下引航道内沉积的泥沙的水闸。

08.164 浮体闸 floating gate
在水中随水位变化,闸门可自动浮动的闸。

08.165 闸室 sluice chamber
装设闸门、控制水位和流量的水闸的主体部分。

08.166 闸墩 pier
分隔闸孔和支承闸门,并修建有胸墙工作桥或交通桥的墩式结构。

08.167 边墩 abutment pier

水闸边孔紧靠两岸的闸墩。

08.168 闸底板 sluice flour slab
水闸闸室底部承重和防护地基的基础板。

08.169 胸墙 breast wall
位于闸孔上方,支承于闸墩的挡水墙,下有孔口,用闸门控制。

08.170 翼墙 wing wall
建于闸、坝等水工建筑物上、下游的两侧,用以引导水流并兼有挡土及侧向防渗作用的墙式建筑物。

08.171 刺墙 lateral key wall
从水闸、坝,溢洪道等挡水建筑物的侧面沿垂直水流方向插入河岸、堤坝等的截水墙。

08.172 挡土墙 retaining wall
支护天然或人工边坡陡坎的垂直结构物。

08.173 重力式挡土墙 gravity retaining wall
主要靠自身重量维持稳定的挡土墙。

08.174 扶壁式挡土墙 counterfort retaining wall
由底板及固定在底板上的直墙和扶壁构成的、主要靠底板上的填土重量维持自身稳定的挡土墙。

08.175 空箱式挡土墙 box-type retaining wall
由底板、顶板、前墙、后墙和纵横隔墙构成的空箱形挡土墙。可利用空箱内充填土、水的重量来维持稳定。

08.176 悬臂式挡土墙 cantilever retaining wall
由底板及固定在底板上的悬臂式直墙构成的主要靠底板上的填土重量维持稳定的挡土墙。

08.177 板桩式挡土墙 sheet-pile retaining

wall

利用板桩挡土,靠自身锚固力或设帽梁、拉 杆及固定在可靠基础上的锚板维持稳定的挡土墙。

08.03 泄水建筑物

08.178 泄水建筑物 sluice structure, release structure
用以排放水、泥沙、冰凌等的水工建筑物。

08.179 泄洪建筑物 flood releasing structure
主要用来宣泄洪水的泄水建筑物。

08.180 溢流坝 overflow dam
又称"滚水坝"。坝顶过水泄洪的坝。

08.181 坝体泄水孔 discharge sluice through dam
通过坝体的泄水孔道。

08.182 表孔 crest outlet
在坝顶开设的开敞式孔口或带胸墙的孔口。

08.183 中孔 mid-level outlet
设在坝体中部的泄水孔。

08.184 深孔 bottom outlet
设在坝底部或深水区的泄水孔。

08.185 溢洪道 spillway
具有开敞式或带胸墙的进口和泄槽的泄洪建筑物。

08.186 开敞式溢洪道 free over flow spillway
进口及下泄水流均具有自由表面的溢洪道。

08.187 陡槽溢洪道 chute spillway
急流式泄槽轴线方向与过堰水流方向一致的溢洪道。

08.188 侧槽溢洪道 side channel spillway
泄槽轴线方向与过堰水流方向近于正交的溢洪道。

08.189 滑雪道式溢洪道 ski-jump spillway
进口位于坝顶通过较短的溢流面将水流挑射到远离坝趾处的溢洪道。

08.190 竖井溢洪道 shaft spillway
进口为环形溢流堰,下接竖井和隧洞泄流的溢洪道。

08.191 虹吸式溢洪道 siphon spillway
建于河岸或坝内、利用倒 U 形管路以虹吸作用泄水的溢洪道。

08.192 非常溢洪道 emergency spillway
为下泄非常洪水确保大坝安全而设置的溢洪道。

08.193 驼峰堰 hump weir
堰面由不同半径的圆弧复合而成,用以控制流量的低溢流堰。

08.194 折顶堰 labyrinth weir
堰顶前缘水平投影为一凹凸相错的折线以加长溢流前缘,使过堰流量变化较大时而堰上水位变幅较小的堰。

08.195 侧堰 side weir
堰顶轴线与渠道水流方向平行或近于平行的堰。

08.196 泄洪洞 flood discharging tunnel
排泄洪水的隧洞。

08.197 明满流过渡 transition between free and pressure flow
在泄水隧洞和泄水孔中,出现无压(明流)和有压(满流)流态的过渡。

08.198 泄水涵管 water releasing culvert and pipe

埋在土石坝体下面的涵洞形或管道形过水建筑物。

08.199 掺气设施 air entraining facilities
向高速水流边界底面补入空气以提高低压区压力,并形成掺气水流形成气垫,以避免空蚀破坏的设施。

08.200 消能工 energy dissipator
消减泄水建筑物下泄急流的动能,使水流在较短距离内与下游正常水流妥善衔接,防止或减轻水流对建筑物及下游河道等冲刷破坏的工程设施。

08.201 挑流消能 ski-jump energy dissipation
在泄水建筑物末端设置挑坎将下泄急流抛射到空中,跌入下游河道的消能型式。

08.202 挑坎 flip bucket
建在泄水建筑物末端能将水流抛向下游的反弧状坎。

08.203 连续式挑坎 continuous flip bucket
设在泄水建筑物末端的连续挑坎。

08.204 差动式挑坎 slotted flip bucket
不同挑角、齿槽相间的坎,也包括设置在不同高程的高低坎。

08.205 扭曲挑坎 skew bucket
底面扭曲、坎顶不等高并与水流成一定夹角的挑坎。

08.206 窄缝挑坎 slit-type flip bucket
急流出口处的泄槽边墙急剧收缩形成窄缝的挑坎。

08.207 宽尾墩 wide-flange pier
末段加宽成鱼尾状的泄流闸墩。

08.208 折流墙 deflected current wall
具有折线以改变水流方向的墙。

08.209 趾墩 chute block

建在消力池进口斜坡段坡脚的墩形辅助消能建筑物。

08.210 射流水舌 jet flow
高速水流离开建筑物向空中射出的水股。

08.211 水垫 water cushion
挑流水股入水处的下垫水体。

08.212 底流消能 energy dissipation by hydraulic jump
在预定区段形成底流水跃,通过水跃的底部水流与表层旋滚进行消能的方式。

08.213 消力池 stilling basin
建在泄水建筑物末端使水流形成水跃消能的设施。

08.214 戽斗消能 bucket energy dissipation
在泄水建筑物末端设置半径和挑角较大的反戽斗,以形成较高涌浪,涌浪上、下游有表层旋滚,坎下有底部旋滚的消能型式。

08.215 护坦 apron
建在泄水建筑物末端的消力池底板保护下游河床不受冲刷的护底建筑物。

08.216 尾槛 baffle sill
又称"消力槛"。建在护坦末端,对水跃消能起辅助作用的连续式挑坎或齿形坎。

08.217 消力墩 baffle block
建在消力池中起辅助消能作用的小墩。

08.218 海漫 riprap
建在护坦或消力池下游、保护河床免受冲刷的护底设施。

08.219 防冲槽 anti-scour trench
在海漫末端或泄水建筑物上游护底前端设置的堆石槽。

08.220 防冲墙 anti-scour wall
设于闸坝基底或上游护底前端及护坦末端防止水流淘刷的垂直墙。

08.221 面流消能 energy dissipation of surface regime

将建筑物下泄急流导向下游表面,而在坝下底部形成旋滚进行消能的方式。

08.222 庥式面流消能 submerged bucket energy dissipation

淹没于水下的挑鼻坎形成面流的一种面流消能型式。

08.223 陡坎式面流消能 submerged step energy dissipation

淹没于水下的陡坎形成的一种面流消能型式。

08.04 输水建筑物

08.224 输水建筑物 water-conveyance structure

输送水的建筑物。

08.225 进水建筑物 intake structure

从江河、湖泊、人工渠道等水源将水引入渠道、隧洞、管道等进水口的建筑物。

08.226 引渠式取水 intake with approach channel

在进水闸前设断面较大的引水渠道的取水方式。

08.227 沉沙槽式取水 intake with under-sluice pocket

利用设在进水闸前的沉沙槽使水流中的粗颗粒泥沙下沉,并定期由冲沙闸排走的有坝引水方式。

08.228 人工弯道式取水 intake with artificial bend

利用建在河道中或岸边上的人工弯道所产生的横向环流将底沙推离引水口,减少入渠泥沙的一种有坝引水方式。

08.229 分层式取水 multi-level intake

从水库等水体的不同深度选择取水的方式。

08.230 虹吸式取水 siphon intake

利用具有虹吸作用的弯管从水源引水的一种无坝取水方式。

08.231 开敞式进水口 open intake

进水口前后的水流具有自由表面的进水口。

08.232 塔式进水口 tower intake

竖立于水库中的塔形的建筑物将水引向水工隧洞或坝下埋管的进水口。

08.233 竖井式进水口 shaft intake

在岩体中开凿竖井并在井底装闸门的进水口。

08.234 斜坡式进水口 inclined intake

闸门及其轨道斜卧在开挖衬砌的岩坡或坝坡上的进水口。

08.235 卧管式进水口 inclined pipe inlet

斜置于土石坝上游坝坡或水库岸坡上的,在库水位变动范围内不同高程处设有控制闸门的管式进水口。

08.236 沉沙池 sedimentation basin

用来沉淀水中部分泥沙的池形建筑物。

08.237 冲沙孔 flushing sluice

供冲沙用的泄水孔。

08.238 人工环流装置 intake with artificial transverse circulation

使水流产生横向环流的工程设施。

08.239 分水建筑物 diversion structure

用以控制并分配流量的建筑物。

08.240 分水闸 diversion sluice

干渠以下各级渠道首部控制并分配流量的

闸。

08.241 渠道 canal
具有自由水面的人工水道,是输水建筑物的一种。

08.242 输水管道 conduit
利用管道作输水的建筑物。

08.243 压力钢管 steel pressure pipe, penstock
用钢材制作的、承受较大内水压力的输水管道。

08.244 岔管 bifurcated pipe
输水管道向多个用水系统(水轮机等)供水时或用于泄水时而设置的分岔管道。

08.245 水工隧洞 hydraulic tunnel
在山体中或地下开凿的输水和泄水隧洞的总称。

08.246 压力隧洞 pressure tunnel
洞内充满压力水流、洞壁周边均承受内水压力作用的隧洞。

08.247 无压隧洞 open flow tunnel, free flow tunnel, non-pressure tunnel
洞内水流具有自由表面的水工隧洞。

08.248 导流洞 diversion tunnel
施工期将原河道水流从上游围堰前导向下游围堰后的隧洞。

08.249 输水隧洞 water-conveyance tunnel
隧洞式输水建筑物。

08.250 输水涵管 water-conveyance culvert or pipe
埋在填土中的输水管道。

08.251 通气孔 air vent pipe
向深式泄(引)水道闸门门后补、排气的孔管。

08.252 旁通管 bypass pipe
又称"平压管"。绕过检修闸门连通水库与输水管道的充水管。

08.05 渠系建筑物

08.253 渠系建筑物 canal structure
为安全输水、合理配水、精确量水,以达到灌溉、排水及其他用途而在渠道上修建的水工建筑物。

08.254 交叉建筑物 crossing structure
在渠道、河渠、洼地、溪谷及道路等交叉处修建的建筑物。

08.255 渡槽 flume
渠道跨越其他水道、洼地、道路和铁路等修建的桥式交叉建筑物。

08.256 倒虹吸管 inverted siphon
产生虹吸作用的压力管道式的交叉建筑物。

08.257 落差建筑物 drop structure
在渠道落差较集中处修建的连接两段高程不同的渠道的渠系建筑物。

08.258 跌水 drop
连接两段高程不同的渠道的阶梯式跌落建筑物。

08.259 跌坡 chute
用以连接两段高程不同的渠道、其底坡大于临界坡度的陡槽式跌落建筑物。

08.260 量水堰 flow measurement weir
设在明槽中量测流量的溢流堰。

08.261 量水槽 flow measurement channel
在明槽内设一缩窄段,使水流发生临界流,并测上、下游水深,而求得流量的量水设施。

08.262 退水闸 exit sluice

渠道中为排除多余水量而修建的水闸,是渠系建筑物的一种。

08.06 木材及鱼类过坝设施

08.263 木材过坝设施 facilities for log crossing dam

为木材流放运输过坝、闸而设置的建筑物或机械设备。

08.264 筏道 raft sluice

以水力浮运木排、筏通过闸坝的水槽。

08.265 漂木道 log sluice

以水力浮运散漂原木过坝、闸的水槽式木材过坝设施。

08.266 过木机 log passage equipment

将坝上游的木材运过坝至下游所用的机械设备。

08.267 鱼类过坝设施 facilities for fish passing over dam

为鱼类越过闸坝上溯或下行而设置的建筑物或机械设备。

08.268 鱼道 fish way

水利枢纽中供鱼类回游的人工水道。

08.269 鱼梯 fish ladder

利用隔板将水槽上、下游的总水位差分成若干梯级的池室鱼道。

08.270 鱼闸 fish lock

采用与船闸类似的工作原理与运行方式,将鱼输送过坝的建筑物。

08.271 升鱼机 fish elevator

专门用于运送鱼类过坝的机械设备。

08.272 诱鱼设施 measure for fish crossing

在鱼类过坝设施的进口,为防止鱼类误入被截断的水域,帮助鱼类及早发现新通道入口,并使分散另星的游鱼汇集起来而设置的拦鱼、导鱼、诱鱼设施。

08.07 闸门及启闭机

08.273 闸门 gate

关闭输、泄水建筑物,开启时可以泄、放并控制水流水位的结构设施。

08.274 工作闸门 operating gate, service gate

水工建筑物正常运行时使用的闸门。

08.275 事故闸门 emergency gate

能在动水中截断水流,以便处理或遏止闸门后的水道所发生事故的闸门。

08.276 检修闸门 bulkhead gate

用于检修泄流孔口和水道或工作闸门的临时挡水闸门。

08.277 平面闸门 plain gate

具有平面挡水面板的闸门。

08.278 定轮闸门 fixed roller gate

两侧边柱(梁)上装置固定的滚轮作为支承和行走部件的平面闸门。

08.279 滑动闸门 slide gate

两侧边柱上装有滑道或滑块作为支承和行走部件的平面闸门。

08.280 链轮闸门 roller-chain gate, caterpilar gate

又称"履带式闸门"。装置滚轮或履带组成链条环绕两侧边柱滚动启闭的平面闸门。

08.281 叠梁 stoplog
将若干水平梁叠置于门槽内形成的简易闸门。

08.282 弧形闸门 radial gate, tainter gate
具有弧形挡水面板绕水平支铰轴旋转启闭的闸门。

08.283 拱形闸门 arched gate
在水平方向上成拱形的闸门。

08.284 双曲薄壳闸门 double curvatured shell gate
在铅直与水平方向均呈曲线的薄壳闸门。

08.285 圆筒闸门 cylinder gate
提升后水流可沿圆筒下缘进入孔口的竖直式圆筒形闸门。

08.286 环形闸门 ring-seal gate
由内、外环形面板构成的竖直空心浮筒式闸门。

08.287 圆辊闸门 rolling gate
水平设置的圆筒形闸门。

08.288 双扉闸门 double-leaf gate
具有可分别启闭的上、下两扇搭接而成的平面闸门。

08.289 浮箱闸门 floating bulkhead gate
靠浮力和自重启闭并可浮运的箱体式闸门。

08.290 翻板闸门 balanced wicket, tumble gate
利用水力使闸门绕水平轴或竖直轴旋转启闭的平面闸门。

08.291 升卧闸门 lifting-tilting type gate
提升开启后水平躺卧在闸墩上的平面闸门。

08.292 深孔闸门 high pressure gate
四周均设止水的淹没式高压闸门。

08.293 横拉闸门 traversing gate
门叶沿水平方向移动启闭的平面闸门。

08.294 扇形闸门 sector gate
门体呈扇形可随水平轴上下转动的闸门。

08.295 闸门止水 gate seal
又称"水封"。封闭闸门门叶与门槽间和底槛或分段闸门间缝隙、防止漏水的装置。

08.296 闸门埋设件 embedded item of gate
埋在混凝土闸门槽内，作为闸门组成部分的金属部件。

08.297 胶木滑道 laminated-wood slide track
以胶合层压木嵌入夹槽制成的闸门支承部件。

08.298 抓梁 pick-up beam
启闭机在水下与门叶挂钩或脱钩使用的梁式吊具。

08.299 闸门充水阀 bypass valve, filling valve
又称"平压阀"。设在门叶上，用以向门后充水，使闸门前后水压力相等的阀。

08.300 闸门锁定器 gate holder
闸门开启后用来持住并固定门叶在某一位置的装置。

08.301 阀门 valve
安装在压力管道中用来控制水流的设备。

08.302 锥形阀 Howel-Bunger valve
安装在压力管道出口的锥形体出流段由滑动套管控制启闭的阀门。

08.303 针形阀 needle valve
安装在压力管道出口，具有形似针头的活动阀芯的阀门。

08.304 球形阀 spherical valve
阀芯为一旋转球体的阀门。

08.305　空注阀　hollow jet valve
安装在压力管道出口,出水水流呈空心柱状的阀门。

08.306　蝴蝶阀　butterfly valve
简称"蝶阀"。安装在管道中,以绕立轴或横向轴旋转的阀芯控制水流,过水时阀芯处于水流中的阀门。

08.307　闸门启闭机　gate hoist
开启和关闭闸门所用的机械。

08.308　卷扬式启闭机　winch hoist
用钢索或钢索滑轮组作吊具,通过齿轮传动系统使卷筒绕、放钢索而带动闸门升降的闸门启闭机。

08.309　螺杆式启闭机　screw hoist
用传动机构带动螺杆牵引闸门升降的启闭机。

08.310　台车式启闭机　platform hoist
安装在台车上能移动的卷扬式启闭机。

08.311　门式启闭机　gantry crane
具有门型构架并能沿轨道移动的闸门启闭机。

08.312　液压式启闭机　hydraulic hoist
通过液体传递压力推动活塞或柱塞牵引闸门启闭的闸门启闭机。

09．水利工程施工

09.01　施 工 导 流

09.001　施工导流　construction diversion
在水域内修建水利工程的过程中,为创造干地施工的条件,用围堰围护基坑,将河道水流通过预定方式导向下游的工程措施。

09.002　分期导流　stage diversion
分期用围堰将河床分段围护,使河道水流通过被围堰束窄的部分河床或导流泄水建筑物下泄的施工导流方式。

09.003　明渠导流　open channel diversion
河水通过专门修建的渠道导向下游的施工导流方式。

09.004　隧洞导流　tunnel diversion
河水通过岸边隧洞向下游泄流的施工导流方式。

09.005　底孔导流　bottom outlet diversion
混凝土坝或浆砌石坝施工过程中,采用坝体内预留临时或永久泄水孔洞,使河水通过孔

洞导向下游的施工导流方式。

09.006　施工渡汛　flood handling during construction
保护跨年度施工的水利工程,在施工期间安全渡过汛期而不遭受洪水损害的措施。

09.007　围堰　cofferdam
围护水工建筑物的施工场地,使其免受河道水流或洪水影响的临时挡水建筑物。

09.008　土石围堰　earth-rockfill cofferdam
用土石材料修建的临时挡水建筑物。

09.009　草土围堰　straw-soil cofferdam
利用麦秸、稻草和土为主要材料建成的临时挡水建筑物。

09.010　木笼围堰　timber crib cofferdam
用木材组成并带有防渗体的框格内填石的临时挡水建筑物。

09.011 混凝土围堰 concrete cofferdam
用混凝土修建的临时挡水建筑物。

09.012 钢板桩围堰 steel sheet piling cofferdam
用特制钢板桩组成的临时挡水建筑物。

09.013 过水围堰 overflow cofferdam
在一定条件下允许堰顶过水的围堰。

09.014 纵向围堰 longitudinal cofferdam
采用分期导流或明渠导流时,沿河床顺水流方向修建的临时挡水建筑物。

09.015 横向围堰 traversal cofferdam
横跨河床垂直水流方向修建的临时挡水建筑物。

09.016 截流 river closure
堵截河道水流迫使其流向预定通道的工程措施。

09.02 土 石 方 开 挖

09.017 爆破 blasting
利用炸药爆破瞬时释放的能量,破坏其周围的介质,达到开挖、填筑、拆除或取料等特定目标的技术手段。

09.018 控制爆破 controlled blasting
严格控制爆炸能量和爆破规模,使爆破的声响、振动、破坏区域以及破碎物的散坍范围在规定限度以内的爆破技术。

09.019 浅孔爆破 short-hole blasting, chip blasting
炮孔深度小于 5m 的爆破技术。

09.020 深孔爆破 deep-hole blasting
炮孔深度大于 5m 的爆破技术。

09.021 松动爆破 loose blasting
利用爆破作用,使介质原地破裂或散落在原地及附近(爆破作用指数 $n < 0.75$)的破技术。

09.022 预裂爆破 presplit blasting
沿设计开挖轮廓面钻孔,先于其他炮孔起爆,以形成一道贯穿性的裂缝面,使非爆破区免遭破坏的爆破技术。

09.023 光面爆破 smooth blasting
在设计轮廓面上钻孔装药,并控制炸药后于开挖区主爆孔起爆,使岩体出现平整轮廓面的爆破技术。

09.024 定向爆破 directional blasting
在岩体内有计划地布置药包,将大量爆破的破碎介质按预定方向和地点抛落堆筑的爆破技术。

09.025 硐室爆破 chamber blasting
将炸药集中装填于爆破区内预先挖好的导洞和药室中进行爆破的技术。

09.026 毫秒爆破 millisecond delay blasting
将药包分组以毫秒级的时间间隔进行顺序起爆的爆破技术。

09.027 水下爆破 underwater blasting
对水下介质进行爆破的技术。

09.028 岩塞爆破 rock-plug blasting
在水面以下修建隧洞进水口的预留岩石(岩塞)一次爆除形成符合设计要求的进水口的爆破技术。

09.029 拆除爆破 demolition blasting
拆除建筑物及在其附近,严格控制爆破能量、规模和影响范围的爆破技术。

09.030 盾构法 shielding method
用带防护罩的特制机械(称盾构)在破碎岩层或土层中掘进隧洞的施工方法。

09.031 顶管法 pipe jacking method
用千斤顶将管子逐渐顶入土层中,将土从管内挖出修建涵管的施工方法。

09.032 掘进机隧洞施工法 tunneling machine method
利用掘进机开挖隧洞的施工方法。

09.033 隧洞钻孔爆破法 drilling and blasting method
简称"钻爆法"。在工作面上钻孔,孔内装炸药引爆破碎介质开挖隧洞的施工方法。

09.034 新奥地利隧洞施工法 New Austrian Tunneling Method, NATM
简称"新奥法"。由奥地利首先采用的控制围岩的应变和应力释放,充分利用围岩自承能力的隧洞开挖、支护和监测相结合的施工方法。

09.035 安全支护 safety support
在明挖或洞挖施工过程中,对开挖出来的围岩进行支护以保障施工和运行安全的工程措施。

09.036 高边坡开挖 high cut slope excavation
在较高和较陡的工程边坡的开挖。

09.037 炸药 explosive
能迅速发生化学反应,对周围介质产生破坏和作功的能源物质。

09.038 雷管 detonator, blasting cap
用以激发炸药爆炸的起爆器材。

09.039 导爆索 primacord
用雷管引爆时,以一定燃速引爆炸药的索状传爆的起爆器材。

09.03 地 基 处 理

09.040 地基处理 foundation treatment
改善或加固地基的天然状态,使之符合工程要求的技术措施。

09.041 板桩 sheet pile
打入地基内以抵抗水平方向土压力及水压力的板型桩。

09.042 锚筋桩 anchor pile
借助周围岩土对桩身的嵌制作用以稳定和加固岩土体的桩。

09.043 砂桩 sand pile
为增加软基稳定向钻孔内灌入中粗砂而建成的桩。

09.044 混凝土灌注桩 cast-in-place concrete pile
为加固地基向孔内灌注混凝土而建成的桩。

09.045 振冲桩 vibrosinking pile
利用功率为 30—150kW 的振冲器,配合高压喷射水流或高压空气在软基中建成密实的碎石桩。

09.046 旋喷桩 rotary churning pile, jet grouting pile
将带有喷嘴的注浆管下入钻孔内旋转,并以高压喷射水泥浆,使之与周围土颗粒混合凝结硬化而成的桩。

09.047 夯击桩 impact pile
利用桩锤的冲击力打入地基的桩。

09.048 混凝土防渗墙 concrete diaphragm wall
在松散透水地基中连续造孔,以泥浆固壁、往槽内灌注混凝土而建成的墙形防渗建筑物。

09.049 泥浆槽防渗墙 slurry trench wall
在软基中以泥浆固壁开挖沟槽,将挖出的渣

料与膨润土粉拌匀后回填槽内而建成的墙形防渗建筑物。

09.050 板桩灌注防渗墙 sheet pile grouting wall
将带有灌浆管的钢板桩打入软基中,然后缓慢拔出,边拔桩边灌入水泥砂浆而建成的墙形防渗墙。

09.051 高压旋喷防渗墙 jet grouting diaphragm wall
利用高压喷射技术,在软基中钻孔内喷射水泥浆与被搅动的砂砾土颗粒混合凝结硬化而建成的地下连续墙。

09.052 回填灌浆 backfill grouting
填充混凝土与围岩或钢板之间缝隙的灌浆。

09.053 接触灌浆 contact grouting
加强混凝土与地基之间的结合能力提高抗滑稳定的灌浆。

09.054 砂砾石灌浆 grouting of sand and gravel foundation
通过钻孔把水泥浆或水泥粘土浆压送到砂砾石地基中建成防渗帷幕的工程措施。

09.055 喀斯特灌浆 grouting of karst
对喀斯特发育的岩基进行防渗处理的工程措施。

09.056 水泥灌浆 cement grouting
利用灌浆泵或浆液自重,通过钻孔把水泥浆液压送到岩石缝隙、混凝土裂隙、接缝或空洞内的工程措施。

09.057 高压喷射灌浆 high-pressure jet grouting
利用高压射流的冲击力破坏并冲走部分被灌土体中的细颗粒,使水泥浆液与土体颗粒混合凝结硬化而形成防渗板墙或加固地基的工程措施。

09.058 劈裂灌浆 hydrofracture grouting
利用水力劈裂原理,以灌浆压力劈开土体,灌入泥浆形成防渗帷幕或加固土体的工程措施。

09.059 粘土灌浆 clay grouting
利用灌浆泵或浆液自重,通过钻孔把粘土浆压送到土体内的工程措施。

09.060 沉井 open caisson
在圆形、方形或矩形,上下敞开的井筒内挖土,并靠井筒自重下沉后接长井筒,继续在井筒内开挖和浇筑混凝土的基础工程。

09.061 压气沉箱 pneumatic caisson
沉放下端设有工作室的圆形或方形井筒,用压缩空气阻止水体渗入工作室以便操作的基础工程。

09.062 爆炸压密 densification by explosion
利用爆炸使饱和砂土地基密实的施工技术。

09.063 喷浆 guniting
将水泥砂浆喷射在岩面上的护面措施。

09.064 喷混凝土 shotcrete
用压缩空气将水泥、骨料、水和速凝剂等混和料喷向岩面,使之迅速胶凝成混凝土的护面措施。

09.065 锚喷 anchoring and shotcreting
采用锚杆和喷混凝土组合的支护围岩的技术措施。

09.066 强夯压实 heavy ramming, heavy tamping
利用夯锤自高空落下而产生的冲击力压实土和砂砾料的施工技术。

09.067 预应力锚固 prestressed anchorage
用施加预应力的锚杆或高强钢丝束加固基岩或建筑物的技术措施。

09.04 水工混凝土施工

09.068　水工混凝土施工　concrete construction

按照设计要求的性能、规格和部位,将砂、石、水泥、外加剂和水等按适当比例拌制后浇筑成水工建筑物的工程。

09.069　砂石骨料筛分　screening of aggregate

通过筛分机具将砂石骨料分选成几组符合设计要求级配的工作。

09.070　人工骨料　artificial aggregate

将天然石料进行轧碎、筛分或磨细,制成混凝土骨料的砂石料。

09.071　水工混凝土配合比　mix proportion of concrete

水工混凝土中水泥、水、掺和料、粗细骨料及外加剂之间的比例关系。

09.072　混凝土模板　concrete form

使混凝土浇筑成型的模具。

09.073　木模板　wooden form

用于混凝土浇筑成型的木制模具。

09.074　预制混凝土模板　precast concrete form

以混凝土或钢筋混凝土制成的预制板安装在结构物表面,用以浇筑成型而不拆除的模板。

09.075　钢模板　sheet steel form

用于混凝土浇筑成型的钢制模板。

09.076　悬臂模板　cantilever form

依靠支承体系的悬臂作用,保持浇筑混凝土结构稳定的模板。

09.077　滑动模板　slip form

随着混凝土浇筑过程,可持续作竖向或横向移动的模板。

09.078　脱模剂　release agent for form work

涂于模板表面以减少模板与混凝土的粘结力,便于脱模的涂料。

09.079　溜槽　chute slipway

短距离输送混凝土拌和物并防止其分离的木制或钢制的槽形设备。

09.080　混凝土浇筑　concrete placement, concreting

将混凝土拌和物运到建筑物的指定部位,经注入、平仓、振捣和养护的施工过程。

09.081　平仓　concrete spreading

将卸入浇筑仓内的混凝土拌和物按一定厚度铺平的工序。

09.082　振捣　concrete vibrating

对卸入浇筑仓内的混凝土拌和物进行振动捣实的工序。

09.083　养护　concrete curing

混凝土浇筑后在一定时间内用喷水及其他措施对外其露面保持适当温度和湿度,使混凝土有良好硬化条件而提高混凝土强度的工序。

09.084　真空作业　vacuum treatment

利用真空模板吸出混凝土振捣后表层部分多余水分的工艺措施。

09.085　预冷骨料　precooling of aggregate

在进入拌和机前,预先对混凝土骨料进行冷却,以降低混凝土拌和物发热量的工艺措施。

09.086　高流态混凝土　flowing concrete

在塌落度为 8—12cm 的混凝土拌和物掺入高效流化剂使塌落度增大至 18—20cm 以上的混凝土。

09.087 干硬性混凝土 low-slump concrete
塌落度极小的混凝土拌和物。

09.088 水下混凝土 underwater concrete
在静水或流速较小的水流条件下浇筑的混凝土。

09.089 预填骨料压浆混凝土 prepacked concrete
先填骨料后灌水泥砂浆而成的混凝土。

09.090 碾压混凝土 roller compacted concrete
用振动碾压实分层铺筑的超干硬性拌和物的混凝土。

09.091 混凝土稠度值 value of concrete vibrating compaction
简称"VC 值"。在稠度测定仪内,测试拌制好的混凝土经过振捣、振动至试样中的水泥浆渗出所需的秒数。

09.092 混凝土温度控制 concrete temperature control
为防止大体积混凝土产生温度裂缝,在混凝土施工中对其温度和温差进行控制与调节的工艺措施。

09.093 混凝土浇筑温度 temperature of concrete during construction
混凝土拌和物进入浇筑仓时的温度。

09.094 混凝土稳定温度 stable temperature of concrete
在浇筑完成后的一定时间内,混凝土内部不再发生较大变化时的温度。

09.095 冷却水管 cooling pipe
预先在浇筑仓内埋设,以便在混凝土浇筑完成后通水冷却降温的管路。

09.096 柱状浇筑法 column concreting
为防止产生温度裂缝和受到浇筑能力的限制,以横缝将混凝土坝体分成若干坝段,每一坝段又以纵缝分成几个坝块,形成柱体采取分段分块分层交替上升的浇筑方法。

09.097 接缝灌浆 joint grouting
通过预埋管路对混凝土坝体纵、横以及其他接缝进行灌浆的工序。

09.098 通仓浇筑 concreting without longitudinal joint
在一个浇筑仓内不设纵缝、连续浇筑混凝土的施工方法。

09.099 混凝土抗冲耐磨处理 measure against abrasion of concrete
抵抗水流或挟砂石水流对混凝土面冲刷、磨损和空蚀破坏的工艺措施。

09.100 施工栈桥 construction bridge
在混凝土坝施工中,为使起重机械能在指定部位卸下混凝土拌和物而在坝体内或坝体外建造的临时性钢桥。

09.05 土石方填筑

09.101 土石方填筑 earth-rock placement
将土、砂、石等天然材料,通过开挖、装载、运输、卸料、铺散并压实等工序的工程。

09.102 土石料加工 processing of earth-rock material
为满足土石坝的填筑要求,在填筑前调节土石料中土料含水量和调整砂石料颗粒级配的工序。

09.103 土石料压实 compaction of earth-rock material
对土石料施加重力、冲击力或振动,使其颗粒产生位移,以减少空隙、增加密度的工序。

09.104 砌石 stone masonry
用石块干砌或浆砌而成的砌体。

09.105 干砌石 dry-laid stone masonry
不用胶结材料,依靠石块自身重量及接触面间的摩擦力保持稳定的石料砌体。

09.106 浆砌石 cement-laid stone masonry
依靠胶结材料的粘结力、摩擦力和石块自身重量保持稳定的石料砌体。

09.06 施 工 机 械

09.107 挖掘机 excavator
依靠在动臂上装置的铲斗进行挖掘作业的施工机械。

09.108 单斗挖掘机 single-bucket excavator
依靠在动臂上装置的单个铲斗进行周期式挖掘作业的施工机械。

09.109 多斗挖掘机 multi-bucket excavator
装有若干铲斗连续进行挖掘机作业的施工机械。

09.110 滚切式挖掘机 roll-cut excavator
利用滚动式斗轮的连续滚切动作进行土方挖掘作业的施工机械。

09.111 索铲 dragline
依靠铲斗自重和钢索的牵引力挖取土料和砂石料的施工机械。

09.112 反铲 backhoe
工作装置与挖掘机相似,但挖掘作业时铲斗运动方向与挖掘机相反的施工机械。

09.113 推土机 bulldozer
依靠机身前端装置的推土板进行推土、铲土的施工机械。

09.114 平地机 grader
用机身中部装置的刮刀进行铲土、平土的施工机械。

09.115 松土机 ripper
用松土齿进行破碎、松动或凿裂坚硬土层的施工机械。

09.116 铲运机 scraper
用两轴间装置的大型铲斗进行铲土、载运和卸铺作业的施工机械。

09.117 装载机 loader
用机身前端的铲斗进行铲、装、运、卸作业的施工机械。

09.118 开沟机 trencher
开挖沟渠一次成形的施工机械。

09.119 凿岩机 rock drill
通过钻杆和钻头的冲击或回转作用进行凿岩钻孔的机械。

09.120 冲击钻机 percussion drill
利用钻头的冲击力对岩层冲凿钻孔的机械。

09.121 岩心钻机 core drill
利用管状钻头的回转作用切削、磨碎岩石,并不断向深部钻进以提取岩心的机械。

09.122 潜孔钻机 down-the-hole drill
冲击器紧随钻头进行孔内作业的凿岩钻孔机械。

09.123 多臂钻车 multiple-boom drill jumbo
能同时钻凿多个岩石炮孔的隧洞开挖专用施工机械。

09.124 履带液压钻机 crawler hydraulic

drill

自行式全液压高效能履带行走的凿岩机械。

09.125 反循环钻机 reverse circulation drill
采用泥石泵从孔底将携带岩渣的泥浆吸出的钻孔机械。

09.126 隧洞掘进机 tunnel boring machine
利用大直径转动的盘形刀具对岩石的挤压滚切,破岩成洞的成套施工设备。

09.127 天井钻机 raise drill
利用旋转钻进破岩成孔并能反向扩孔的井筒开挖机械。

09.128 混凝土喷射机 shotcrete machine
用压缩空气将混凝土喷射到岩面上的机械。

09.129 锚杆机 bolting machine
钻锚杆孔并安装紧固锚杆以加固岩石的机械。

09.130 平碾 smooth-wheel roller
利用圆筒状滚轮的重力压实土砂料的施工设备。

09.131 凸块碾 padfoot roller
又称"羊足碾"。表面有凸块体的圆筒钢轮用以压实土料的施工设备。

09.132 气胎碾 pneumatic tired roller
用充气轮胎靠重力作用压实土和砂砾料的施工设备。

09.133 振动碾 vibratory roller
靠自重振动作用压实土、砂、堆石或混凝土的施工设备。

09.134 夯板 rammer
利用冲击力压实土和砂料的施工设备。

09.135 蛙式夯土机 frog-type rammer
利用偏心惯性力断续夯实土砂料的机械。

09.136 混凝土拌和机 concrete mixer

利用转动的搅拌筒和叶片将一定配比的水泥、砂石骨料、水、掺和料和外加剂等拌制成混凝土拌和物的机械。

09.137 混凝土拌和楼 concrete batching and mixing plant
可连续进行混凝土拌制过程中的进料、分储、称量、搅拌及出料作业的大型专用设备。

09.138 混凝土拌和车 truck mixer
装有混凝土搅拌筒的专用汽车。

09.139 钢模台车 telescoping steel form
将钢模板装在移动式台车上,用于隧洞混凝土衬砌的专用施工设备。

09.140 混凝土吊罐 concrete bucket
转运混凝土拌和物的钢制容器。

09.141 混凝土料罐车 concrete transfer car
与混凝土吊罐配合使用运送混凝土拌和物的专用车。

09.142 混凝土泵 concrete pump
利用活塞在缸体内的往复运动,将混凝土拌和物通过管路连续压送到浇筑工作面的机械。

09.143 混凝土泵车 truck-mounted concrete pump
装有混凝土泵和送料管路的专用车。

09.144 自卸汽车 dump truck
车厢配有自动倾卸装置的汽车。

09.145 带式输送机 belt conveyor
由驱动装置带动胶带或链板循环运转输送料物的机械。

09.146 架空索道 cableway
在架空承重钢索上悬挂小车运输物料的设备。

09.147 混凝土平仓机 concrete spreading machine

在浇筑仓内对混凝土拌和物进行推平作业的机械。

09.148 混凝土振捣器 concrete vibrator
利用振动力将混凝土拌和物振捣密实的施工机具。

09.149 混凝土切缝机 concrete power saw
利用振动切刀将碾压混凝土切出缝槽的机械。

09.150 卷扬机 winch
通过转动卷筒,将缠绕在卷筒上的钢丝产生牵引力的起重设备。

09.151 起重扒杆 gin pole
由钢材或木材臂杆、滑轮组和卷扬机组成的简单桅杆式起重机。

09.152 履带式起重机 crawler crane
具有履带行走装置的全回转动臂架式起重机。

09.153 轮胎起重机 rubber-tired crane
具有轮胎行走装置的全回转动臂架式起重机。

09.154 门式起重机 gantry crane
具有门型底座的全回转动臂架式起重机。

09.155 塔式起重机 tower crane
机身为塔架式结构的全回转动臂架式起重机。

09.156 缆索起重机 cable crane
利用在承载缆索上行走的起重小车进行吊运作业的起重机。

09.157 汽车式起重机 truck crane
安装在汽车底盘上的全回转动臂架式起重机。

09.158 桅杆式起重机 mast crane
由主桅杆、起重臂及卷扬机等组成的固定臂架式起重机。

09.159 龙门式起重机 gantry crane
可沿轨道移动的大跨度门架式起重机。

09.160 桥式起重机 bridge crane, overhead crane
简称"桥吊"。可沿轨道行走的具有桥梁式结构的起重机。

09.161 塔带机 tower belt crane
塔式起重机顶部装有带式输送机联合使用的起重设备。

09.162 水泵 water pump
利用动力机的机械能,传给并排出水体的机械。

09.163 空气压缩机 air compressor
利用空气压缩原理制成超过大气压力的压缩空气的机械。

09.07 施 工 管 理

09.164 施工管理 construction management
工程修建过程中的组织管理和技术管理工作。

09.165 施工组织设计 construction organization planning
根据工程建设任务的要求,研究施工条件、制定施工方案用以指导施工的技术经济文

件。

09.166 施工进度计划 construction scheduling
规定主要施工准备工作和主体工程的开工、竣工和投产发挥效益等工期、施工程序和施工强度的技术文件。

09.167 施工总平面图 construction general layout

对主体工程及其施工辅助企业、交通系统、各类房屋及临时设施等作出全面部署和安排的图纸。

09.168 施工交通 construction transportation

为运输施工材料、机械设备和人员的工程设施。

09.169 施工供水 water supply for construction

供应施工现场生产和生活用水的设施。

09.170 施工供电 power supply for construction

供应施工现场动力和照明用电的设施。

09.171 施工通信 telecommunication for construction

施工期间场内外用于生产指挥、调度联系等传递信息的设施。

09.172 施工辅助企业 auxiliary construction plant

为工程施工需要而设置的加工、制造、修配和动力供应等临时生产设施。

09.173 施工规程规范 construction specification

对施工的条件、程序、方法、工艺、质量、安全以及机械操作等的技术标准。

09.174 工程定额 project quota

在规定工作条件下,完成合格的单位建筑安装产品所需要用的劳动、材料、机具、设备以及有关费用的数量标准。

09.175 工程概算 project estimate

建设项目在初步设计阶段计算工程投资与造价的设计文件。

09.176 施工图预算 budget of construction drawing project

施工图设计阶段对工程建设所需资金作出较精确计算的设计文件。

09.177 竣工决算 final account of project

工程项目从筹建、建设到竣工验收的实际投资及造价的最终计算文件。

09.178 投资包干 lump-sum contract

由建设单位按核定的项目投资负责完成建设任务并使用投资的制度。

09.179 施工机械利用率 utilization factor of construction equipment

施工机械实作台班数与制度台班数的比值。

09.180 施工机械折旧 depreciation of construction machinery

施工机械在使用过程中,因磨损而需要分期、分次逐渐转移到工程成本中的那部分价值。

09.181 施工调度 construction dispatching

对施工日常生产活动进行组织安排、控制协调和督促检查的工作。

09.182 施工安全措施 measures for construction safety

为保护施工人员的安全和健康,预防人体受到伤害和财物受到损失,在技术上采用的办法。

09.183 施工质量控制 control of construction quality

为保证施工质量达到设计和技术标准要求而进行的监督、检查、试验和纠正工作。

09.184 工程验收 acceptance of project

组织有关单位对单项工程或全部工程进行检验和交接的建设程序。

09.185 阶段验收 intermediate acceptance

施工到一定阶段如截流、蓄水、通航及第一台机组发电等阶段进行的工程验收。

09.186 蓄水前验收 acceptance before reservoir impoundment
导流建筑物即将下闸封堵、水库开始蓄水前进行的工程验收。

09.187 起动验收 acceptance of starting
水电站机组和相应的电气辅助设备即将投入运行之前的工程验收。

09.188 竣工验收 final acceptance
工程全部建成，具备投产运行条件，正式办理固定资产交付使用手续时进行的工程验收。

09.189 招标 invitation for bid
工程建设单位运用竞争机制选择工程建设承包者的工作。

09.190 标书 bid documents
由发包单位编制或委托设计单位编制，向投标者提供对该工程的主要技术、质量、工期等要求的文件。

09.191 标底 base bid price
实行招标工程项目的内部控制价格。

09.192 开标 bid opening
招标活动中公开宣读各投标者报价的程序。

09.193 评标 bid evaluation
开标后对合格的投标书进行分析比较，然后选定中标单位的程序。

09.194 议标 bid negotiation
由发包单位直接与选定的承包单位就发包项目进行协商的招标方式。

09.195 询标 bid inquiry
多用于机械设备采购、制造以及专业性较强的施工项目招标。

09.196 投标 bidding
承包者按照招标要求提出报价，争取获得承包任务的工作。

09.197 承包合同 contract
确定发包与承包双方的权利与义务，并受法律保护的契约性文件。

09.198 承包商 contractor
其投标书已为发包人接受，并已正式签署合同负责实施完成合同任务的当事人。

09.199 监理 supervision
为实施承包合同，由业主组建或选择监理工程师单位依据合同对承包商的生产(进度、质量和投资)进行监督和管理工作。

09.200 索赔 claim
在工程承包合同执行过程中，由于合同当事人双方的某一方负责的原因给另一方造成经济损失或工期延误，通过合法程序向对方要求补偿或赔偿的活动。

10. 防 洪、治 河

10.01 洪 水

10.001 洪水位 flood stage
发生洪水时的水面高程(或水位)。

10.002 洪水涨落率 rate of rise or fall flood stage
单位时间洪水位涨落的变幅。以 $\triangle z/\triangle t$ 表示($\triangle z$ 为水位变量，$\triangle t$ 为时间变量)。

10.003 洪水历时 flood duration
一次洪水自基流起涨至最大流量并回落到基流所经历的时间；或在多峰型洪水过程中两马鞍形谷点之间的历时。

10.004 洪峰 flood peak
一次洪水或整个汛期水位或流量过程中的最高点。

10.005 洪峰模数 modulus of flood peak
河道某断面的洪峰流量与断面以上流域面积的比值,以 l/s·km² 或 m³/s·km² 计。

10.006 洪峰传播时间 time of propagation of flood peak
河道洪峰从上游断面传播到下游断面所经历的时间。

10.007 洪峰水位 peak stage
一次洪水过程或整个汛期中的最高水位值。

10.008 洪水波 flood wave
河渠洪水非恒定流的形态。由洪水波前、波峰、波后组成,向河道下游传播时波峰有逐渐坦化的现象。

10.009 实测洪水 observed flood
用水文测验方法在河道某断面上测算出的洪水流量和总量的实际洪水。

10.010 调查洪水 investigated flood
缺实测资料的河流上通过调查测量洪水痕迹或根据历史记载资料推算出的洪水流量。

10.011 历史最大洪水 historical maximum flood
通过现场调查,查阅历史文献及文物考证等得到的河道某地点历史上出现过的最大洪水。

10.012 洪水遭遇 meeting together of flood
干支流洪水特别是洪峰相近的时段内,汇流到某一河段而形成该河段较大洪水的现象。

10.013 洪水顶托 backwater effect of flood
(1)两条河流相汇,交汇点以上洪水位相互抬高的现象。(2)湖泊高水位、海水高潮位时,入汇河流洪水位抬高的现象。

10.014 洪水灾害 flood disaster
洪水给人类生活、生产与生命财产带来的危害与损失。

10.015 洪灾损失 flood loss
洪水淹没造成社会经济和环境方面的损坏与灾害,包括直接与间接损失。

10.016 洪灾损失率 rate of flood loss
(1)洪灾区单位面积的损失与正常年单位面积收益之比。(2)洪灾区财富损失与原有财富总值之比。

10.02 防 洪

10.017 防洪标准 flood control standard
(1)防洪保护对象达到的或要求达到的防御水平或能力,一般以重现期洪水表示。(2)对水工建筑物自身要求防洪安全所达到的防御能力。

10.018 典型年洪水 typical-year flood
为研究防洪措施,从实测洪水资料中选出若干年(次)在流域(地区)上具有代表性,符合流域特性,或者对防洪不利的洪水。

10.019 警戒水位 warning stage
(1)汛期河道洪水普遍漫滩,或重要堤段漫滩偎堤,堤防险情可能逐渐增多,需加强防守的水位。(2)中国沿海某些港区,按当地防御水位较低的防潮工程的高程为准,以相当于该高程的潮位为警戒水位。

10.020 保证水位 highest safety stage
堤防工程及其他附属建筑物必须保证安全挡水的上限水位。

10.021 河道行洪能力 flood carrying capacity

保证水位时,河道宣泄洪水流量的能力。

10.022 河槽调蓄 river channel storage
河道洪水涨落时,河槽对流量的滞纳与补给作用。

10.023 洪水调节 flood regulation
利用水库拦蓄洪水削减天然洪峰,控制下泄流量的过程。

10.024 防洪工程措施 structural measures of flood control
为防御与控制洪水,以减免洪灾而修建的各种蓄、泄、挡洪的工程。

10.025 堤[防] levee, dike
沿河、渠、湖、海岸或分洪区、蓄洪区、围垦区边缘修建的挡水建筑物。

10.026 干堤 stem dike, main levee
在河道干流两侧所建保护两岸地区安全的堤。

10.027 支堤 branch dike
在河流支流两岸所建的堤。

10.028 民堤 local levee
在河湖洲滩围筑标准较低的堤,其特点为民修民守。

10.029 隔堤 separation dike
(1)干堤与生产堤之间修建大致与水流垂直的横堤。(2)大圩区中修建的将大区分为若干小区的堤。

10.030 月堤 semilunar dike, crescent dike
为保证安全的需要,在重要堤段临河或背河一侧修建平面形似新月的堤。

10.031 护城堤 city-protection dike
为城市防洪在城市周围修建的堤。

10.032 海塘 sea wall, sea dike
又称"海堤"。沿海岸或河口海滨为挡潮、防浪修建的堤。

10.033 湖堤 lake embankment
沿湖岸修建的挡水堤。

10.034 圩 polder, embankment surrounded region
又称"垸"。河、湖、洲、滩及海滨边滩近水地带筑堤构成的封闭圈。

10.035 防洪墙 flood wall
为保护城镇或工矿企业防洪安全,用钢筋混凝土或圬工所建的挡水建筑物。

10.036 子堤 small dike on levee crown
又称"子埝"。为防止洪水漫溢堤顶,在近临水面的堤顶抢修的临时小堤。

10.037 戗堤 berm
(1)为加强堤身稳定,在土堤防洪墙的一侧或两侧堤坡上加筑的土石撑体,其顶面低于原堤高程,横断面略似平行四边形。(2)堵口的临时堤。

10.038 过水堤 overflow dike
在堤顶、背水坡面和堤脚一带设防护措施,允许溢流的堤段。

10.039 自溃堤 self-collapsing levee
堤防上设置的一种非常溢洪设施,当水位达到设计的溢洪水位时,堤身即自行溃决泄洪。

10.040 堤距 spacing of levee
又称"堤顶距"。江河两岸堤线的垂直距离。

10.041 堤肩 levee shoulder
堤顶两侧与堤坡相连接的堤顶面。

10.042 护坡 side-slope protection works
(1)防止堤坡面遭受冲刷侵蚀而铺筑的设施。(2)在治河平顺护岸工程设计枯水平台以上铺筑的防护工程。

10.043 险工 critical levee section
河流常受大溜冲击的堤段;历史上多次发生

险情的堤段。

10.044 平工 uncritical levee section
堤防临水面有宽滩,河势大溜不顶冲,历来少险情的堤段。

10.045 防浪林 forest against wave wash
在近堤迎水面滩地为防御波浪冲刷堤坡而种植成行成列的多排耐水林木等。

10.046 分洪道 flood way, flood diversion channel
利用天然河道或人工开辟的新河道处理超过河道安全泄量的分泄洪水工程。

10.047 分洪区 flood diversion area
又称"分蓄洪区"。利用湖泊洼地修建堤圩或利用原有圩垸在河湖洪水超过某·标准时,用以有计划地分泄超额洪水的工程。

10.048 行洪区 flood way district
平时不过水,当达到某一洪水位时可以分泄部分洪水的过水区。

10.049 滞洪区 flood retarding basin
平原河湖洼地、滩地或低矮圩区,随河流水位上涨至一定水位时自然地或人为地滞蓄洪水的地方。

10.050 洪泛区 flood plain
河流的中下游沿岸,经长期洪水泛滥冲积而成的平原。其中已经修筑堤圩保护的为防洪保护区,未建堤的为自然泛区。

10.051 蓄洪垦殖工程 flood storage and reclamation works
利用平原区的湖泊、洼地修建的分蓄洪区,大水年用以蓄洪,中、小水年用以垦殖的工程。

10.052 安全台 refuge platform
建筑在分蓄洪区、圩区沿堤(或高地)高于设计水位的土台。分洪时用于临时移住(或定居)。

10.053 安全楼 refuge building
又称"避水楼"。为分洪时临时避洪,在分蓄洪区兴建楼层高于设计蓄洪水位的多层框架楼房。

10.054 安全区 refuge area
在分蓄洪区周围,利用分洪区围堤的一部分,修建的小圩区。分洪时不受淹,区内建房屋用来安置分洪区居民,并具有生产、生活条件。

10.055 水库防洪 flood control by reservoir regulation
利用水库部分库容调蓄洪水,以减免下游洪灾的措施。

10.056 防洪超蓄库容 surcharge reservoir capacity for flood control
在防洪高水位以上,用以调蓄超过一定标准洪水的库容。

10.057 防洪调度运用 flood control operation
利用防洪工程或防洪工程系统中的设施,对洪水进行有计划的蓄泄安排。

10.058 防洪工程系统 flood control works system
一个流域或区域各类防洪工程(堤、分洪工程、水库等)组成的相互关联的防洪体系。

10.059 防凌措施 ice flood protection measures
为减免冰凌、冰凌洪水及冰封、冰冻等的危害所采取破冰、消冰及分洪等的防御措施。

10.060 文开河 tranquil break
以热力作用为主的开河。融冰历时较长,开河的水势较平稳,无大量流冰,一般不发生冰凌洪灾。

10.061 武开河 violent break
上游水量增大、水位升高快,河流冰盖被水

流冲破的开河。

10.062　防洪非工程措施　nonstructural
　　　　measures of flood control
通过法令、政策、经济手段和防洪工程以外
的技术手段等,以减少洪灾损失的措施。

10.063　洪水警报　flood warning
当预报即将发生灾害性洪水时,为动员可能
受淹区群众迅速转移等措施的紧急信号。

10.064　防洪风险图　flood risk chart
绘有洪泛区在遭遇不同频率洪水时的可能
淹水范围及相应洪水位等的洪泛区特征地
图。

10.065　分洪区管理　flood diversion area
　　　　management
通过法律、经济、技术和行政手段,对分洪区
的防洪安全与建设进行管理的工作。

10.066　河道清障　obstacle clearing in river
　　　　channel
清除河道、分洪道中影响行洪的障碍物的措
施。

10.067　防洪保险　flood insurance
又称"洪水保险"。用以控制洪泛区不合理
的开发利用,并对受洪灾的投保人以经济补
偿。属于防洪非工程措施。

10.03　防　汛

10.068　防汛　flood defense
为防止或减轻洪水灾害,在汛期守护和调度
运用防洪系统的各种措施,进行防御洪水的
工作。

10.069　汛　seasonal flood
江(河)、湖、海等水域的季节性或定期性的
涨水现象。

10.070　汛期　flood season
江河洪水从开始涨至全回落的时期,在中国
一般为 4—10 月。

10.071　主汛期　major flood period
汛期中河湖出现大洪水最多的时段。

10.072　春汛　spring flood
曾称"桃汛"。春季发生的河湖涨水现象。

10.073　伏汛　summer flood
夏秋伏天发生的江河涨水现象,中国多数江
河的大洪水在此季节发生。

10.074　秋汛　autumn flood
秋季(一般指晚秋)发生的江河涨水现象。

10.075　凌汛　ice flood
河道冰凌阻塞、解冻或冰雪融化而引起的江
河涨水现象。

10.076　潮汛　tide flood
海滨河口地区水流受天体引力而产生的周
期性或有规律的涨潮。

10.077　防汛检查　inspection of flood de-
　　　　fense
防汛主管部门及有关领导在每年汛前、汛期
或汛后对防洪工程、防汛工作进行全面或重
点检查,并对存在问题及时处理、决策的工
作。

10.078　防汛抢险　emergency protection in
　　　　flood defense
堤、坝、闸等水工建筑物,汛期出现险情时所
进行的紧急抢护措施。

10.079　淘刷　scouring of levee or bank
堤坝河岸、丁坝、护岸等受水流冲击,可能导
致崩岸、基础破坏的现象。在河流凹岸迎溜
顶冲的险工堤段,易发生这类险情。

10.080 堤防脱坡 dike sloughing
堤防边坡(含堤基)部分土体因剪切破坏、失稳向下滑动的险情。

10.081 堤坝滑动 dike level sliding
堤防、水闸等挡水建筑物或其基础受剪切破坏,引起整体或部分水平移动的险情。

10.082 堤防浪坎 wave-cut bench of levee
堤防土体临水坡遭受波浪冲击淘刷坡面形成梯形坎的险象。

10.083 决口 levee breach
堤防受洪水或其他因素破坏造成过水口门的险象。

10.084 冲决 levee breach due to scouring
水流、潮波冲击堤身,发生坍塌、破坏导致的决口。

10.085 溃决 levee breach due to breaking
堤防因渗水、淘刷、管涌、滑动、坍塌等险情扩大而导致的决口。

10.086 漫决 levee breach due to over-topping
堤防遇超标准洪水时,或风暴巨浪,冰坝壅塞,水流漫过堤顶而造成的溢流决口。

10.087 扒口 artificial levee breach
有计划分洪或其他人为因素掘开堤坝过水的措施。

10.088 夺溜 capture of major current
(1)河堤决口后主流改道的现象。(2)在河流中水流切滩,改变局部河段主流的现象。

10.089 堵口 closure of breach
对堤防决口进行堵复的实施工作。

10.090 立堵 vertical closure
由口门一端向另一端或两端向中间抛投截流材料进占的堵口方式。

10.091 平堵 horizontal closure
沿口门全线抛投截流材料,使戗堤(截流体)均匀上升的堵口方式。

10.092 立平堵 vertical-horizontal closure
又称"混合堵"。将平堵、立堵两者结合进行截流堵口的方式。

10.093 进占 advance
堵口工程节节进堵的实施过程。

10.094 捆厢 fascine roll
中国传统堵口河工技术。以大量埽料、柳枝、土石、绳缆、木桩,就地填捆,逐坯加厢,追压沉至河底,上部压石封顶的大体积埽体,为埽工的一种改进。

10.095 埽工 fascine works
中国传统河工建筑物。用秸、苇料或梢料加土及石料,分层铺匀,卷成埽捆,连接若干个埽捆修筑成护岸、堵截等建筑物。

10.096 龙口 closure gap
堤防堵口或围堰截流进占,最后用于合龙所留的过水口。

10.097 合龙 closure of dike
对龙口进行截堵,最终拦断水流的过程。

10.098 闭气 water tight
在合龙戗堤尚未蛰实渗漏水流时,在戗堤迎水面采取封堵渗漏的措施。

10.099 河流改道 change river course
(1)为防洪或其他目的用人工改变河流部分河段水路。(2)堤防决口夺溜,主流改变。

10.04 治 河

10.100 滩唇 beach lip
河道边滩濒临水流的边缘地带。

10.101 主流 primary flow
沿河流动力轴线走向的集中水流。

10.102 横河 cross-river
河道中发生垂直河岸的急速折冲水流。

10.103 迎溜顶冲 facing into the major current
在河弯段水流动力轴线直逼凹岸弯顶的险象。

10.104 河汊 branch of a river
在宽阔河段因江心洲而形成的分流小河,分汊河段有双汊、三汊和多汊。

10.105 江心洲 middle bar
在河道中水位以上出露且与两岸不相连接的淤积地。

10.106 河曲带 meander belt
蜿蜒性河流,河曲横向摆动所达到最宽的范围。

10.107 河道弯曲系数 meander coefficient
弯道中心线的长度与其上下两点间直线距离的比值。

10.108 裁弯比 cut-off ratio
裁弯河段的原河中轴线长度与新河轴线长度之比。

10.109 平槽流量 full channel discharge
河道水位平滩时的相应流量。

10.110 漫滩行洪 flood plain flooding
高洪水位时,洪水从洲滩上漫流的过洪现象。

10.111 河道整治 river regulation
依据河道演变规律、因势利导、调整、稳定主流位置,改善水流条件、泥沙运动,调整河床冲淤部位的工程措施。

10.112 引河 pilot cut
(1)裁弯工程在河环狭颈段,开挖断面较小的微弯沟槽,利用水流冲刷扩大发展成为新河的工程。(2)某种堵口情况,在口门上游对岸为导引部分水流泄到口门下游的原河道的小河。

10.113 控导工程 river-control works
控制固定中水河槽治导线所采用的河工措施。

10.114 护岸工程 bank protection works, revetment
河、湖、海堤的岸坡和坡脚用耐冲材料保护,防止水流、波浪等侵袭破坏的工程。

10.115 护滩工程 shoal protection works
保护岸滩、稳定河势、控导主流的河工措施。

10.116 放淤工程 warping works
利用水流挟带的泥沙,采用涵闸引洪等淤高堤内外地面高程的工程措施。

10.117 裁弯工程 cut-off works
为防洪、航运,依据蜿蜒型河道河弯发展自然规律,借助水流的冲刷力,将过分弯曲的河弯进行人工裁直的治河措施。

10.118 堵汊工程 river branch closure works
堵截河道中汊道或滩面冲沟,以加强主河道的河工措施。

10.119 丁坝 spur dike, groin

从河道岸边伸出的挑流体,在平面上与岸线构成丁字形的河工建筑物。

10.120 顺坝 longitudinal dike
接河道岸边大致与水流方向相同布设的导流河工建筑物。

10.121 潜坝 submerged dike
坝顶低于中水位,用于河道中堵串沟或调整分流比的建筑物。

10.122 透水桩坝 pervious dike
由若干行(列)嵌入河底的桩或桩编篱或杩槎构成透水缓流的坝。

10.123 杩槎 wood tripod dam
由杆件扎制成支架,中加横杆铺板,内压块石或混凝土块等重物,用以截流或导流的一种中国古老河工建筑物。

10.124 沉树 sunken tree
曾称"挂柳"。用石块等重物系于新伐下来带干枝的柳树,沉至凹岸河底,以缓溜挂淤和防波浪淘刷的透水河工措施。

10.125 沉排 sunken fascine mattress
利用树枝、埽料编成柔性排,上压石料,或用混凝土条形构件连成排体,用于护岸、护脚的治河工程。

10.126 束水攻沙 sand scouring by flow contraction
在宽浅河道上修堤或其他河工建筑物,束窄过水断面,增大流速,借以冲刷泥沙的河工措施。

10.127 河口整治 regulation of estuary
为改善河口排洪、航运等进行的,改造、加固、治理或稳定河流入海段的工程。包括疏浚和修建各种河工建筑物。

10.128 海岸防护 shore protection
沿海边修建挡潮、防浪工程,或用生物措施保护沿岸地区不受水流、风浪、海潮侵袭的措施。

10.129 淤滩工程 silting works of beach
为稳定河势、减轻顺堤行洪水流冲击、防治串沟冲堤等而修建的河工建筑物,以加速原有河滩淤长或形成新河滩的河工措施。

10.130 河势规划 planning of river regime
为改造调整、稳定河道,拟定水流动力轴线的位置走向,以及岸线洲滩分布等所制订的河工措施方案。

10.131 治导线 regulation line
河道整治规划所拟订满足设计流量要求尺度的平面轮廓线。

10.132 河工模型试验 model test of river engineering
依据河道形态和水流泥沙运动特征,按相似准则缩小成实体模型,用以模拟河道水流泥沙运动及河床演变情况的一种研究手段。

10.133 人造洪峰 artificial flood peak
(1)利用水库调蓄的水量,集中大流量下泄,人为地形成洪峰,用以冲刷河床,减少淤积,或其他用途。(2)水库调度不当,下泄流量比入库洪水更大,也称人造洪峰。

11. 灌溉与排水

11.01 灌溉

11.001 灌溉系统 irrigation system
从水源取水并输送、分配到农田、草地、林地进行灌溉的各级渠道或管道及相应配套建筑物和设施的总称。

11.002　灌区　irrigation district, irrigation area
灌溉工程所控制的区域。

11.003　设计灌溉面积　designed irrigation area
按拟定供水标准设计的灌溉面积。

11.004　有效灌溉面积　effective irrigation area
灌溉工程设施基本配套,且水源具有一定保证率的可以达到的灌溉面积。

11.005　实际灌溉面积　actual irrigation area
某一时期实际灌过水的面积。

11.006　灌溉水源　water source for irrigation
用于灌溉的地表水、地下水的统称。

11.007　塘堰　pond, pool
蓄水容积在 100 000m³ 以下的小型地表蓄水工程。

11.008　冬水田　paddy field with ponded water in winter
冬闲期在田块内蓄存一定水量的农田。

11.009　井　well
开采地下水的垂直集水建筑物。

11.010　微咸水灌溉　brackish water irrigation
用含盐量 2—5g/l 的水进行灌溉。

11.011　引洪灌溉　flood diversion for irrigation
引用汛期洪水进行灌溉。

11.012　灌溉渠系　irrigation canal system
从灌溉水源取水、输送、分配到田间的各级渠道网络的总称。

11.013　总干渠　general main canal
从灌溉水源取水,并向干渠供水的第一级渠道。

11.014　干渠　main canal
从灌溉水源取水或从总干渠分水,向支渠供水的渠道。

11.015　支渠　branch canal, lateral
从干渠取水,担负配水任务的二级或三级渠道。

11.016　斗渠　distributary, distribution canal
从支渠取水,担负配水任务的三级或四级渠道。

11.017　农渠　distributary minors, field canal
从斗渠取水并分配到田间的最末一级固定渠道。

11.018　毛渠　field ditch
从农渠取水并向畦、沟供水的田间临时渠道。

11.019　灌水沟　furrows, irrigation ditch
通过作物行间流水并向两侧作物供水的灌溉垅沟。

11.020　田间工程　farmland works
农渠以下的灌溉和排水的沟、渠、管道、配套建筑物及平整土地等工程的总称。

11.021　明渠　open canal
在地表开挖、填筑或砌筑的开敞式渠道。

11.022　暗渠　underground canal
在地下开挖砌筑或埋设的四周封闭的渠道。

11.023　输水渠道　canal for water conveyance
从水源取水并输送到灌区或供、配水点的渠道。

11.024　配水渠道　canal for water distribution
从输水渠道引水并逐级分配到田间或供水

点的渠道。

11.025 灌溉渠道 irrigation canal
用于灌溉的渠道统称。

11.026 退水渠 canal for water release, escape canal
排泄灌溉渠道内剩余水量或入渠洪水的渠道。

11.027 灌溉管道系统 irrigation pipe system
从水源取水并逐级输送、分配到田间或供水点的各级管道和联结配件、闸阀等的总称。

11.028 固定式管道系统 fixed pipeline system, permanent pipeline system
固定安装在地面或埋入地下的管道系统。

11.029 半固定式管道系统 semi-fixed pipeline system, semipermanent pipeline system
由固定安装在地面或埋入地下的干管和在地面上可移动支管组成的管道系统。

11.030 移动式管道系统 movable pipeline system
能快速拆装、搬移,在不同作业位置轮换工作的管道系统。

11.031 管道 pipe
用各种材料制成的管子的通称。

11.032 管件 pipe fitting
管道系统中起联结、控制、变向、分流、密封、支撑等作用的零部件的统称。

11.033 给水栓 hydrant
管道系统中可以有控制地向下级管道或渠道供水的装置。

11.034 灌水技术 irrigation technique
又称"灌溉方法"。把渠道或管道中的水分配到田间对作物实施灌水的方式与技术措施。

11.035 蓄水灌溉 water storage irrigation
用水库、塘堰等蓄水水源进行灌溉。

11.036 引水灌溉 diversion irrigation
引用河川、湖泊等地表水进行灌溉。

11.037 自流灌溉 gravity irrigation
借重力作用进行引水、输水、配水进行灌溉。

11.038 提水灌溉 lifting irrigation
用机电泵或人力、畜力、风力等提水工具提水进行灌溉。

11.039 地面灌溉 surface irrigation
水体沿地表流动并湿润土壤进行灌溉的方法,是沟灌、畦灌等方法的总称。

11.040 淹灌 basin irrigation
又称"格田灌溉"。在格田内保持一定水层进行灌溉的方法,一般用于稻田灌溉或洗盐灌水。

11.041 畦灌 border irrigation
用土埂将耕地分隔成长条形的畦田,水流在畦田上形成薄水层,借重力作用沿畦长方向流动并浸润土壤的灌溉方法。

11.042 沟灌 furrow irrigation
在作物行间开挖灌水沟,水在沟中流动,借毛细管作用浸润沟两侧土壤的灌溉方法。

11.043 漫灌 flooding irrigation
田间不修沟、畦,水流在地面以漫流方式进行的灌溉,多用于牧草灌溉。

11.044 淤灌 warping irrigation
用含细颗粒泥沙的河水进行灌溉,既浸润土壤又沉积泥沙,以改造低洼易涝地或盐碱地。

11.045 穴灌 hole irrigation
又称"点浇"。用移动运水工具逐棵浇灌作物根部土壤的一种节水灌溉方法。

11.046 坐水种 hole irrigation for seeding
在干旱严重和缺水地区,挖穴下种时灌少量水以保证作物出苗的一种节水灌溉方法。

11.047 涌流灌溉 surge flow irrigation
又称"波涌灌溉"。时断时续地向灌水沟或畦田进行间歇放水的一种灌溉方法。

11.048 膜上灌 irrigation on plastic membrane
在作物行间铺盖的塑料薄膜上行水,水流从薄膜上的小孔下渗以浸润作物根部土壤的一种节水灌溉方法。

11.049 低压管道输水灌溉 low-pressure pipe irrigation
用工作压力小于 0.2MPa 的管道系统向田间灌水沟或畦田输、配水进行灌溉。

11.050 喷灌 sprinkler irrigation
用专门的管道系统和设备将有压水送至灌溉地段并喷射到空中形成细小水滴洒到田间的一种灌溉方法。

11.051 滴灌 drip irrigation, trickle irrigation
用专门的管道系统和设备将低压水送到灌溉地段并缓慢地滴到作物根部土壤中的一种灌溉方法。

11.052 微喷灌 microspray irrigation
通过低压管道将水送到作物植株附近并用专门的小喷头向作物根部土壤或作物枝叶喷洒细小水滴的一种灌水方法。

11.053 雾灌 mist irrigation
用专门设备将水流喷洒成直径为0.1—0.5mm 的雾状水滴的灌水方法。

11.054 微灌 microirrigation
滴灌、微喷灌、雾灌的统称。

11.055 渗灌 subirrigation, subbing
又称"地下灌溉"。通过工程设施浸润地面以下作物根部土壤的灌水方法。

11.056 井渠结合灌溉 combined irrigation by surface and groundwater
运用井、渠工程进行地表水与地下水统一调度实施联合灌溉。

11.057 蓄引提结合灌溉 combined irrigation by storage, diversion and pumping
联合运用蓄水、引水和提水工程进行灌溉。

11.058 灌溉制度 irrigation scheduling
按作物全生长期的需水要求所制定的灌水次数、灌水时间,灌水定额及灌溉定额。

11.059 连续灌 continuous irrigation
灌溉时上一级渠道同时向所有下一级渠道供水的配水方式。

11.060 轮灌 rotational irrigation
灌溉期间上一级渠道对下一级渠道轮流供水的配水方式。

11.061 储水灌溉 storage irrigation
为缓解水资源供需矛盾,提前储水于土壤供作物生长期利用的灌溉方式。

11.062 播前灌 preseeding irrigation
为保证作物种子萌芽和苗期用水在播种前进行的灌溉。

11.063 泡田 steeping field
稻田耕耙前进行的灌水浸泡过程。

11.064 晒田 drying paddy field
在水稻分蘖末期,为控制无效分蘖,改善土壤通气、温度状况和抗倒伏条件而排水晒干田面的过程。

11.065 棵间蒸发量 ground evaporation between plants
植株间土壤表面或田间水面的蒸发量。

11.066 作物腾发量 crop evapotranspiration

通过作物植株蒸腾到空气中的水汽量和棵间蒸发量之和。

11.067 作物需水量 crop water requirement
作物腾发量和构成作物组织所需的水量之和,一般以前者为代表。

11.068 土壤计划湿润层 planned moist layer in soil
旱作物灌水时计划调节控制土壤水分的土层。

11.069 深层渗漏 deep percolation
灌溉水或降水下渗到深层土壤,不能为作物利用的水量。

11.070 地下水供给量 supplement from groundwater
地下水借土壤毛细管作用上升到作物根系吸水层被作物利用的水量。

11.071 有效降雨 effective rainfall
降雨量扣除地表径流量和深层渗漏量后,可被作物利用的水量。

11.072 土壤含水率 soil moisture content
又称"土壤含水量"。一定量体积土壤中含有水分的数量,常以干土重的百分比表示。

11.073 墒情 soil moisture status
田间土壤湿度。

11.074 田间持水量 field capacity
农田土壤在不被浸没的状况下所能保持的最大含水量。

11.075 凋萎系数 wilting coefficient
又称"凋萎含水率"。植物由于缺水发生永久性凋萎时的土壤含水量。

11.076 田间水利用系数 water efficiency in field
灌入田间供给作物需水的水量与进入毛渠口水量之比值。

11.077 渠道输水损失 conveyance losses of irrigation canal
渠道输水过程中渗漏和蒸发损失水量之和。

11.078 净流量 net discharge of canal
未计入渠道输水损失的流量。

11.079 毛流量 gross discharge of canal
渠道净流量与输水损失之和。

11.080 渠道水利用系数 water efficiency of canal
又称"渠道水有效利用系数"。渠道净流量与毛流量的比值。

11.081 渠系水利用系数 water efficiency of canal system
又称"渠系水有效利用系数"。各农渠放水量之和与总干渠渠首引水总量的比值。

11.082 灌溉水利用系数 water efficiency of irrigation
灌入田间供给作物需水的水量与渠首引进总水量的比值。

11.083 灌水定额 irrigation quota on each application
单位灌溉面积的一次灌水量或灌水深度。

11.084 综合灌水定额 comprehensive quota of irrigation water
灌区内同一时期各种作物灌水定额按种植面积的加权平均值。

11.085 灌溉定额 irrigation quota
备耕期及作物全生育期内单位面积上的总灌水量或灌水深度。

11.086 净灌溉定额 net irrigation quota
在备耕期及作物全生育期内,未计入渠系输水和田间灌水损失的单位面积上的净灌溉水量。

11.087 毛灌溉定额 gross irrigation quota

在备耕期及作物全生育期内,按渠首总引水量计算的单位面积上的灌溉水量。

11.088 灌水模数 irrigation modulus
又称"灌水率"。单位灌溉面积需要的灌溉净流量。

11.089 灌溉保证率 ensurance probability of irrigation water
灌溉用水量在多年期间能得到保证的概率,以正常灌溉供水的年数占总年数的百分比表示。

11.090 渠道设计流量 design discharge of canal
又称"正常流量"。按照灌溉设计标准,渠道需要通过的最大流量。

11.091 灌溉计划用水 planned irrigation water use
根据作物需水要求和水源供水条件,有计划地在各渠系或用水单位之间进行合理的水量调度和分配。

11.092 灌溉用水量 irrigation water use
为满足作物正常生长需要的灌溉水量和渠系输水损失以及田间灌水损失水量之总和。

11.093 灌溉用水过程线 histogram of irrigation water use
以灌溉用水量或灌溉用水流量为纵坐标,以时间为横坐标绘成的柱状图。

11.094 灌溉用水计划 irrigation program
根据作物种植及需水要求,事先编制的水源取水计划和向各级渠道或用水单位的配水计划。

11.095 节水灌溉 water saving irrigation
采取先进的技术和管理措施减少用水损失,以较少的灌溉水量满足作物正常生长要求的灌溉。

11.096 渠道防渗 canal seepage control

为防止或减少渠道水量渗漏损失的工程措施。

11.097 湿润灌溉 wetting irrigation for paddy field
使稻田土壤水分接近饱和而不形成水层的灌水方式。

11.098 非充分灌溉 insufficient irrigation, deficient irrigation
在作物生育期内部分满足作物水量需求的灌溉方式。

11.099 抗旱灌溉 drought control irrigation
干旱缺水时少量供水,以维持作物生长的低标准灌溉方式。

11.100 灌溉管理 irrigation management
灌溉工程组织管理、工程管理、用水管理、经营管理和环境管理的总称。

11.101 灌区管理技术经济指标 technical-economic indexes of irrigation area management
在技术上和经济上全面衡量和考核灌区管理水平、工程质量和效益的标准。

11.102 灌水均匀度 uniformity of irrigation water application
灌溉水在田间土壤中的分布指标,以衡量实施灌溉的质量。

11.103 灌溉试验 irrigation experiment
研究灌溉与作物生长发育及产量关系的科学试验。主要包括作物需水量、灌溉制度、灌水方法、灌水技术、灌溉效益等试验。

11.104 灌溉水质 irrigation water quality
灌溉水的物理、化学性质和水中含有物的成分和数量。

11.105 灌溉水质标准 irrigation water quality standard
为防止农产品和土壤污染对灌溉水所规定

的质量要求。

11.106　灌区水盐动态监测 monitoring of water and salt regime
对灌区土壤含水量、含盐量、地下水位、地下水矿化度等进行定期或连续观测。

11.107　灌水预报 irrigation forecast
根据作物需水和土壤水分状况、天气预报、水源可能供水量等条件对灌水日期及灌水量进行的预报。

11.108　灌溉工程效益 benefit of irrigation project
由于兴建灌溉工程而带来的农业增产、经济效益、社会效益和环境效益的总和。

11.109　灌溉效益分摊系数 share coefficient of irrigation benefit
农作物增产和品质改善总效益中因灌溉措施增加的效益所占的比重。

11.110　灌溉水费 irrigation water charge
供水单位根据提供的灌溉用水量或灌溉的面积按一定标准向用水户收取的费用。

11.02　井　灌

11.111　机井 pumping well
利用动力机械驱动水泵提取地下水的水井。

11.112　完整井 fully penetrating well
贯穿含水层,井底座落在隔水层上的水井。

11.113　非完整井 partial penetrating well
又称"不完整井"。只穿入含水层的部分厚度,井底落在含水层中间的水井。

11.114　单井出水量 water yield of well
单位时间内一眼井的出水量。

11.115　坎儿井 kariz, kanat
利用竖井分段开挖的地下暗渠,用来汇集山前冲积扇的地下水,自流引出地面进行灌溉的水利设施。

11.116　插管井 intubation well, driven well
锥打成孔插入井管的水井或直接采用锥管作为井管的水井。

11.117　辐射井 radial-well
由集水井和辐射管组成的水井。

11.118　群井汇流 group-well confluence
群井抽水汇入渠道的集中供水方式。

11.119　筒井 shaft well
井径为 1—2m 的浅井。

11.120　管井 tube well
机械钻凿的,井径小,深度大,井壁一般用管材加固的水井。

11.121　大口井 large opening well
井径大于 2m 的浅井。

11.122　筒管井 tubular shaft well
筒井与管井结合的井型。

11.123　真空井 vacuum well, embedded tube well
井管与水泵吸水管密封连接的水井。

11.124　过滤器水管 screen
井口以下的滤水拦沙装置。

11.125　戽斗 bail
用柳条或竹、木制成的,两侧系有长绳的斗状的人力提水工具。

11.126　桔槔 shaduf, shadoof
长杆一端系重物,另一端系水桶,利用杠杆原理的人力提水的工具。

11.127　辘轳 windlass
用手动绞车牵引水桶自井中汲水的提水工

具。

11.128 筒车 scoop waterwheel, Chinese noria
利用水力冲击大水轮并带动轮缘上的竹筒或木筒从河中提水的工具。

11.129 龙尾车 Archimedean screw
又称"阿基米德螺旋管"。利用圆筒内螺旋轮旋转上升而提水的工具。

11.130 风力水车 wind waterlift
利用风车带动水车提水的工具。

11.131 龙骨水车 dragon bone waterlift

在木槽内活动榫铆的木链上串连许多刮板用以提水的一种工具。

11.132 斗式水车 bucket-chain waterlift
以畜力驱动齿轮并带动多个串联成环的水斗提水的一种工具。

11.133 管链水车 disk-chain waterlift
在水管中用带有多个皮垫的铁链从井中提水的一种工具。

11.134 解放式水车 jiefang type waterlift
用于从井中提水的一种改进型管链水车。

11.03 喷灌及微灌

11.135 喷灌系统 sprinkler irrigation system
由水源工程、各级输配水管道或渠道及喷灌设备(包括加压设备及喷头等)组成的灌溉系统。

11.136 机压喷灌系统 mechanical pressure sprinkler system
由动力机和水泵进行加压抽水的喷灌系统。

11.137 恒压喷灌系统 constant-pressure sprinkler system
使喷灌管网内具有相对稳定工作压力的喷灌系统。

11.138 自压喷灌系统 gravity pressure sprinkler system
利用水源自然水头获得工作压力的喷灌系统。

11.139 定喷 solid-set sprinkler irrigation
喷头位置固定的喷灌。

11.140 行[进]喷 traveling sprinkler irrigation
喷头在移动中喷洒水滴的喷灌。

11.141 脉冲喷灌 impulse sprinkler irrigation
以脉冲方式进行间歇性喷灌。

11.142 喷灌系统设计流量 design capacity of sprinkler irrigation system
设计喷灌系统时所采用的流量。

11.143 喷灌系统设计水头 design head of sprinkler irrigation system
设计喷灌系统时所采用的总压力水头。

11.144 喷灌技术要素 technical factors of sprinkler irrigation
设计喷灌工程和评估喷灌质量的主要技术参数。包括喷灌强度、喷灌均匀度、雾化程度和射程等。

11.145 喷灌均匀度 uniformity coefficient of sprinkler irrigation
又称"喷灌均匀系数"。是衡量喷洒在耕地的喷洒水量分布均匀程度的指标。

11.146 喷灌强度 application rate of sprinkler irrigation
又称"喷洒率"。单位时间内的喷洒水深,以

mm/h 为单位。

11.147 允许喷灌强度 permissible application rate of sprinkler irrigation
不产生径流和积水现象的最大喷灌强度。

11.148 雾化程度 fogging degree
表示喷洒水在空中裂散程度的指标,常用喷头工作水头与主喷嘴直径的比值表示,比值越大,雾化程度越高。

11.149 水滴打击强度 intensity of dripping water
单位面积内,水滴对土壤或作物的打击动能。

11.150 喷洒水利用系数 sprinkler coefficient
喷洒到拟灌作物种植面积上的水量与喷头出水量的比值。

11.151 作物截留损失 vegetable interception losses
被作物叶面截留的喷洒损失水量。

11.152 飘移损失 drift losses
喷洒水滴因蒸发和被风吹飘移至灌区以外的损失水量。

11.153 喷灌机 sprinkling machine
用于喷洒灌溉水的机器设备。一般包括水泵机组、管道、喷头和行走机构等。

11.154 平移式喷灌机 lateral-move sprinkling machine
由支管、喷头、行进轮和桁架组成的沿渠道、管道方向移动的喷灌机组。

11.155 滚动式喷灌机 side-roll wheel sprinkling machine
以支管为轮轴沿渠道或暗管方向滚动前进的喷灌机。

11.156 纵拖式喷灌机 end tow sprinkling machine
沿移动支管轴向拖移转换地块的喷灌机。

11.157 绞盘式喷灌机 hose-fed travelling sprinkler machine
喷头安装在小车上,并与卷绕在绞盘上的软管相连接,边行进边喷灌的可移动喷灌机具。

11.158 平移-回转式喷灌机 lateral move and circular move sprinkler machine
在地块中作平行移动,而到田头则作回转移动以改换地块的多支点大型喷灌机具。

11.159 中心支轴式喷灌机 center pivot sprinkling machine
又称"时针式喷灌机"。由支管、喷头、行进轮及桁架组成,并绕中心支轴旋转的多支点大型喷灌机。

11.160 喷头 sprinkler
又称"喷洒器"。将有压的水喷洒成细小水滴进行灌溉的设备。

11.161 摇臂式喷头 impact-driven sprinkler
由装有弹簧的摇臂摆动、撞击喷体获得驱动力矩使喷体旋转,将水向四周喷洒的喷头。

11.162 叶轮式喷头 turbine sprinkler
又称"蜗轮蜗杆式喷头"。利用喷射水舌冲击安装在喷嘴前的叶轮,驱动喷体绕轴旋转进行喷洒的喷头。

11.163 反作用式喷头 reaction rotating sprinkler
利用喷射水舌离开喷嘴时对喷头的反作用力直接驱动喷管旋转的喷头。

11.164 全射流喷头 fluidics sprinkler
利用射流元件切换原理使喷头旋转的喷头。

11.165 固定式喷头 fixed sprinkler
在喷洒时,各部件相对竖管为固定的喷头。

11.166 旋转式喷头 rotating sprinkler
在喷灌时依靠水压力可自动绕其竖轴旋转并喷洒的喷头。

11.167 折射式喷头 refraction sprinkler
由喷嘴垂直向上喷出的水流,遇折射锥后被击散成薄水层沿四周射出,并形成细小喷洒水滴的喷洒器。

11.168 缝隙式喷头 spray head with gap
水流在压力作用下通过缝隙喷到四周的喷头。

11.169 离心式喷头 centrifugal sprinkler
由喷管和带喷嘴的蜗形外壳组成,喷洒时水流沿切线方向进入蜗壳、喷嘴,射出具有离心力的水膜,向四周扩散形成细小雨滴的喷洒器。

11.170 脉冲式喷头 impulse sprinkler
以脉冲形式进行间歇性喷灌的喷洒器,其平均喷灌强度比普通的连续喷灌的喷洒器低50—100倍,约为 0.6—1.2mm/h。

11.171 喷头组合型式 compound mode of sprinkler arrangement
相邻喷头在平面位置上组成的各种几何图形。

11.172 多口出流 discharge of multiple outlets
同一管道上同时有两个以上出水口出流。

11.173 多口系数 factor of multiple outlets
多口出流管道的沿程水头损失与该管只有末端出流的沿程水头损失之比值。

11.174 喷头工作压力 operating pressure at sprinkler
喷头进水处水流的压力。

11.175 喷头流量 capacity of sprinkler
单位时间内喷头的喷洒水量。

11.176 喷头射程 sprinkler pattern range
喷头在正常工作时水滴能喷到的最远喷洒距离。

11.177 喷洒方式 spray pattern
喷头所湿润面积的形状,一般分圆形、扇形和带形三种。

11.178 喷头间距 sprinkler spacing
沿支管方向或支管间两喷头之间的距离。

11.179 喷射仰角 jet angle of sprinkler flow
喷射水流与水平面所成的交角。

11.180 喷嘴 nozzle
射流式喷头的组成部分,其作用是使压力水流形成集中水股后射出。

11.181 竖管 riser pipe
连接支管与喷头并将喷头安置在适当高度的竖直短管。

11.182 减压池 pressure-release pond
自压喷灌系统中为消除灌区多余水头,保护设备安全而设置的水池。

11.183 滴灌工程 drip irrigation project
用滴灌技术实现灌溉的工程设施。

11.184 滴灌设备 drip irrigation equipment
用于滴灌系统的各种动力机械、滴头、管道及附件的统称。

11.185 滴灌系统 drip irrigation system
由水源工程、首部枢纽,输配水管网和滴水设备等所组成的灌水设施。

11.186 机压滴灌 drip irrigation by power and pump
由动力机和水泵提供工作压力的滴灌系统。

11.187 自压滴灌 drip irrigation by gravity
利用水源自然水头压力的滴灌系统。

11.188 湿润比 percentage of wetted soil

滴灌所湿润的土体与计划湿润层内的总土体的比值。

11.189 湿润深度 depth of wetted soil
滴灌湿润土层的深度。

11.190 湿润球体 wetted bulb
单个滴头滴水所形成的球状湿润土体。

11.191 湿润半径 radius of wetted bulb
湿润球体在水平方向的最大半径。

11.192 化肥注入装置 fertilizer injector
利用压差将化肥溶液注入喷、滴灌压力管道中的装置。

11.193 滴水均匀度 uniformity coefficient of drip irrigation
又称"滴水均匀系数"。在同一灌水小区内表示同时工作的滴头滴水量均匀程度的系数。

11.194 滴头 emitter, dripper
又称"灌水器"。能使压力水流变成滴状或细流状的一种灌水器。

11.195 滴头设计流量 designed discharge of dripper
滴头在设计工作压力下的流量。

11.196 滴灌系统设计水头 designed operating pressure of drip irrigation system
滴灌工程设计中,根据地形,管道输水水头损失和滴头工作压力所确定的总水头。

11.197 滴灌系统设计流量 designed discharge of drip irrigation system
滴灌工程设计中,根据灌溉面积和灌溉制度所确定的系统总流量。

11.198 涡流式滴头 vortex emitter
以涡流方式形成紊流消能的滴头。

11.199 长流道滴头 long path emitter
利用长流道的沿程摩阻力消能的滴头。

11.200 孔口滴头 orifice type emitter
利用微小孔口局部水头损失消能的滴头。

11.201 微管滴头 micro-path emitter
又称"发丝管"。直径不大于2.0mm,直接插入毛管上进行滴水的细管。

11.202 内镶式滴头 insert emitter
固定在毛管腔内的滴头。

11.203 微喷头 mini sprinkler
具有体积小、压力低、射程短、雾化好的微型喷头。

11.204 双壁管 twin-wall emitter lateral
又称"双腔毛管"。具有主、副两种管腔,主管腔输水而副管腔消能施灌的毛管。

11.205 压力补偿式滴头 pressure compensating emitter
在一定的压力范围内,使出水量保持基本稳定的滴头。

11.206 滴灌系统堵塞 clogging of drip irrigation system
滴灌系统的管道、滴头被灌溉水中的泥沙、化学沉淀物或生物等堵塞造成不能正常灌水的现象。

11.207 滴灌系统冲洗 flushing of drip irrigation system
利用压力水、压缩空气或酸溶液疏通和清洗滴灌管道或滴头流道和孔口的技术措施。

11.208 过滤器 filter
对灌溉水进行物理净化处理的装置。

11.04 农 田 排 水

11.209　农田排水　farmland drainage
排除农田中多余的地面水、地下水和土壤水的措施。

11.210　盐碱地排水　saline-alkali land drainage
排除盐碱地中含有盐分的地下水和冲洗水，并降低过高的地下水位。

11.211　自流排水　gravity drainage
汇入排水沟内的地下水或地面水，在水重力作用下自流排入下一级排水沟或排水容泄区的排水方式。

11.212　抽排　pumping drainage
利用抽水设备排除渍水或涝水的排水方式。

11.213　抢排　rushing drainage
利用汛期外江水位短期回落时机，或在海滨地区低潮水位时，开闸自流排水以节省能源的措施。

11.214　潮排潮灌　tidal drainage and irrigation
在低潮水位时进行排水，高潮水位时引水灌溉的措施。

11.215　涝灾　surface waterlogging
降雨过多，地面积水不能及时排除所造成的灾害。

11.216　渍害　groundwater waterlogging, subsurface waterlogging
地下水位过高或耕作层土壤含水量过大，造成对农作物正常生长的危害。

11.217　土壤潜育化　soil gleying
土壤长期在潜水浸渍下呈嫌气状态，产生较多的还原物质，土壤逐渐变成灰蓝色或青灰色，质地变粘的过程。

11.218　治渍　subsurface waterlogging control
又称"排渍"。防治渍害的措施。

11.219　排涝模数　modulus of surface drainage
按设计标准确定的单位排涝面积的最大排涝流量，以 $m^3/s \cdot km^2$ 表示。

11.220　排涝设计标准　design criteria for surface drainage
以一定重现期的降雨量在一定时间内排除，作为设计排涝工程规模的依据。

11.221　作物耐淹水深　water depth of submergence tolerance of crop
在一定淹水时间内，对农作物不致引起明显减产的允许淹水深度。

11.222　作物耐淹时间　duration of submergence tolerance of crop
在一定的淹水深度内，对农作物不致引起明显减产的允许淹水时间。

11.223　等高截流　contour interception
在排水区内按地形高程分级设置截流工程，分高、低区排水的一种治涝措施。

11.224　截渗沟　seepage interception ditch
为拦截外部流向保护区的地下水而修建的排水沟。

11.225　明沟排水　open drainage
在排水区内用明沟排除多余的地面水、地下水和土壤水。

11.226　暗管排水　pipe drainage
利用地下管道排除多余地下水及土壤水，降

低地下水位。

11.227 竖井排水 vertical drainage
利用水井抽取地下水,降低地下水位的措施。

11.228 排水沟 drainage
用于排除地面或地下多余水量的沟或暗管。

11.229 排水干沟 trunk drainage ditch
将支沟的水汇集输送到排水容泄区的排水沟。

11.230 排水支沟 tributary drainage ditch
将斗沟的水汇集输送到排水干沟的排水沟。

11.231 排水斗沟 lateral drainage ditch
将农沟的水汇集输送到排水支沟的排水沟。

11.232 排水农沟 sub-lateral drainage ditch
将毛沟的水汇集输送到排水斗沟的排水沟。

11.233 排水毛沟 farm drainage ditch
将田间的多余水汇集输送到排水农沟的排水沟。

11.234 鼠道排水 mole drainage
在地面下适当深度用鼠道犁(塑孔器)挤压土壤而形成类似鼠穴的排水通道。

11.235 井灌井排 irrigation and drainage by well
用井抽水灌溉又同时降低地下水位的措施。

11.236 生物排水 biological drainage
又称"植物排水"。利用植物根系吸水和蒸腾作用消耗地下水的排水措施。

11.237 排水沟深度 depth of drainage ditch
排水沟底至田面的垂直距离。

11.238 排水暗管埋深 depth of drainage pipe
排水暗管中心至田面的垂直距离。

11.239 排水沟间距 spacing of drainage ditches
相邻两条排水沟中心线之间的距离。

11.240 作物耐渍能力 crop tolerance of excessive soil moisture
不致引起作物明显减产的土壤最大含水量;或相应的地下水最小埋藏深度。

11.241 排渍模数 modulus of subsurface drainage
按设计标准确定的单位面积内排出的地下水流量,以 $m^3/s \cdot km^2$ 表示。

11.242 排渍设计标准 design criteria for subsurface water control
达到防治渍害能力的排水工程设计标准,常以在一定时间内要求降低地下水位深度为指标。

11.243 地下水位控制标准 criteria for groundwater table control
保证农作物正常生长所要求的地下水埋深和允许超过该埋深的持续时间的指标。

11.244 盐碱地 saline-alkali land
土壤中含有较多的可溶性盐分,不利于作物生长的土地。

11.245 原生盐碱地 primary salinization of land
在自然条件综合作用下所形成的盐碱地。

11.246 次生盐碱地 secondary salinization of land
由于人为活动而使耕作土壤盐碱化的土地。

11.247 盐碱土冲洗改良 amelioration of saline-alkali land by leaching
通过田面灌水将土壤中的盐分淋洗后排走或随灌溉水下渗将盐分带至土壤深层的盐碱地改良措施。

11.248 冲洗定额 leaching requirement
为达到脱盐标准,单位面积盐碱地冲洗所需

要的水量。

11.249　冲洗制度　leaching schedule
改良盐碱地所要求的总冲洗定额, 冲洗次数, 分次冲洗定额及每次冲洗起止日期的总称。

11.250　脱盐率　ratio of desalinization
冲洗脱除的土壤盐分含量占冲洗前盐分含量的百分数。

11.251　排盐量　leached amount of salt
单位面积冲洗脱除的盐分总量。

11.252　地下水临界深度　critical depth of groundwater
防止土壤盐碱化所要求的最小地下水埋深。

11.253　土壤含盐量　soil salt content
土壤中盐分的重量占干土重的百分比。

11.254　作物耐盐[碱]能力　salt tolerance of crops
作物正常生长所能承受的土壤盐分的最大含量。

11.255　蓄淡压盐　storage fresh water on saline-alkali land for leaching
在盐碱地上拦蓄淡水以淋洗压盐的方式。

11.256　地下水人工回灌　artificial ground-water recharge
利用渠、沟、井、塘等工程设施及天然洼地, 把符合一定水质标准的水引、注入地下含水层中。

11.257　水盐运动监测预报　observation and forecast of movement of groundwater and salt
对地下水和含盐溶质在土壤和地下水含水层中流动规律的监测预报。

11.258　排水系统管理　management of drainage system
对排水系统的运用、维修和养护等进行的技术和组织工作。

11.259　开沟埋管机　machine for trenching and burying pipe
可以同时开挖沟槽、铺设管道的机械设备。

11.260　暗管冲淤机　machine for cleaning drain pipe
用于清洗暗管内淤塞泥沙的机械设备。

11.261　排水试验　drainage test
为探索农田排水理论和技术措施而进行的试验研究。

11.05　机 电 排 灌

11.262　机电排灌　pumping drainage and irrigation
利用机械和动力实现灌溉和排水的工程措施。

11.263　泵站　pumping station
又称"抽水站"。由水泵、机电设备及配套建筑物组成的提水设施。

11.264　泵站设备　equipment of pumping station
泵站主机组及配套设备的总称。

11.265　泵站枢纽　pumping station junction
又称"扬水枢纽"。泵站主体工程及其配套建筑物的总称。

11.266　泵站设计流量　design discharge of pumping station
根据设计标准和灌排系统规划确定的泵站流量。

11.267　泵站设计扬程　design head of pumping station
根据泵站设计内外水位之差及相应的管道

水头损失确定的总扬程。

11.268 灌溉泵站 irrigation pumping station
用于提水灌溉的泵站。

11.269 排水泵站 drainage pumping station
用于排除洪涝渍水和降低地下水位的泵站。

11.270 灌排结合泵站 pumping station for irrigation and drainage
具有灌溉和排水两种功能的泵站。

11.271 多功能泵站 multi-purpose pumping station
具有两种以上功能(如灌溉、排水、供水、调相、发电等)的泵站。

11.272 多级泵站 multi-stage pumping station
分开建造,前后关联,两级以上(含两级)接力提水的泵站。

11.273 自动化泵站 automatic pumping station
抽水机组及其辅助设备的操作和运行、工作参数的测量和记录以及事故保护等过程均由自动化设备和计算机来完成的泵站。

11.274 水轮泵站 water turbine pumping station
利用水轮泵抽水的泵站。

11.275 水锤泵站 hydraulic ram pumping station
利用水锤泵抽水的泵站。

11.276 前池 forebay
水源或引渠与进水池之间调整进水流态的衔接建筑物。

11.277 进水池 suction sump
为水泵或水泵进水管道提供良好进水流态的工程设施。

11.278 出水池 outlet sump
汇集出水管道水流并调整出水流态的工程设施。

11.279 拍门 flap valve
设在水泵出水管出口处,利用水力和门体自重启闭的单向活门。

11.280 叶片泵 vane pump
通过叶轮的旋转,将动力机的机械能转换为水能(势能、动能、压能)的水力机械。

11.281 离心泵 centrifugal pump, radial-flow pump
液体受离心力作用沿径向流出叶轮的叶片泵。

11.282 自吸式离心泵 self-priming pump
旋转的叶轮循环利用泵体内贮存的水进行排气充水的离心泵。

11.283 轴流泵 axial-flow pump
液体在推力作用下沿轴向流出叶轮的叶片泵。

11.284 混流泵 mixed-flow pump
液体在离心力和轴向推力作用下,斜向流出叶轮的叶片泵。

11.285 贯流泵 tubular through-flow pump
泵轴全部包在呈直管状的泵壳内的轴流泵或混流泵。

11.286 井泵 well pump
将叶轮潜入井内抽水的水泵。

11.287 潜水电泵 submersible pump
与电动机联成一体潜入水中抽水的泵。

11.288 螺杆泵 helical rotary pump
利用螺杆旋转使工作室呈周期性变化的容积泵。

11.289 手动泵 hand pump
用人力操作的活塞式、隔膜式等类型的容积

泵。

11.290 水轮泵 water-turbine pump
由水轮机和水泵组成,是利用水力冲动水轮并驱动水泵抽水的提水机械。

11.291 水锤泵 hydraulic ram pump
利用水力冲击阀门时所产生的水锤压力进行抽水的泵。

11.292 射流泵 jet pump
通过喷射流体进行动量交换,传递能量实现抽吸混合和输送流体的泵。

11.293 螺旋泵 screw pump
利用螺旋形开式叶片的旋转运动增加液体势能的泵。

11.294 拉杆泵 rocking-arm pump
用于提取井水的一种活塞式容积泵。

11.295 内燃泵 hunphrey pump, fuel pump
利用燃料间歇性的燃烧爆炸所产生的压能进行抽水的泵。

11.296 水泵流量 pump capacity
单位时间内通过水泵出口的水量或单位时间内水泵抽送液体的数量。

11.297 水泵扬程 pump head
水泵进、出口断面处的液体单位总能量的差值。

11.298 水泵轴功率 pump-shaft power
水泵轴从动力机获得的总能量增量或功率。

11.299 水泵安装高度 setting height of pump
水泵基准面与设计最低下游水位之间的垂直距离。

11.300 水泵性能参数 pump performance parameters
又称"水泵特性参数"。用来表示水泵性能的一组数据。包括流量、扬程、轴功率、效率、转速、必需汽蚀余量或允许吸上真空高度、比转数或汽蚀比转数等。

11.301 水泵性能曲线 characteristic curve of pump
又称"水泵特性曲线"。反映水泵各性能参数之间的关系曲线。包括基本性能曲线、汽蚀性能曲线、相对性能曲线、通用性能曲线、综合性能曲线、全面性能曲线等。

11.302 水泵基本性能曲线 basic characteristic curve of pump
额定转速下的水泵扬程、轴功率、效率与流量之间的关系曲线。

11.303 水泵汽蚀性能曲线 cavitation characteristic curve of pump
水泵额定转速下的必需汽蚀余量,允许吸上真空高度与流量之间的关系曲线。

11.304 水泵转速 pump rotary speed
泵轴每分钟的旋转次数。

11.305 汽蚀余量 net positive suction head, NPSH
又称"空化余量"。水泵进口处单位质量水能扣除汽化压力的剩余能量,它是用绝对压力表示的判别水泵吸水性能的重要参数。

11.306 临界汽蚀余量 critical NPSH
水泵开始产生空化时的汽蚀余量值。

11.307 必需汽蚀余量 necessary NPSH
保证水泵正常运行、不产生危害性汽蚀所必需的汽蚀余量,为临界汽蚀余量加 0.3m。

11.308 管道阻力曲线 resistance curve of pipeline
管道沿程与局部水头损失之和随流量而变的关系曲线。

11.309 需要扬程曲线 necessary head curve of the installation system
管道阻力曲线与泵站装置扬程相叠加的曲

线。

11.310 水泵工作点 pump operating point
水泵扬程－流量曲线与需要扬程曲线的交点。

11.311 水泵工况 pump operating condition
以流量、扬程、轴功率、效率等性能参数来表达的水泵工作状态。

11.312 水泵高效区 high efficiency area of pump-operation
水泵效率最高点的两侧分别下降一定值所对应的水泵高效率区范围。

11.313 水泵比转速 specific speed of pump
按相似律将水泵换算为扬程等于1m,输出功率为0.735kW、流量为0.075m³/s的模型泵叶轮的转速。

11.314 汽蚀比转速 cavitation specific speed
按相似律将水泵换算为流量等于1.0m³/s,临界汽蚀余量为10m的模型泵叶轮的转速。

11.315 水泵相似律 affinity law of pump
两台几何、运动、动力相似的叶片泵,其相对应的流量、扬程、轴功率与叶轮外径、转速之间的比例关系。

11.316 水泵比例律 proportional law of pump
应用于同一台叶片泵、不同转速的水泵相似律。

11.317 水泵试验台 test installation of pump
在实验室内用来测定水泵性能参数的试验装置。

11.318 水泵效率 pump efficiency
水泵的输出功率与输入功率的比值。

11.319 泵站效率 efficiency of pumping station
泵站的输出功率与输入功率的比值。

11.320 泵站单位能耗 energy consumption rate of pumping station
泵站机组将1000t水扬高1m所消耗的能量值。

11.321 泵站技术经济指标 technical and economic indexes of pumping station
表示泵站工程设计和管理水平的技术经济参数。如装置效率、单位能耗、单位功率效益、设备和工程完好率等。

11.322 泵站观测 pumping station observation
对泵站工程设施和机电设备的动、静态参量进行的测量。

11.323 泵站汽蚀 cavitation in pumping station
泵站过流系统中,低压区的空泡随水流到达高压区被压缩而迅速溃灭所引起的水力性能恶化和过流部件损坏的过程。

11.324 风力抽水装置 wind pumping system
将风能转换为机械能进行抽水的成套设备。

11.325 太阳能抽水装置 solar pumping system
利用太阳能进行抽水的成套设备。

12. 水 力 发 电

12.01 水 能 利 用

12.001 水能利用 hydroenergy utilization
研究利用水体能量的技术,通常指水力发电、水力加工等。

12.002 水能资源 hydropower resources
又称"水力资源"。以势能、动能等形式存在于江河湖海中水体的能量资源。

12.003 河流水能资源 hydropower resources of river
又称"水能蕴藏量"。河流水体中潜在的能量。

12.004 海洋能资源 marine energy resources
海洋中潮汐、波浪等潜在的能量。

12.005 再生能源 renewable energy resources
可以再生的水能、太阳能、生物能、风能、地热能和海洋能等资源的统称。

12.006 可开发水能资源 available hydropower resources
根据地质、地形及其他条件所能形成的工程措施,可开发利用的水能资源。

12.007 技术可开发的水能资源 technically feasible hydropower resources
在理论水能资源中及当代技术条件下,可开发利用的水能资源。

12.008 经济可开发的水能资源 economically feasible hydropower resources
在技术可开发的水能资源中,可经济合理开发的部分。

12.009 水能经济 economy of hydroenergy
用经济学的原理研究水能利用方案的费用和效益,进行方案评价的理论和方法。

12.010 水电站经济分析 economic analysis of hydropower station
水能经济中有关水电站开发方式、规模及其参数选择,以及运行调度方案的经济效益比较、评价和论证。

12.011 水力发电站 hydropower station
简称"水电站"。为将水能转换为电能而修建的水工建筑物和设置的机械、电气设备的综合水力枢纽。

12.012 梯级水电开发 cascade hydropower development
沿河流修建多级呈阶梯形的水电站,以充分利用该河流水能资源的开发方式。

12.013 跨流域水电开发 interbasin hydropower development
利用相邻河流之间水体的高程差,将一个流域的水量引到另一个流域进行发电的开发方式。

12.014 水电工程规划 hydropower project planning
论证选择水电站的开发方式、规模布置和各种特征值的技术经济工作。

12.015 日调节 daily regulation
将 1 天内的来水量通过水库调节,按电力系统的负荷变化进行日分配。

12.016 周调节 weekly regulation

将1周内的来水量通过水库调节,按周内各日的电力负荷变化重新分配水量。

12.017 季调节 seasonal regulation
将1季内的来水量通过水库调节,按季内的电力负荷变化重新分配水量。

12.018 年调节 annual regulation
将1年内的来水量通过水库调节,按电力负荷需要重新分配。

12.019 多年调节 overyear regulation
利用水库将丰水年的部分多余水量蓄存起来,调到枯水年利用。

12.020 等流量径流调节 equal discharge runoff regulation
水库调节过程中,供水期各时段按相同流量供水。

12.021 变流量径流调节 variable discharge runoff regulation
水库调节过程中,供水期各时段按不同流量供水。

12.022 变出力径流调节 variable output runoff regulation
水库调节过程中,供水期内按水电站各时段出力不同,调节流量供水。

12.023 补偿调节 compensating regulation
根据电力系统的需要,在各水电站水库之间进行相互补偿的径流调节。

12.024 梯级水电站补偿调节 compensating regulation of cascade hydropower stations
同一河流上梯级水电站各水库之间进行相互补偿的径流调节,以提高全梯级总的能量效益。

12.025 跨流域电力补偿径流调节 inter-basin electrical compensating runoff regulation
在不同流域上参加同一电力系统联合供电的水电站群间,进行相互补偿调节,以提高水电站群的能量效益。

12.026 反调节 re-regulation
下游水库对上游水库的出库流量进行再分配,以便更合理地协调各用水部门的需要。

12.027 水量利用系数 water efficiency of hydropower plant
通过水轮机的多年平均水量与多年平均来水量的比值,表示水电站对天然径流利用程度的指标。

12.028 水电站尾水位 tailwater level of hydropower station
水电站厂房尾水管出口处的水面高程。

12.029 初期发电水位 reservoir water level for initial energy generation
水电站建设期间或建成初期,为提前发挥工程效益,利用部分已建坝体(或围堰)进行发电的水位。

12.030 设计保证率 design dependability
水电站正常发电的保证程度,用正常发电总时段与计算时段的比值表示(%)。

12.031 设计枯水年 design low flow year
入库年水量的保证率与电力系统要求水电站保证率相近的水文年份。

12.032 特征水头 characteristic head
表征水电站水轮机运行特性的水头。一般有最大水头、最小水头、平均水头、额定水头等。

12.033 最大水头 maximum head
正常工作期间上游最高水位和相应的下游最低水位之差,通常用水库正常蓄水位与电站最小出力时下游尾水位之差确定。

12.034 最小水头 minimum head
上游最低水位和相应的下游最高水位之差,

通常用水库死水位与相应死水位时电站可能最大出力的尾水位之差确定。

12.035 平均水头 average head
设计水文系列中的各时段水头的平均值,用来计算多年平均出力和发电量。

12.036 设计水头 design head
水轮机最高效率点的相应水头。

12.037 额定水头 rated head
水电站水轮发电机组发足额定出力的最低水头。

12.038 多年平均年发电量 average annual energy generation
按设计采用的水文系列,并考虑装机容量和机组预想水头的限制,计算出各年发电量的平均值,为水电站重要的效益指标。

12.039 保证出力 firm output
有调节的水电站相应于设计保证率的枯水时段的平均出力。

12.040 预想出力 expected output
水电站水轮发电机组在不同水头下,所能发出的最大出力。

12.041 保证电能 firm energy
保证出力乘以1年的小时数所得出的电量。

12.042 季节性电能 seasonal energy
电站的重复容量在年内所发出的电量。

12.043 装机容量 installed capacity
水电站全部机组额定出力的总和。

12.044 工作容量 working capacity
水电站对电力系统所能提供的发电容量。设计中通常指设计水平年电力系统最大日负荷图上,水电站按其保证出力可能合理担负的那部分容量。

12.045 备用容量 reserve capacity
为保证电力系统安全可靠运行除去必须的

容量外,对增加的容量,通常由负荷备用、事故备用和检修备用三部分组成。

12.046 重复容量 duplicate capacity
水库调节能力较差的水电站,为了利用丰水期的水量,多发季节性电能而增设的容量。它只能节省电力系统火电燃料,不能替代其容量。

12.047 空闲容量 idle capacity
电力系统中,在枯水期没有被利用的水电站的重复容量。

12.048 可用容量 available capacity
又称"可调容量"。装机容量中可以被系统调度运行利用的容量。

12.049 替代容量 equivalent capacity
电力系统中各电站之间在同等功能条件下,可互相顶替的容量。

12.050 年利用小时 annual utilization hours
电站的年平均发电量除以装机容量之值。

12.051 电力电量平衡 balance of electric power and energy
研究电力系统电力和电量供需平衡的方法。在水电站装机容量选择时,电力电量平衡的目的是使在满足设计负荷水平的前提下,使系统总装机容量最小。

12.052 设计负荷水平 design load level
预测与水电站设计水平年相应的电力系统用电负荷达到的水平,用以确定电站装机容量和装机程序。

12.053 坝式水电站 dam-type hydropower station
河流上的挡水建筑物集中全部或大部分发电水头的水电站。

12.054 引水式水电站 diversion type hydropower station
用明渠、隧洞、管道、渡槽等引水建筑物集中水头的水电站。

12.055 混合式水电站 mixed-type hydropower station

由坝和引水渠道两项建筑物共同集中水头的水电站。

12.056 集水网道式水电站 hydropower station with diversion network

用渠道或隧洞组成的集水网道,将相邻的一些河流的水量汇入集中在具有落差的地点进行发电的水电站。

12.057 高水头水电站 high-head hydropower station

通常指水头大于 200m 的水电站。

12.058 中水头水电站 medium-head hydropower station

通常指水头为 40—200m 的水电站。

12.059 低水头水电站 low-head hydropower station

通常指水头在 40m 以下的水电站。

12.060 径流式水电站 run-of-river hydropower station

对天然径流无调节能力和仅能进行日调节的水电站。

12.061 大型水电站 large-sized hydropower station

总装机容量在 250 000kW 以上的水电站。

12.062 中型水电站 medium-sized hydropower station

总装机容量在 25 000—250 000kW 的水电站。

12.063 小型水电站 small-sized hydropower station

总装机容量在 25 000kW 以下的水电站。

12.064 潮汐电站 tidal power station

利用潮汐水位差和潮水流量进行发电的电站。

12.065 波浪电站 wave energy power station

利用海浪能量进行发电的电站。

12.066 抽水蓄能电站 pumped storage station

既能抽水又能发电的水电站。它具有上下水库,充分利用电力系统中某时段多余的电能,把下水库的水抽到上水库内,以势能的形式蓄能,电力系统需要时再从上库放水至下库进行发电。

12.02 水电站建筑物

12.067 水电站建筑物 structure of hydropower station

水电站拦河蓄水,抬高水头,安装机电设备以及将水引进水轮发电机组发电的建筑物总称。

12.068 水电站进水口 intake of hydropower station

水电站输水建筑物的首部建筑。

12.069 水电站引水渠道 diversion canal of hydropower station

用于引水发电的人工渠道。包括明渠和管道等。

12.070 压力前池 forebay

水电站引水渠道末端和压力管进口前之间的连接建筑物。

12.071 坝内埋管 penstock inside dam

埋设在混凝土坝体内的水电站压力管道。

12.072 坝后背管 penstock on downstream

dam surface

敷设在混凝土坝体下游坝面上的水电站压力管道。

12.073 调压室 surge chamber

为降低压力管道中的水击压力,改善机组运行条件,在压力引水(尾水)道中设置的建筑物。

12.074 圆筒式调压室 cylindrical surge chamber

调压室自上而下具有相同的圆形断面的调压室。

12.075 阻抗式调压室 throttled surge chamber

在圆筒式调压室的底部设置阻力孔并与隧洞及压力水管连接的调压室。

12.076 差动式调压室 differential surge chamber

由两个直径不同的同心圆筒组成,中间圆筒为升管,直径较小,有溢流口,底部通过阻力孔与外圆孔大井相连通的调压室。

12.077 尾水调压室 tailwater surge chamber

当水电站地下厂房的有压尾水隧洞较长时,设置在尾水的调压室。

12.078 调压阀 relief valve

为减少压力管道中水击压力,安装在混流式水轮机蜗壳上引出的调压设备。

12.079 水电站厂房 hydropower house

安装水轮发电机组和各种辅助设备的建筑物。

12.080 地下厂房 underground power house

建在地面以下或在山岩中明挖,但建成后仍以土、石覆盖的水电站厂房。

12.081 露天厂房 open air power house

厂房上部结构没有墙壁和屋顶,水轮发电机组露天安装,加盖活动金属防护罩的水电站厂房。

12.082 半露天厂房 semi-outdoor power house

厂房一半在岩石中,另一半建在地面的水电站厂房。

12.083 坝内式厂房 inside dam power house

建在坝体内腔的水电站厂房。

12.084 河床式厂房 power house in river channel

建在河床中间作为挡水建筑物一部分,并直接承受上游水压力形成水电站水头的水电站厂房,较多用于水头较低,流量较大的水电站。

12.085 坝后式厂房 power house at dam-toe

建在坝趾下游的水电站厂房。

12.086 溢流式厂房 overflow spillway power house

厂房顶作为洪水溢流段的水电站厂房。

12.087 闸墩式厂房 pier head power house

机组分别装设在河床闸墩中的水电站厂房。

12.088 主厂房 power house

装置水轮发电机组及其辅助设备的主机室及安装间的厂房。

12.089 副厂房 auxiliary room

装置配电、控制操作、通讯等设备以及为电站的运行、控制、管理服务而设的房间。

12.090 水轮机层 turbine floor

立式机组主厂房中发电机楼板以下与蜗壳顶部以上空间。

12.091 发电机层 generator floor

立式机组主厂房的发电机楼板以上的空间。

12.092 集水井 inlet well

为排除水电站厂房渗漏积水,在厂房最低处设置的集水井坑。

12.093 进人孔 enter hole

在水轮机蜗壳与尾水管设置供检查维修人员出入的孔口。

12.094 蜗壳 spiral case

反击式水轮机形似蜗牛的引水设备。

12.095 尾水管 draft tube

自水轮机转轮和向下游泄流的管道。

12.096 水电站中央控制室 central control room of hydropower station

对发电、输配电等设备等进行集中操作、控制、监测的控制室。

12.097 出线廊道 bus gallery

从水轮发电机出口至升压站供敷设电缆的廊道。

12.03 水轮发电机组

12.098 水轮发电机组 hydraulic turbine generator unit

由水轮机、发电机及其机械、电气控制设备组成的成套水力发电设备。

12.099 水轮机 hydraulic turbine, water turbine

将水流的能量转换成旋转机械能以驱动发电机的水力机械。

12.100 反击式水轮机 reaction hydraulic turbine

将水流的势能、压能和动能转换成旋转机械能的水轮机。

12.101 混流式水轮机 mixed-flow turbine, Francis turbine

又称"弗朗西斯式水轮机"。水轮机轴面水流自径向流入,轴向流出转轮的反击式水轮机。

12.102 轴流式水轮机 axial flow turbine, Kaplan turbine

又称"卡普兰式水轮机"。水轮机轴面水流轴向进、出转轮叶片的反击式水轮机。

12.103 冲击式水轮机 impulse turbine

水流以动能形态进入转轮,使它转换成旋转机械能的水轮机。

12.104 水斗式水轮机 Pelton turbine

射流垂直冲射轮叶水斗的冲击式水轮机。

12.105 斜击式水轮机 inclined jet turbine, Turgo impulse turbine

射流倾斜作用于轮叶的冲击式水轮机。

12.106 双击式水轮机 cross-flow turbine, Banki turbine

射流分两次作用于轮叶水斗的冲击式水轮机。

12.107 贯流式水轮机 tubular turbine, through flow turbine

水轮机的流道呈直线布置,没有蜗壳,直管引水,直锥管泄水,水流直线进出转轮叶片的卧轴、轴流式水轮机。

12.108 灯泡式水轮机 bulb turbine

发电机置于流道的灯泡体内的贯流式水轮机。

12.109 斜流式水轮机 diagonal flow turbine

水轮机轴面水流进、出转轮叶片的方向与大轴成一斜角的反击式水轮机。

12.110 可逆式水轮机 reversible turbine, pump-turbine

又称"水泵水轮机"。能正、反两向运行,正向运行时作水轮机运行,反向运行时作水泵运行的水轮机。

12.111 水轮机转轮公称直径 runner diameter of hydraulic turbine

代表水轮机转轮尺寸特征的直径值。

12.112 水轮机工作水头 hydraulic turbine operating head

水轮机进口和出口断面水体单位能量(势能、压能和动能的总和)之差。

12.113 水轮机流量 hydraulic turbine discharge

单位时间内通过水轮机的水量。

12.114 水轮机额定流量 rated discharge of hydraulic turbine

水轮机在额定水头和额定转速下,额定出力时所需的流量。

12.115 水轮机出力 output of hydraulic turbine

由水轮机主轴输给发电机的机械功率。

12.116 水轮机效率 efficiency of hydraulic turbine

水轮机输出功率与输入水流功率的比值。

12.117 水轮机安装高程 installation elevation of hydraulic turbine, setting elevation of hydraulic turbine

水轮机规定作为安装基准的某一平面的海拔高程。

12.118 水轮机吸出高程 suction head of hydraulic turbine

水轮机转轮用作计算空化危险点的基准面与下游尾水位的垂直距离。

12.119 水轮机特性曲线 hydraulic turbine performance curve

水轮机在各种运行工况下,表征它的各种性能的曲线。如效率特性曲线、空化特性曲线、出力特性曲线、飞逸特性曲线等。

12.120 水轮机综合特性曲线 hydraulic turbine efficiency hill diagram, hydraulic turbine combine characteristics curve

在几何相似的水轮机,以单位转速、单位流量为坐标,给出模型水轮机的各种叶片转角的效率、空化系数、压力脉动等的水力等值线图。

12.121 水轮机运转特性曲线 hydraulic turbine operating performance curve

在给定的水轮机直径和转速条件下,以水轮机的工作水头和输出功率为坐标,根据水轮机模型综合特性曲线,换算出原型水轮机的等效率、等吸出高程及等出力线等的等值线图。

12.122 水轮机空化特性 cavitation performance of hydraulic turbine

由于水轮机水流绕流,局部压力降低发生空化,引起水轮机效率、出力下降,产生噪声及振动,过流部件损坏的特性。

12.123 水轮机模型试验 model test of hydraulic turbine

根据相似理论,用模型水轮机在专门的试验台上进行的用以确定原型水轮机各种特性的试验。

12.124 水轮机相似律 similarity law of hydraulic turbine

原型水轮机与模型水轮机在满足几何相似、运动相似、动力相似条件下,表示各种工作参数的相互关系的换算规则。

12.125 比转速 specific speed of hydraulic turbine

几何相似的水轮机,当工作水头为 1m,输出功率为 1kW 时的转速。

12.126 水轮机单位转速 unit speed of hydraulic turbine

指转轮公称直径为 1m,在 1m 水头下工作时的水轮机转速。

12.127 水轮机单位流量 unit discharge of hydraulic turbine

指转轮公称直径为 1m,1m 水头下工作时的水轮机流量。

12.128 水轮机单位出力 unit output of hydraulic turbine

指转轮公称直径为 1m,1m 水头下工作时的水轮机出力。

12.129 水轮机调速器 governor of hydraulic turbine

根据水轮发电机组转速偏差的检测以开关水轮机导水机构控制进入水轮机的流量来调节水轮机转速和出力的设备。

12.130 水电站油系统 oil supply system of hydropower station

为供水电站机电设备用的透平油和绝缘油而配制的贮油、输油、回油处理设备及专用的管路系统。

12.131 水电站水系统 water supply system of hydropower station

为供水电站各种设备、消防、检修、生活等供排水而专门设置的设备及管路系统。

12.132 水电站气系统 compressed air system of hydropower station

为供水电站机电设备所需要的压缩空气而专门设置的设备及管路系统。

12.133 水轮机补气装置 air supply equipment of hydraulic turbine

向水轮机过流部件内补入大气或压缩空气

的设施。

12.134 水轮发电机 hydrogenerator, water turbine generator

由水轮机驱动,将机械能转换为电能的交流同步发电机。

12.135 立式水轮发电机 vertical hydrogenerator

主轴为垂直方向的水轮发电机。

12.136 悬式水轮发电机 suspended hydrogenerator

推力轴承位于发电机转子上部的立式水轮发电机。

12.137 伞式水轮发电机 umbrella hydrogenerator

推力轴承位于发电机转子下部或水轮机顶盖上的立式水轮发电机。

12.138 卧式水轮发电机 horizontal hydrogenerator

主轴为水平方向的水轮发电机。

12.139 电动发电机 motor-generator

兼有电动机和发电机两种功能的抽水蓄能的电机。

12.140 空冷水轮发电机 air-cooled hydrogenerator

利用空气的流动,对发电机转子和定子的绕组、铁心进行冷却的水轮发电机。

12.141 水冷水轮发电机 water-cooled hydrogenerator

向发电机转子绕组及定子绕组(或仅定子绕组内部)通水进行冷却的水轮发电机。

12.142 水轮发电机基本参数 basic parameters of hydrogenerator

在各种工况下,表示水轮发电机机械特性和电气特性的基本数据。

12.143 水轮发电机额定功率 rated power of hydrogenerator

水轮发电机在额定参数(电压、电流、频率、功率因数)运行时输出的电功率。

12.144 水轮发电机额定电压 rated voltage of hydrogenerator

在额定参数运行时,水轮发电机出线端的工作电压。

12.145 水轮发电机额定电流 rated current of hydrogenerator

在额定参数运行时水轮发电机输出的线电流。

12.146 水轮发电机额定功率因数 rated power factor of hydrogenerator

在额定工况下有功功率与视在功率的比值。即在额定功率时,相电流与相电压之间相位差的余弦值。

12.147 水轮发电机额定转速 rated speed of hydrogenerator

水轮发电机保持额定频率运转时的转速。

12.148 水轮发电机飞逸转速 runaway speed of hydrogenerator

水轮发电机组运行中,突然甩掉负荷,而导水机构又不能及时关闭时,致使机组产生的最高转速。

12.149 水轮发电机飞轮力矩 flywheel moment of hydrogenerator

水轮发电机转动部分旋转时所产生的惯性力矩。

12.150 水轮发电机效率 efficiency of hydrogenerator

水轮发电机输出的有功功率与水轮机主轴输入于发电机轴功率之比值。

12.151 水轮发电机短路比 short circuit ratio of hydrogenerator

水轮发电机在空载额定电压时的励磁电流与三相稳态短路电流为额定值时的励磁电流之比值。

12.152 水轮发电机制动系统 braking system of hydrogenerator

为使水轮发电机组停机,用外力将其转动部分停止转动的器具和操作系统。

12.153 水轮发电机通风系统 ventilation system of hydrogenerator

使空气在水轮发电机内部或外部流动来降低发电机运行温度的系统。

12.154 水轮发电机组自动控制系统 automatic control of hydrogenerator set

水轮发电机组能自动地按照电力系统要求,调节负荷,转换各种运行工况,测报、显示、打印各种运行参数的控制系统。

12.155 水轮发电机组盘车 turning hydrogenerator set for alignment

安装水轮发电机组时,用外力将水轮机及水轮发电机转动部件缓慢地旋转,以测量主轴摆度及调整机组轴线的工艺。

12.156 充水试验 water filling test

向水电站进口至尾水闸门的通流部件进行充水,使水轮机转轮处于静水中,检查各部件有无渗漏的试验。

12.157 空载试验 no-load test

水轮发电机组在不带负荷的工况下,检验其运转稳定性、可靠性及测定有关参数的试验。

12.158 升压试验 voltage stepping up test

水轮发电机从电压为零起升压,并在此过程中调整、测试有关特性参数,以检查有关设备的可靠性的试验。

12.159 带负荷试验 on-load test

在带负荷的工况下,检验水轮发电机组的技

术性能,调整、测试有关特性参数的试验。

12.160 水轮发电机组振动 vibration of hydrogenerator set
水轮发电机组在各种工况运行时,各主要部件的振动状况。

12.161 水轮发电机组摆度 swing of water turbine generator set
水轮发电机组在各种工况运行时,机组主轴径向摆动的状况。

12.162 抽水蓄能机组 pumped storage unit
具有发电和抽水两种功能的机组。

12.163 潮汐电站机组 tidal power station unit
利用潮汐能发电的机组。

12.04 水电站电气回路及变电设备

12.164 水电站电气回路 electric circuit of hydropower station
水电站一次回路及二次回路的总称。

12.165 水电站一次回路 primary circuit of hydropower station
水电站电力设备的连接线路。

12.166 主接线 main electrical scheme
水电站主要电气设备的连接电路。

12.167 单母线接线 single bus scheme
将电源和馈电线路同接在 1 条汇流母线的电路。

12.168 双母线接线 double bus scheme
将电源和出线线路接至 2 条汇流母线的电路。

12.169 桥形接线 bridge scheme
在 2 台变压器和线路串联连接的回路中间,再用 1 台断路器连接 2 回路的电路。

12.170 角形接线 angle scheme
各高压断路器互相连接,每角均有进、出线,形成闭合的环形电路。

12.171 主变压器 main power transformer
将水轮发电机电压升高,达到电力系统输出电压要求的电力设备。

12.172 电流互感器 current transformer
将交流电流转换成可供仪表、继电器测量或应用的变流设备。

12.173 电压互感器 voltage transformer
将交流高电压转化成可供仪表、继电器测量或应用的变压设备。

12.174 交流输电 alternating current transmission
用交流电输送电能。

12.175 直流输电 direct current transmission
用直流电输送电能。

12.176 隔离开关 isolator
将相连的电路空载切断或关合的设备。

12.177 电抗器 reactor
由金属导线绕制而成具有电抗,用以减小短路电流的电气设备。

12.178 气体绝缘封闭组合电器 gas insulated switchgear, GIS
将高压电器组合在一起,以有压六氟化硫气体作绝缘和灭弧介质,外包金属外壳密封的电气设备。

12.179 断路器 circuit breaker
用以切断或关合高压电路中工作电流或故障电流的电器。

12.180 高压开关站 high voltage switchyard
装设高压电器设备的场地区域。

12.181 厂用电 power supply for station, power supply within station
水电厂的生产、附属、辅助和公用设备及照明所消耗的电源。

12.182 避雷器 lightning arrester
保护电气设备免受大气过电压的电器。

12.183 水电站二次回路 secondary circuit of hydropower station
水电站继电保护、电量和非电量的测量、监视、信号和自动控制系统的总称。

12.184 继电保护 relay protection
对运行中电力系统的设备和线路，在一定范围内经常监测有无发生异常或事故情况，并能发出跳闸命令或信号的自动装置。

12.185 水轮发电机励磁系统 excitation system of hydrogenerator
为供转子磁极直流电源建立磁场，并调节水轮发电机电压及无功输出的装置。

12.186 直流电机励磁 excitation of direct current generator, rotating exciter
又称"旋转励磁"。由水轮发电机同轴或带动的励磁机提供直流励磁电源的励磁方式。

12.187 晶闸管励磁 silicon controlled excitation
交流电源经可控硅整流器，提供直流电源的励磁系统。

12.188 水电站信号系统 signalling system for hydropower station
对水电站主要设备的运行状态和事故、故障情况进行显示和报警的系统。

12.189 同步系统 synchronization system
把交流同步发电机并入电力系统或使2个电力系统并列运行的系统。

12.190 巡回检测 data scanning
按一定周期和预定的程序，对水电站主要设备运行情况进行检测记录。

12.191 屏幕显示 video display
用显示器显示水电站主要设备运行数据、程序控制、参数计算等，是计算机主要输出手段之一。

12.192 电气量测量 electrical quantities measurement
对机电设备电气参数的检测。

12.193 非电气量测量 non-electrical quantities measurement
水电站各非电气参数的检测。

12.194 水电站自动化 automation of hydropower station
用机械、电气及电子设备，按预定程序对水电站主要设备进行自动操作和控制。

12.195 水电站计算机监控 computer control for hydropower station
利用电子计算机对水电站主要设备进行自动检测和控制。

12.196 梯级水电站集中控制 centralized control of cascade hydropower station
对梯级各水电站的运行与调度进行集中监测和控制操作。

12.197 载波通信 carrier communication
利用高压输电线路传送高频通信信号。

12.198 阻波器 trap
阻止高频载波信号进入开关站或分支线电力设备的电器。

13. 航 道 与 港 口

13.01 航 道

13.001 航道 waterway, navigation channel
在江河、湖泊、水库等内陆水域和沿海水域中能满足船舶航行要求的通道。

13.002 内河航道 inland waterway, inland navigation channel
江河、湖泊、水库等内陆水域中的航道。

13.003 航道工程 waterway engineering
为改善航道的通航条件或开辟新航道而采取的工程措施。

13.004 航道勘测 survey of waterway
为开发航道,对有关河段的地形、水文、地质进行调查、测量、钻探工作的统称。

13.005 航道规划 waterway planning, planning of waterway
根据国民经济发展对水运的要求(含国防要求),结合国土、流域规划,对航道的建设与发展所做的较长期安排。

13.006 航道开发 development of waterway
用工程技术措施开辟新航道或改善、扩建原有航道的工作。

13.007 内河航道网 inland waterway net
由多条天然水系的航道和将它们连接起来的运河组成的水路运输网。

13.008 渠化航道 canalized waterway
在天然河流上以增加通航水深和改善航行条件为目的,兴建一系列闸坝和船闸、升船机等建筑物,使河流成为互相衔接的梯级所形成的航道。

13.009 限制性航道 restricted waterway
过水断面狭小,对船舶的航行速度和其他运动性能有明显影响的航道。

13.010 运河 canal
人工开挖的通航水道。

13.011 设闸运河 locked canal
又称"有闸运河"。设有船闸、升船机等通航建筑物的运河。

13.012 越岭运河 summit canal, divide cut canal
为沟通两水系,在分水岭建有通航建筑物和提水等设施的运河。

13.013 旁侧运河 lateral canal
又称"避绕运河"。为避开天然水域中滩险、恶流或风浪等航行障碍,在原有水路旁侧开挖的运河。

13.014 分支运河 branch canal
从运河主干线分叉,把航道直接延伸至城镇、工矿企业、港口等货流据点的运河。

13.015 运河供水 water supply for canal
为维持运河正常通航,根据水源和地形条件的不同,采取自流引水或机械抽水方式对运河的耗水量进行补给。

13.016 运河耗水量 canal water consumption
维持运河正常通航所消耗的水量。

13.017 单线航道 single-lane channel
又称"单行航道"。航道的宽度只容许单艘设计船舶或设计船队行驶的航道。

13.018 双线航道 double-lane channel

又称"双行航道"。航道宽度能容许两艘设计船舶或两个设计船队对驶、并驶或超越的航道。

13.019 航道通过能力 traffic capacity of waterway

在计算时间内,航道的某一控制断面可能通过的最大运输量。

13.020 通航期 navigation period

一般指航道在一年内可通航的天数。

13.021 内河通航标准 inland navigation standard, navigation standard of inland waterway

国家颁布的内河水运建设的基本技术规定。

13.022 航道等级 class of waterway

按国家颁布的通航标准划分的航道的级别。

13.023 航道标准尺度 standard dimensions of navigation channel

简称"航道标准"。内河通航标准所规定的各级航道的尺度。

13.024 航道水深 water depth of waterway, depth of navigation channel, waterway depth

简称"航深"。设计最低通航水位至航道底最浅处的水深。

13.025 航道宽度 width of waterway, waterway width, width of navigation channel

简称"航宽"。在天然、渠化河流中指设计最低通航水位下符合航道水深要求处的水平宽度;在限制性航道中指最低通航水位下船舶设计吃水深度处的断面水平宽度。

13.026 航道弯曲半径 curvature radius of waterway

航道弯曲段中心线的圆弧半径。

13.027 通航净空 navigation clearance

在桥梁、渡槽、电缆和管道等水上过河建筑物处,为保证船舶安全通过必须保留的无障碍空间。包括净空高度和净空宽度。

13.028 航道断面系数 ratio of channel cross section to vessel's wet cross section

在设计最低通航水位时的过水断面面积与设计船舶船舯浸水断面面积的比值。对运河则称为运河断面系数。

13.029 设计最低通航水位 lowest design navigable water level

设计船舶在某一航道上能正常通航的最低水位。

13.030 设计最小通航流量 minimum design navigable discharge

与设计最低通航水位相对应的流量。

13.031 通航流速 navigable velocity

为保证船舶或船队正常通航,航道上容许出现的最大流速。

13.032 实船航行试验 vessel maneuvering test

用有代表性的船舶或船队在一定的水文、气象和水域条件中,进行各种航行操作,测得船舶、船队航行的各种性能、数据,作为航道设计依据的试验。

13.033 船模试验 ship model test

在航道的河工模型上,用与之相应比例尺的船舶模型进行的船舶航行试验。

13.02 航 道 整 治

13.034 航道整治线 waterway regulation line

在整治水位时由主导河岸和整治建筑物或由两侧的整治建筑物控制的新河槽平面轮廓线。

13.035　航道整治水位　regulation stage of waterway
整治工程对滩险的航行条件有显著改善的水位。在平原河流系指控制整治建筑物头部高程的水位。

13.036　航道整治流量　regulation discharge of waterway
与航道整治水位相对应的流量。

13.037　束水归槽　waterway contraction works
修建整治建筑物束窄河床,引导水流归入预定的河槽的工程措施。

13.038　滩险　shoal, rapids
浅滩、急滩、险滩等碍航河段的总称。

13.039　急滩　torrent rapids
又称"急流滩"。水流受河床不利约束而形成的比降大、水流急的滩险。

13.040　险滩　hazardous rapids, traffic hazard
受不利河床边界影响,形成急弯、暗礁、险恶水流 等航行危险的河段。

13.041　浅滩　shoal
河流中航道自然水深有时不能满足航行要求的局部河段。

13.042　溪沟治理　regulation of rivulet, regulation of torrential stream
为防止溪沟冲积物推移到溪沟口外,挤占河道,影响船舶航行所采取的治理措施。

13.043　碍航河段　navigation hindering reach
通航河道内,因有暗礁、浅滩、沉船、沉石、沉树等障碍,或因在修建闸坝时未设置通航设

施而影响通航的河段。

13.044　剪刀水　contracting current, converging current
河道两岸相对突出物挑引的两股水流逐渐向下游汇集成一束时,流速显著增大,在平面上呈 V 字形的水流。

13.045　滑梁水　over-ledge current
航道附近水下纵向石梁、碛坝等顶部横溢的水流。

13.046　扫弯水　bend-rushing current
主流指向并紧贴急弯河段凹岸的水流。

13.047　泡水　boil
河床中流速很高的水流受水下障碍物阻拦,反击上涌,冲破水面后四散奔腾的水流流态。

13.048　漩水　eddy
又称"漩涡"。在流速或流向显著不同的水流交界地带产生的中心水面凹陷、中心旋速大于回流边缘旋速的竖轴环流。

13.049　横流　cross current
又称"斜流"。与航道轴线垂直或接近垂直的局部横向水流。

13.050　航道整治工程　waterway regulation works
在河流上建造整治建筑物或进行疏浚和炸礁等改善河流航行条件的工程措施。

13.051　炸礁工程　reef blasting works
用爆破方法破碎或炸除水下礁石,改善水流流态,加深、拓宽航道的工程。

13.052　锁坝　closure dam
又称"堵坝"。一种拦断河流汊道的水工建筑物。

13.053　格坝　cross dike
顺坝与河岸之间横向连接的坝。

13.054　鱼嘴　fish mouth type dividing dike
(1)河道中形似鱼嘴的分水建筑物。(2)在江心洲的头部修筑的形似鱼嘴的整治建筑物。

13.055　网坝　net weir
用纤维绳编结成网屏设置水中,构筑成丁、顺坝式的活动轻型的透水整治建筑物。

13.056　导流堤　training wall
导引水流流向或调整流量分配的水工建筑物。

13.057　渠化河段　canalized river stretch
渠化枢纽以上受回水影响,通航条件得到较彻底改善的河段。

13.058　渠化工程　canalization works
又称"河流渠化"。在天然河流上建造一系列拦河闸坝和船闸(或升船机),壅高坝上水位,以改善航行条件的一种航道工程。

13.059　渠化枢纽　hydro-junction of canal-ization
以通航为主要任务而兴建的水利枢纽。

13.060　通航渡槽　navigation aqueduct
为运河跨越峡谷、河流或道路而设置的渡槽。

13.061　通航隧道　navigation tunnel
为运河穿过高山而开凿的隧道。

13.062　绞滩　tugging vessel over rapids, rapids-heaving
用卷扬设备及钢缆等牵引船舶过急滩的一种助航作业。

13.063　水力绞滩　water power winch for tugging vessel over rapids
以水流动能转化为机械能牵引船舶的绞滩方式。

13.064　机械绞滩　power winch scheme for tugging vessel over rapids
以内燃机或电动机作动力,带动绞滩机牵引船舶的绞滩方式。

13.065　绞滩船　barge-based winch station, rapids-heaving barge
装设绞滩机具设备用以牵引船舶过滩的工作船。

13.066　递缆船　hawser handling boat
绞滩时用来递送牵引缆绳的工作船。

13.067　岸绞　shore-based winch station
用设在岸上的绞滩设施牵引船舶过滩的绞滩方式。

13.03　船闸与升船机

13.068　船闸　navigation lock
由闸室、上下闸首、闸门、输水系统、引航道及相应的设备组成,通过输水系统灌水或泄水以调整闸室内水位使其与上游或下游的水位齐平,从而使船舶、船队顺利通过航道上集中水位差的一种通航建筑物。

13.069　活动坝　movable dam
坝身主体能利用水力或机械、自动或半自动启闭的水工建筑物。

13.070　单级船闸　single-lift lock, single lock
又称"单室船闸"。沿船闸轴线方向只有一个闸室的船闸。

13.071　多级船闸　flight of lock, lock flight
又称"多室船闸"。沿船闸轴线方向有两个或两个以上闸室的船闸。

13.072　双线船闸　double lock
在同一枢纽中,并列或分开设置的两座船

闸。

13.073 省水船闸 water saving lock, thrift lock

在闸室的一侧或两侧建有贮水池暂时贮存闸室泄水时泄出的部分水量,待闸室灌水时再将贮存的水灌回闸室,以节省过闸耗水量的船闸。

13.074 防咸船闸 saline water intercepting lock

建在入海河口的具有减少和阻止海水入侵设施的船闸。

13.075 井式船闸 shaft lock

为减小下闸门高度,在下闸首上部设挡水胸墙,胸墙下有足够的通航净空,船舶由胸墙下进、出闸室的水头较大的船闸。

13.076 溢洪船闸 overflowing lock

上游洪水位超过设计最高通航水位时停航,洪水自上闸门溢泄的船闸。

13.077 引航道 approach channel

连接船闸与主航道的一段过渡性航道。

13.078 导航墙 guide wall

位于船闸引航道内,与闸首边墩相连接,引导船舶、船队进出闸室的导航建筑物。

13.079 船闸基本尺度 lock dimension

又称"船闸有效尺度"。表示船闸闸室内可供船舶停泊的面积和通航水深的尺度,包括闸室有效长度、闸室有效宽度和门槛水深等。

13.080 闸室有效宽度 usable width of lock chamber

船闸闸室内可供船舶安全停泊的宽度。具体指闸室两侧墙面最突出部分之间的距离。

13.081 闸室有效长度 usable length of lock chamber

船闸闸室内可供船舶安全停泊的长度。

13.082 门槛水深 water depth on sill

又称"闸槛水深"。设计最低通航水位时,船闸闸首门槛最高处的水深。

13.083 船闸通过能力 lock throughput capacity

一年内由两个方向(上、下行)通过船闸的货物总吨数,有时也指通过船闸的船舶总吨位。

13.084 过闸时间 lockage time

船舶或船队完成一次过闸作业所需的时间。

13.085 船闸输水时间 lock filling and emptying time

又称"船闸灌泄水时间"。通过输水系统向船闸闸室灌水或从闸室泄水,以调整闸室水位使之与上游或下游水位齐平所需的时间。

13.086 船闸耗水量 lockage water

船闸过船操作,每一闸次或在一定时间(例如日或年)内耗用的水量。包括船闸输水量和闸、阀门的漏水量。

13.087 船闸闸室 lock chamber

又称"闸厢"。船闸上、下闸首之间供船舶靠泊的区间。

13.088 直立式闸室 vertical-wall chamber

两侧闸墙的墙面直立或接近直立,横断面基本呈矩形的船闸闸室。

13.089 斜坡式闸室 sloping-wall chamber

两侧为斜坡,横断面呈梯形的船闸闸室。

13.090 整体式闸室 dock type lock chamber

又称"坞式闸室"。两侧闸墙与闸室底板刚性连接构成 U 形断面的钢筋混凝土结构的船闸闸室。

13.091 分离式闸室 separate wall lock chamber

两侧闸墙与闸室底板在结构上不形成刚性

连接的船闸闸室。

13.092 船闸闸首 lock head
将闸室与上、下游引航道或将相邻两级闸室隔开,具有挡水、过船功能的结构物。

13.093 船闸输水系统 lock filling and emptying system
供船闸闸室灌水和泄水的全部设施。

13.094 分散输水系统 longitudinal culvert filling and emptying system
又称"长廊道输水系统"。在闸室墙或底板内布置纵向长廊道及纵横支廊道和出水孔的船闸输水系统。

13.095 等惯性输水系统 inertia-equilibrium filling and emptying system, balanced flow system
又称"动力平衡输水系统"。在船闸闸室底部设置前后、左右对称的纵横支廊道,使进入闸室的水流的惯性达到近似相等的船闸分散输水系统。

13.096 集中输水系统 end filling and emptying system
输水设施全部集中布置在闸首内的船闸输水系统。

13.097 短廊道输水系统 loop culvert filling and emptying system
在船闸闸首两侧边墩内绕过工作闸门设置输水廊道的船闸集中输水系统。

13.098 槛下输水系统 under-sill filling and emptying system
通过船闸闸首门槛下底板内的短廊道进行灌泄水的集中输水系统。

13.099 船闸消能室 stilling chamber
船闸输水系统中利用闸首帷墙的空间或将闸底部分挖空并在其中设置消能构件而构成的一个消能空间。

13.100 船闸渗流 seepage of navigation lock
在船闸的地基和两侧回填土内所产生的渗流。

13.101 船闸停泊条件 ship mooring condition
船舶在灌泄水过程中受水流、波浪等的动力作用而动荡的程度,主要以系船缆绳所承受拉力的大小来衡量。

13.102 缆绳拉力 hawser pull
船闸灌泄水时停泊在闸室和引航道内的船舶的系船缆绳所受的拉力。

13.103 船闸闸门 lock gate
设置在船闸闸首口门用以挡水的闸门。

13.104 人字闸门 miter gate
由两扇绕其两侧竖轴旋转启闭的平面门叶组成,关闭时呈人字状的船闸闸门。

13.105 三角闸门 triangular lock gate
由左、右各一扇绕竖轴转动启闭的三角形或扇形门体构成的船闸闸门。

13.106 门库 gate chamber
在船闸闸首上供工作闸门开启后安置的空间。

13.107 门龛 gate recess
船闸闸首供人字闸门开启后安置的空间。

13.108 门槛 gate sill
又称"闸槛"。沿闸首口门区全宽高出闸首底板上的钢筋混凝土构筑物。

13.109 顶枢 trunnion, gudgeon pin
绕垂直轴转动的人字闸门、三角闸门门轴柱顶端的支承装置。

13.110 底枢 pintle
绕垂直轴转动的人字闸门、三角闸门门轴柱底端的支承装置。

13.111 船闸输水阀门 lock valve

又称"工作阀门"。设在船闸输水廊道中或工作闸门的输水孔口上用来控制灌、泄水的阀门。

13.112 反向弧形阀门 reversed tainter valve

门面凸向下游,水平旋转轴固定在阀门井的上游的弧形阀门。

13.113 推拉杆式启闭机 operating machine with rigid connecting rod

通过驱动装置带动推拉杆启闭人字闸门和三角闸门的启闭机构。

13.114 绳索式启闭机 cable operating machinery

由驱动装置带动钢丝绳启闭闸(阀)门的启闭机构。

13.115 船闸闸门防撞设备 protective fender for lock gate

为防止船舶碰撞闸门而设置于门前的保护装置。

13.116 船闸曳引设备 towing facilities of navigation lock

曳引船舶进出船闸的机械设备。

13.117 升船机 ship lift, ship elevator

由承船厢(承船车)、支承导向结构、驱动装置等组成,用机械方法载运船舶升降以通过航道上集中落差的通航建筑物。

13.118 垂直升船机 vertical ship lift

载运船舶的承船厢沿垂直方向升降的升船机。

13.119 均衡重式垂直升船机 vertical ship lift with counterweight, counterweight vertical ship lift

利用与带水承船厢运动重量相等的平衡重以减少提升动力的垂直升船机。

13.120 浮筒式垂直升船机 vertical ship lift with float system, floating vertical ship lift

利用承船厢下浮筒的浮力以支承和平衡带水承船厢重量的垂直升船机。

13.121 水压式垂直升船机 vertical ship lift with hydraulic system, hydraulic vertical ship lift

利用作用在水压机活塞上的水压力支承并平衡带水承船厢重量的垂直升船机。

13.122 桥吊式垂直升船机 bridge crane ship lift

利用桥式起重机升降和移动承船厢,使船舶过坝的垂直升船机。

13.123 斜面升船机 inclined ship lift, ship incline

载运船舶的承船车沿斜坡轨道升降的升船机。

13.124 转盘式斜面升船机 inclined ship lift with turntable

载运船舶的承船车在翻越坝顶过程中采用转盘转向,将其由上(下)游坡面轨道上调换至下(上)游坡面轨道上行驶的斜面升船机。

13.125 高低轮斜面升船机 inclined ship lift with two-level wheel

承船车装有两组轨距不同、高低不同的走行轮,在上、下游斜坡道分别铺设的相应轨距的轨道上升降过坝的斜面升船机。

13.126 叉道式斜面升船机 fork-shaped ship incline

用叉道连接上、下游斜坡轨道成人字形,可使承船车互相调道而完成船舶过坝的斜面升船机。

13.127 水坡升船机 water slope, water slope ship lift

在上、下游航道间的斜坡道上设置 U 形斜槽,其上游端设有升船机闸首,坡槽内设有活动的挡水闸门,驱动活动闸门推动闸门前的楔形水体上升或下降,浮在楔形水体上的船舶随之升降而过坝的一种升船机。

13.128　承船厢　ship lift chamber
升船机中运载船舶升降的设备。

13.129　承船车　ship carriage
又称"斜架车"。斜面升船机中用以运载船舶的设备,由楔形车架和承船厢(架)组成。

13.130　升船机闸首　head of ship lift
将升船机的承船厢(或水坡升船机的楔形水体)与上、下游航道隔开,具有挡水、对接、过船功能的结构物。

13.131　升船机系紧装置　locking device of ship lift
升船机中用于将承船厢与闸首互相拉紧并固定其对接位置的设备。

13.132　升船机止水框架　sealing device of ship lift
升船机中用于密封承船厢与闸首对接缝隙的止水设备。

13.04　港　　口

13.133　港口　port, harbor
位于河、海、湖、水库沿岸,有水、陆域及各种设施,供船舶进出、停泊以进行货物装卸存储、旅客上下或其他专门业务的地方。

13.134　港口规划　port planning
对港口不同时期客货吞吐量的预测及相应拟定的建设规模、设施布置和分期建设安排等。

13.135　港口工程　port engineering, harbor engineering
兴建或改建港口建筑物和设施的工程活动。

13.136　海港　sea port, sea harbor
滨海的港口,广义包括河口港。

13.137　河口港　estuary port, estuary harbor
位于江河入海段,受潮汐影响的港口。

13.138　河港　river port
位于江河沿岸的港口,广义包括位于湖泊、水库和内陆运河沿岸的港口。

13.139　湖港　lake port
位于湖泊沿岸的港口。

13.140　商港　commercial port
主要供商船进出靠泊和进行货物装卸、旅客上下的港口。

13.141　军港　naval harbor, military port
海军舰艇专用的港口,是海军基地的组成部分。

13.142　渔港　fishery port, fishing harbor
为渔业生产服务,供渔船靠泊装卸,设有水产加工、冷藏、储运等设施的港口。

13.143　工业港　industrial port
专为临近海、河的工矿企业服务,主要装卸原料、燃料、产品的港口。

13.144　避风港　refuge harbor
有掩蔽条件,供船舶临时躲避大风浪的港口。

13.145　港口货物吞吐量　cargo throughput of port
一定时期内经由水运进出港区并经过装卸的货物数量。

13.146　集疏运　inland transport
由铁路车辆、汽车、转运船舶或其他运输工具将货物从腹地集中到港口交船舶运出或将船舶运进港口的货物疏散到腹地的运输。

13.147 港界 port boundary, port limits
港口管理机构管辖的水、陆域的边界线。

13.148 港区 port area
港界以内的区域,包括陆域和水域。

13.149 作业区 port operation section
港内在装卸作业及其管理上相对独立、自成体系的小区。

13.150 港口水域 water area of port
港界以内的水域。包括进港航道、制动水域、回旋水域、码头前停泊水域、港池、连接水域及港内航道、锚地等。

13.151 设计船型 design vessel type, design vessel type and size
港口、航道设计中采用作为标准依据的某种或某几种船舶类型及其主要尺度。如船长、船宽、型深、吃水、排水量、固定建筑物高度等。

13.152 船舶载重量 deadweight of vessel
船舶允许装载的最大重量。

13.153 船舶排水量 vessel displacement
船体入水部分所排开水的重量,等于船及其载物的重量之和。

13.154 吃水 draft
船体在水面以下的垂直深度。

13.155 港口工作船 port workboat
不直接参加客货运输,专为港口生产服务的船舶。如引水船、港作拖轮、供应船、消防船、交通船等。

13.156 口门 entrance
(1) 又称"防波堤口门"。防波堤、导堤堤头之间或防波堤堤头与天然屏障之间的船舶出入口。(2) 河堤决口或堤坝封堵前预留的过流缺口。

13.157 导堤 training jetty
建在河口拦门沙区航道一侧或两侧的堤工,用来束导水流、冲刷泥沙、增加或保持进港航道水深。

13.158 进港航道 entrance channel, approach channel
由海上航线或内河主航道通向港内水域的联接航道。

13.159 乘潮水位 tide-riding water level
港口规划、设计中,考虑吃水较深的船舶乘较高潮位进出港口时所采用作为设计通航水位的潮位。

13.160 浮泥 fluid mud, sediment slurry
沉积在水底呈絮凝状、比重小而流动性近于液态的超软淤泥,对船舶航行的阻力很小,因而其厚度可计入航行水深。

13.161 制动距离 stopping distance
船舶以一定航速驶入港口口门后减速至静止所驶过的距离。

13.162 回旋水域 turning basin, turning circle
又称"转头水域"。供船舶进出港口、靠离码头过程中需要转头或改换航向时使用的水域。

13.163 港池 (1)basin, (2)dock basin, (3) slip
(1)码头前供船舶靠离和进行装卸作业的水域。(2)封闭的(有船闸供船舶出入)或基本封闭(有少数出入口)的港口水域,其周边上建有一定数量的码头泊位。(3)两相邻突堤码头之间的水域。

13.164 海船闸 sea lock
建在海港有闸港池口门、海运河或入海河口处,供海船通过的船闸。

13.165 锚地 anchorage area, anchorage
供船舶停泊(抛锚或系浮筒)和进行各种水

上作业（例如联检、编解队、过驳）的水域。

13.166 过驳锚地 lightering anchorage
供船舶进行水上过驳作业的水域。

13.167 检疫锚地 quarantine anchorage
供到港国际船舶接受卫生检疫的锚地。

13.168 待泊锚地 lying anchorage
供船舶等待靠码头、候潮进港或等候编解队时使用的锚地。

13.169 避风锚地 refuge anchorage
供船舶躲避风浪时停泊的锚地。

13.170 系泊浮筒 mooring buoy
锚碇于水底、供船舶停泊时系缆用的筒状浮式系缆设施。

13.171 单点系泊设施 single-point mooring system
在海上设置单个浮筒系统供油轮系泊并进行装卸作业的设施。

13.172 多点系泊设施 multi-point mooring system
在海上设置多个浮筒系统供油轮系泊并进行装卸作业的设施。

13.173 泊位 berth
一艘船舶安全停泊并进行装卸作业所需要的水域和相应设施。

13.174 港口陆域 port land area, port terrain
港界线以内的陆地区域。

13.175 陆域纵深 depth of terrain
码头岸线至后方港界的距离。

13.176 前方仓库 transit shed
设在码头前方、供装船货物集结及卸船货物临时存储的建筑物。

13.177 后方仓库 warehouse
设在码头的后方、供货物较长期储存的建筑物。

13.178 集装箱 container
又称"货柜"。有标准尺度和强度、专供运输业务中周转使用的大型装货箱。

13.179 集装箱拆装库 container stuffing-stripping shed, container freight station
专用于将货物组装入集装箱或从集装箱中拆出货物的仓库式设施。

13.180 前沿作业地带 apron
从码头前缘线到第一排仓库（或堆场）前缘线之间、供码头前方装卸作业使用的场地。

13.181 泊位通过能力 berth throughput capacity
一个泊位在一定时间（如 1 年）内能够装船及卸船的货物最大合理吞吐量。

13.182 泊位利用率 berth occupancy
1 年中泊位使用时间与日历时间之比。

13.183 库场通过能力 storage throughput capacity
港区仓库和堆场在一定时期内能够通过的货物最大合理数量。

13.184 港口通过能力 throughput capacity of port
港口在一定时间内能够装卸船载货物的最大合理数量。

13.185 港口生产不平衡系数 unbalance coefficient of port throughput
反映港口生产不均衡性的一种指数，一般以最大月吞吐量与全年平均月吞吐量之比表示。

13.05　码　头

13.186　码头　wharf, pier
供船舶停靠并装卸货物和上下旅客的建筑物。广义还包括与之配套的仓库、堆场、道路、铁路和其他设施。

13.187　顺岸码头　parallel wharf
前沿线平行于岸线的码头。

13.188　突堤码头　pier, finger pier, jetty
与岸线成一定角度向水域突出的码头。

13.189　直立式码头　vertical-face wharf
前沿靠船面为垂直或近乎垂直的码头。

13.190　斜坡式码头　sloping wharf
前沿临水面呈斜坡状的码头。

13.191　浮码头　floating pier, pontoon wharf
由趸船和活动引桥(或再接一段固定引桥)组成的码头。

13.192　实体式码头　solid wharf
由沉箱、方块、扶壁、沉井或板桩结构构成并与后方陆体紧连的整片式码头。

13.193　透空式码头　open type wharf
下部透空、由基桩、墩柱等支承上部结构的非实体码头。

13.194　引桥式码头　pier with approach trestle
前沿装卸平台通过引桥(或再加引堤)与后方岸线连接的码头。

13.195　墩式码头　dolphin pier
前沿结构不连续,由靠船墩、系船墩、工作平台、连接桥、引桥等组成的码头。

13.196　重力式码头　gravity quay wall
靠结构自身及其填料的重力保持稳定的码头。

13.197　方块码头　concrete block quay wall
用混凝土方块砌筑的重力式码头。块体为空心者称空心方块码头。

13.198　沉箱码头　caisson quay wall
用沉箱作结构主体的重力式码头。

13.199　沉井码头　open caisson quay wall
用沉井作结构主体的重力式码头。

13.200　扶壁码头　buttressed quay wall, counterforted quay wall
用钢筋混凝土扶壁作结构主体的重力式码头。

13.201　格形板桩码头　cellular sheet pile quay wall
用钢板桩组成连续格体、内填砂石料,作为结构主体的重力式码头。

13.202　板桩码头　sheet pile wharf, sheet pile quay wall
用板桩墙及其锚碇系统作结构主体的码头。

13.203　高桩码头　open type wharf with standing piles
由顶端高于低水位的基桩和上部结构组成的码头。

13.204　趸船　pontoon
设在浮码头或斜坡码头前部供靠船用的平底匣形船。

13.205　靠船墩　breasting dolphin
供船舶靠泊用的墩式建筑物。

13.206　系船墩　mooring dolphin

供船舶系缆用的墩式建筑物。

13.207 锚定结构 anchoring structure
埋设在板桩墙拉杆后端土内、依靠土抗力平衡拉杆拉力以保持板桩墙稳定的结构。

13.208 引桥 approach bridge, approach trestle
连接码头与陆域的桥式建筑物。

13.209 缓冲设施 fender system, fender

又称"防冲设施"。设在码头前面、减小船舶靠泊时对码头的冲击力以免码头结构或船舶遭受损坏的弹性吸能设施。

13.210 橡胶护舷 rubber fender
设在码头前面,用橡胶做成各种形状的缓冲装置。

13.211 护木 timber fender
安装在码头前沿的木质缓冲装置。

13.06 防 波 堤

13.212 防波堤 breakwater, mole
建在港口水域(或其某部分)外围,阻挡波浪直接侵入港内,使港内水面相对平静、船舶能安全靠泊和装卸的建筑物。

13.213 岛式防波堤 detached breakwater, isolated breakwater
不与岸相连的防波堤。

13.214 斜坡式防波堤 sloping breakwater, mound breakwater
两边为斜坡,由抛筑(有时局部砌筑)块石、混凝土块体或其组合(有时用卵石填心)而成的防波堤。

13.215 直立式防波堤 vertical-wall breakwater, upright breakwater
两边迎水面直立或近于直立,由重力式墙体构成的防波堤。

13.216 混合式防波堤 composite breakwater
上部为直立式、下部为斜坡式的防波堤。

13.217 方块防波堤 block wall breakwater
直立墙身由预制混凝土方块多层垒砌筑成的防波堤。

13.218 沉箱防波堤 caisson breakwater
墙身由沉箱构成的防波堤。

13.219 桩式防波堤 pile breakwater
主体由桩、管桩或板桩构成的防波堤。

13.220 透空式防波堤 open breakwater
下部透空、上部为连续的挡浪结构,使堤前波浪的能量大部分不能向堤后传播的防波堤。

13.221 浮式防波堤 floating breakwater
由浮体和锚碇系统组成,利用浮体反射、消散或转换波浪能量的防波堤。

13.222 护面块体 armor block
安放在斜坡式防波堤面层,抵御波浪的作用,保护堤心块石不被冲淘滚落的各种形式的预制块体。

13.07 疏 浚

13.223 疏浚 dredging
使用挖泥船或其他工具、设备开挖水下的土、石以增加水深或清除淤积的工程措施。

13.224 挖槽 dredged trench, dredged channel
用疏浚方法在水底挖出的基槽或航槽。

13.225 回淤 sedimentation, siltation
挖槽中发生泥沙沉积的现象。

13.226 备淤深度 depth reserved for sedimentation
为保证挖槽内的航行水深,按在一定维护周期内挖槽中可能发生的回淤厚度,在挖泥时规定的增挖深度。

13.227 挖泥船 dredger
装有专门设备、用以挖起水下泥、沙或卵石、软石的工程船。

13.228 直吸挖泥船 dustpan suction dredger
又称"吸盘挖泥船"。用高压水喷嘴冲松水下泥沙、形成泥浆,并通过宽喇叭形吸泥嘴和吸泥管将泥浆吸起排走的挖泥船。

13.229 绞吸挖泥船 cutter suction dredger
用旋转绞刀绞松水下泥沙、形成泥浆,并通过吸泥管将泥浆吸起排走的挖泥船。

13.230 斗轮式挖泥船 bucket-wheel suction dredger
用斗轮挖掘水下坚硬泥土或风化岩并通过吸泥管将其排走的挖泥船。

13.231 链斗挖泥船 bucket dredger
用装在斗桥上的系列链斗连续循环运转而进行疏浚的挖泥船。

13.232 抓斗挖泥船 grab dredger
用抓斗机挖掘水下土、石的挖泥船。

13.233 铲斗挖泥船 dipper dredger
用铲斗机挖掘水下土、石的挖泥船。

13.234 耙吸挖泥船 trailing suction hopper dredger
装有耙头、吸泥管、泥泵和泥舱等,在慢速航行中自水底耙吸泥沙装舱,装满后快速航行至抛泥区卸泥的挖泥船。

13.235 钻孔爆破船 rock drill barge
用于进行水下钻孔爆破的工程船。

13.236 泥驳 mud barge
装运挖泥船所挖泥沙的驳船。

13.237 抛泥区 mud dumping area
经划定或批准,供抛卸疏浚工程中所挖泥沙的水域。

13.238 吹填 hydraulic reclamation, hydraulic fill
又称"水力填筑"。将挖泥船或水力挖泥机械挖取的泥沙用水力经排泥管线输送到填筑场地的作业。

13.239 排泥管线 mud delivery pipeline
吹泥船或装有泥泵的挖泥船将泥浆输送到填泥场的管道。

13.240 吹泥船 unloading dredger
用水力将泥驳船内的泥沙冲成泥浆并用泵将泥浆通过排泥管线送往填泥场的工程船。

13.241 疏浚污染 pollution by dredging
因疏浚施工扰动造成原吸附于水底泥土表层的污物和有毒重金属等扩散于水体,致使水域环境受到污染的现象。

13.08 助 航 设 施

13.242 助航设施 navigation aid facility
帮助船舶安全顺利完成航行任务的设施。

13.243 航标 navigation aid

以特定的实体标志(形状、颜色)、灯光、音响或无线电信号等表示自身位置,用以帮助船舶定位、引导船舶航行、表示警告或指示碍航物的助航设施。

13.244 视觉航标 visual aid
以形状、颜色和灯光等特征供航海人员直观识别的固定或浮于水上的助航标志。

13.245 音响信号 sound signal
能发出音响以引起航海人员注意的助航设施。

13.246 导标 leading mark
由两座或两座以上、在一个竖直面内的固定视觉航标构成,用以标示航道中心线或边界线的标志。

13.247 浮标 buoy
锚系于水底、视体浮出水面的视觉航标。

13.248 灯标 lighted mark
装有发光灯具和形象标志,昼夜均起助航作用,或只在夜间以灯光助航的航标。

13.249 灯塔 lighthouse

灯光射程远的大型固定塔形视觉航标。

13.250 灯桩 light beacon
灯光射程较短、结构规模较小的固定视觉航标。

13.251 灯船 light vessel, light ship
锚碇于一定位置,在船体上装有发光灯和形象标志的航标。

13.252 船舶交通管理系统 vessel traffic management system, VTMS
对管辖水域内的船舶实施交通安全监督、服务、管理和控制所使用的技术设施系统。

13.253 港口雷达 harbor radar
监视港口水域及航道中船舶和有关目标并以较高精度测量其方位和距离的岸基雷达。

13.254 岸基雷达链 shore-based radar chain
由多台港口雷达沿岸配布,对航道和水域形成连续监视覆盖的链状雷达系统。

14. 水 土 保 持

14.01 水 土 流 失

14.001 水土流失 soil and water losses
在水力、重力、风力等外营力作用下,水土资源和土地生产力的破坏与损失。

14.002 坡地径流损失 slope runoff loss
雨水或融雪水因重力作用沿坡地流失的现象。

14.003 土壤侵蚀 soil erosion
在水力、风力、冻融、重力等外营力作用下,土壤、土壤母质被破坏剥蚀、搬运和沉积的全部过程。

14.004 自然侵蚀 natural erosion
在自然环境中,陆地表面由于水、雪、冰、风、

重力等外营力的作用不断受到侵蚀的现象。

14.005 地质侵蚀 geological erosion
在人类出现前的地质时期内发生的侵蚀。

14.006 加速侵蚀 accelerated erosion
由于人类活动不当,如滥伐森林、开垦陡坡、过度放牧以及不合理耕作等引起的土壤侵蚀强度超过自然侵蚀强度的现象。

14.007 水力侵蚀 water erosion
在降雨和水流作用下,土壤、土壤母质及其他地面组成物质被破坏、剥蚀、搬运和沉积的全部过程。

14.008 面蚀 surface erosion

降雨和径流使坡地表土比较均匀剥蚀的一种水力侵蚀。

14.009　溅蚀　splash erosion
雨滴打击地面,使细土颗粒与土体分离,并被溅散跃起的水滴带动而产生位移的过程。

14.010　片蚀　sheet erosion
在地面径流非常分散,流量和流速都不很大的情况下所发生的土粒比较均匀流失的过程。

14.011　细沟侵蚀　rill erosion
坡面径流逐步汇集成小股水流,将地面冲成深度和宽度不超过 20cm 的小沟的水力侵蚀。

14.012　沟蚀　gullying
坡面径流冲刷土壤或土体,并切割陆地表面,形成大小沟道的过程。

14.013　浅沟侵蚀　shallow gully erosion
坡面径流由细沟侵蚀地段进一步集中为较大股流,冲刷力增大,向下切入心土或底土,形成沟宽大于沟深的沟蚀过程。

14.014　切沟侵蚀　gully erosion
细沟、浅沟、集流洼地、道路及人畜活动留下的沟槽,在股流或洪水反复冲刷下,沟身切入土壤母质层、风化层或基岩面上的冲刷切割过程。

14.015　冲沟侵蚀　gulch erosion
水流经过切沟进一步集中,使沟道继续向宽、深发展的侵蚀过程。

14.016　水路网侵蚀　watercourse erosion
当切沟或冲沟下端集流汇入坡面以下的浅凹地、深凹地、深谷、干谷和河谷时所引起的冲刷过程。

14.017　重力侵蚀　gravitational erosion
坡地表层土石物质受重力作用,失去平衡,发生位移和堆积的现象。

14.018　泻溜　debris slide
崖壁和陡坡上的土石经过风化形成的碎屑,在重力作用下,沿着坡面下泻的现象。

14.019　洞穴侵蚀　cave erosion
土层或土状物组成的堆积层中,由于地表径流下渗时引起的溶蚀、潜蚀、冲淘、塌陷以及重力等作用而形成各种洞穴的过程。

14.020　崩岗　slope collapse
在水力和重力作用下,山坡土体受破坏而崩坍和冲刷的侵蚀现象。

14.021　冻融侵蚀　freeze-thaw erosion
土壤及其母质或岩石中的水分因温度正负剧烈变化所引起的冻融作用,使其胀缩碎裂、移动流失的现象。

14.022　淋溶侵蚀　leaching erosion
土壤中多种植物营养物质被下渗水溶解淋失,导致土壤肥力退化的过程。

14.023　山洪侵蚀　torrential flood erosion
山区河流洪水对沟道堤岸的冲淘、对河床的冲刷或淤积过程。

14.024　泥石流侵蚀　debris flow erosion
泥石流以巨大的冲击力和搬运力冲刷沟道、破坏和淤埋各种建筑物与设施的过程。

14.025　风力侵蚀　wind erosion
在气流冲击作用下,土粒、沙粒脱离地表,被搬运和堆积的过程。

14.02　水土流失观测

14.026　水土流失观测　soil and water losses observation

通过定位观测、模拟实验和流域调查,收集基本资料,为分析、研究水土流失规律提供科学依据的测验工作。

14.027 径流小区观测 runoff observation on plots
选择在地形、坡向、土壤、植被等方面具有代表性的场地,根据研究目的,进行径流对比观测。

14.028 土壤流失量 soil loss amount
在溅蚀、片蚀和细沟侵蚀等因素作用下,一定面积坡地上的土壤及其母质产生位移和径流输移的泥沙数量。单位以 t 或 m³ 计。

14.029 土壤侵蚀量 soil erosion amount
土壤及其母质在侵蚀营力(降雨和水流、风力、冻融、重力等)作用下,从地表处被击溅、剥蚀或崩落而产生位移的物质量。单位以 t 或 m³ 计。

14.030 侵蚀模数 erosion modulus
每年每平方公里面积上的土壤侵蚀量。以 t/km²·a 表示。

14.031 土壤侵蚀强度 soil erosion intensity
单位面积上的土壤及其母质,在水力、风力、重力、冻融等外营力作用下,在一定时间内土体的流失量。

14.032 土壤侵蚀程度 soil erosion degree
土壤原生剖面已经被侵蚀的程度。

14.033 输沙模数 sediment delivery modulus

沟道或河流某一断面以上单位面积的产沙量。以 t/km²·a 表示。

14.034 通用土壤流失方程 universal soil loss equation, USLE
表示坡地土壤流失量与其主要影响因子间定量关系的侵蚀数学模型。

14.035 允许土壤流失量 soil loss tolerance
小于或等于成土速度的年土壤流失量。

14.036 土壤养分流失量 soil nutrient loss amount
由于侵蚀作用引起的土壤中植物营养物质损失的数量。

14.037 小流域产沙量 sediment yield of small watershed
小流域沟道出口处每年输出的泥沙量。以 t/a 表示。

14.038 小流域产沙模型 sediment yield model of small watershed
用以估算小流域产沙量的数学表达式。

14.039 泥沙输移比 sediment delivery ratio, SDR
在一定时段内,通过沟道或沟道某一水文观测断面的输沙总量与该断面以上流域的总侵蚀量之比。

14.040 土壤侵蚀模拟 soil erosion simulation
在实验室或野外人工控制条件下,自然界某些土壤侵蚀现象的重现。

14.03 水土保持规划

14.041 土壤侵蚀区划 soil erosion regionalization
根据土壤侵蚀的成因、类型、强度在一定区域内的相似性和区域间的差异性所作的地域划分。

14.042 水土保持区划 soil and water conservation regionalization
根据水土流失及治理的地域分异性,依照区别差异性,归纳共同性的方法,对水土保持区域类型的划分。

14.043 土地适宜性评价 appraisal of land suitability

将土地按照其对于农、林、牧各业的适宜性及其自然生产潜力水平的异同性，予以适宜性分类，为特定的土地用途预估土地的潜力。

14.044 水土保持效益 soil and water conservation benefit

在水土流失地区通过保护，改良和合理利用水土资源，实施各项水土保持措施后，所获得的生态效益、经济效益、社会效益的总称。

14.045 小流域综合治理 small watershed management

以小流域为单元，在全面规划的基础上，合理安排农、林、牧、副各业用地，形成综合防治措施体系，以达到小流域水土资源的保护、改良与合理利用的目的。

14.046 山区流域管理 watershed management

对山区流域内土地资源及其他可再生自然资源保护、改良与合理利用过程，以达到可持续发展的目标。

14.04 水土保持措施

14.047 水土保持措施 soil and water conservation measures

为防治水土流失，保护、改良与合理利用水土资源而采取的土地利用调整、农业耕作、造林种草及工程措施的总称。

14.048 水土保持农业耕作措施 soil and water conservation tillage measures

在水蚀或风蚀的农田中，采用改变地形，增加植被，地面覆盖和土壤抗蚀力等方法达到保水、保土、保肥的措施。

14.049 等高耕作 contour tillage

在坡耕地上，沿等高线进行耕作的水土保持措施。

14.050 带状间作 strip cropping

将坡耕地分成若干等高带或将风蚀地与主风向垂直分成平行条带，相间种植疏生与密生作物的水土保持措施。

14.051 沟垄耕作 furrow and ridge tillage

在水土流失的坡地上沿等高线或在风蚀地上垂直主风方向用机具开沟起垄的耕作方法。

14.052 抗旱保墒耕作 storing water tillage

在干旱地区没有灌溉条件的耕地上采用蓄水保墒的措施，充分利用天然降水的耕作方法。

14.053 免耕法 no tillage system

为防止土壤侵蚀，不采用土壤翻耕措施的作物种植制度。

14.054 水土保持林草措施 forest-grassing measures for soil and water conservation

在水土流失地区实行造林种草和封山育林育草，以涵养水源、保持水土、防风固沙、改善生态环境，增加经济效益的措施。

14.055 防护林 protection forest

为了保持水土，防风固沙，涵养水源，调节气候，减少污染，达到改善生态环境和人类生产、生活条件的天然林和人工林。

14.056 水土保持林 soil and water conservation forest

在水土流失地区调节地表径流，防治土壤侵蚀，改善山区、丘陵区的农牧业生产条件，减少河流、水库泥沙淤积，建立良好的生态环境和提供一定林副产品的天然林和人工林。

14.057 农田防护林 farmland shelter-belt

为防止农区风沙、干旱等自然灾害,建立有利于农作物生长的环境条件,提供一定林副产品而营造的人工林带。

14.058 水源涵养林 water conservation forest

用于控制河流源头的水土流失,调节洪水枯水流量,具有良好的林分结构和林下地被物量的天然林和人工林。

14.059 山坡防护林 slope protection forest

以调节坡面径流,保持水土,固结土体,稳定坡面为经营目的的天然或人工林。

14.060 沟道防护林 gully erosion control forest

为了防止沟道的溯源侵蚀、沟底下切和沟岸扩张,在沟底或沟坡营造的人工林。

14.061 梯田坎造林 terrace ridge afforestation

应用林木固持梯田地坎并获得部分经济收益的一种造林方式。

14.062 护牧林 pasture protection forest

为恢复草原植被,使牧场免于水土流失或土地沙化,不断提高生产力及载畜量而在牧场营造的一种防护林。

14.063 封山育林 closing hill for afforestation

采用人工封禁方法培育山地森林植被,防治水土流失的措施。

14.064 林粮间作 agroforestry

在一块土地上混种林木和农作物,形成相间的群体结构。

14.065 天然草地改良 improvement of natural pasture

对退化的草场,采取人工灌溉、松土、补播等方式促进牧草生长、恢复其生产力措施。

14.066 水土保持种草 grassing for soil and water conservation

在水土流失地区,为了蓄水保土,改良土壤,提供饲料、肥料、燃料等所种植的植物。

14.067 水土保持工程措施 soil and water conservation engineering measures

应用工程原理,为防治水土流失,保护、改良与合理利用山区水土资源而修筑的各项设施。

14.068 山坡水土保持工程 technical measures of soil and water conservation on slope

为防止坡地水土流失,改变小地形,就地拦蓄坡地雨水或融雪水,用于农地灌溉及人畜用水的设施。

14.069 梯田 terrace

为了保持水土,发展农、林、牧业生产,将坡地改造成台阶式或波浪式断面的田地。

14.070 水平梯田 bench terrace

为了保持水土,发展农业生产,将坡地修成田面水平的台阶式梯田。

14.071 坡式梯田 sloping terrace

田面顺坡向倾斜的台阶式梯田。

14.072 软埝 broad-base terrace

一般在 6°—7° 以下的缓坡地上每隔一定距离等高筑埝而成的一种波浪式梯田。

14.073 隔坡梯田 alternation of slope and terrace

上下两梯田田面之间隔一段坡面的台阶式梯田。

14.074 造林梯田 afforestation terrace

在山坡地上,为蓄水保土,改善林木生长条件而修筑的梯田。如水平沟、水平阶、水平条等。

14.075 果树梯田 orchard terrace

在山坡地上,为改善果树生长状况而修筑的田间工程。

14.076 鱼鳞坑 fish scale pit
在山坡地上,为改善林木或果树生长条件而修筑的蓄水小坑,呈鱼鳞状品字形排列。

14.077 山坡截流沟 drainage ditch on slope
为防止局部冲刷,充分利用降雨径流而修筑的集流、导流沟渠。

14.078 坡面蓄水工程 water storage works on slope
为防止山坡地水土流失,充分利用坡面径流的蓄水措施。

14.079 水窖 water cellar
在干旱地区(如黄土高原)修筑的坡面蓄水工程,其水面不受阳光直接照射,蒸发量小。

14.080 涝池 pond
在干旱地区,为充分利用地表径流而修筑的蓄水工程,其水面受阳光直接照射,水面蒸发量大。

14.081 沟头防护工程 gully head protection works
为制止沟头延伸,沟底下切的水土保持工程措施。

14.082 拦水沟埂 retaining ditch and embankment
为蓄水保土而在山坡上修筑的一种田埂,多用于沟头上方集水区。

14.083 沟头泄水工程 gully head drainage works
为防止沟头延伸,保证沟头上方径流安全下泄的沟头防护工程。

14.084 沟道治理工程 gully control engineering works
为防止沟底下切,沟岸扩张而修筑的工程措施。

14.085 谷坊 check dam
用不同材料(土、石、混凝土等)修筑的低于5m的拦沙坝,主要作用在于防止沟底下切。

14.086 格栅坝 crib dam
用于拦截泥石流中固体物质的沟道建筑物,一般用横向钢梁筑成。

14.087 缝隙坝 slit dam
用于拦截泥石流中固体物质的沟道建筑物,在坝的中部保留垂直缝隙以利流水通过。

14.088 孔口坝 weep hole dam
用于拦截泥石流中固体物质的沟道建筑物,在坝体上有品字形排列的孔口。

14.089 淤地坝 silt storage dam for farmland construction
横筑于沟道用以拦泥淤地的坝工建筑物。

14.090 沟道蓄水工程 gully water storage works
为充分利用当地水资源而在沟道中修建的小水库、池塘等。

14.091 拦沙坝 sediment storage dam
以拦蓄山洪及泥石流沟道中固体物质为主要目的的挡拦建筑物。

14.092 山洪排导工程 drainage works of torrential flood
为减免山洪危害,在沟口处修筑的洪水排导工程。如防洪堤、导流堤等。

14.093 引洪漫地 flood diversion for irrigation and land reclamation
应用导流设施把洪水引入耕地或低洼地、河滩地以改善土壤水分、养分条件的措施。

15. 环 境 水 利

15.01 水 环 境

15.001 水环境质量 quality of water environment

用类别指标和综合指标(质量指标)表征的水环境属性及其优劣的情况。

15.002 水环境质量标准 quality standard of water environment

对接受工业废水和生活污水和随水流入的污染物的水环境,根据国家政策、水域功能、污染物允许含量等对水环境质量所作的规定。

15.003 水环境本底值 background of water environment

在未受人类活动干扰和破坏时,水环境的原始成分的组成和各组分的含量。实际工作中往往以能收集到的最早水环境资料或评价前的资料作为本底值。

15.004 水环境容量 water environment capacity

在一定水环境质量要求下,对排放于其中的污染物所具有的容纳能力。

15.005 水资源保护 water resources protection

采取行政、法律、经济、技术等综合措施,防止水污染、水源枯竭、水土流失和水流阻塞,以保证和限制不合理利用水资源。

15.006 水体功能 function of water body

水体对人类生活和生产所能承担的功能和作用。

15.007 水体自净 self-purification of water body

水体由于自身的物理、化学、生物等方面的作用,使污染物质浓度降低而产生水质净化的作用。

15.008 环境水力学 environmental hydraulics

研究污染物质在水环境中扩散与输移规律及其应用的学科。

15.009 环境水文学 environmental hydrology

研究人类活动引起的水文情势变化及其与环境之间相互关系的学科。

15.010 环境水化学 environmental hydrochemistry

研究人类活动对环境与水体化学性质的形成、发展、演变和效应之间相互关系的学科。

15.011 环境水生物学 environmental hydrobiology

研究人类活动对水环境与水生生物相互作用的规律及其机理的学科。

15.02 水 污 染 防 治

15.012 水质管理 water quality management

采取行政、法律、经济、教育和科学技术等手段对水质进行综合管理,使其符合水体功能要求。

15.013 水资源保护区 protection zone of water resources

按水环境质量标准及水域功能要求划定的保护及管理区域。

15.014 水质标准 water quality standard

由国家或地方政府对水中污染物或其他物质的最大容许浓度或最小容许浓度(如 D.0)所作的规定。

15.015 水质评价 water quality assessment

按水体用途、水质标准,对水环境组分的质量进行的科学评价。

15.016 水质数学模型 water quality model

水环境中水质变化规律及其影响因素之间定量关系的数学表达式。

15.017 水质预报 water quality forecast

对水质在一定时段变化的定期预报,或对枯水期污染、突发性污染的临时预报。

15.018 水污染 water pollution

污染物进入水体,使水质恶化,降低水的功能及其使用价值的现象。

15.019 水污染源 water pollution source

造成水环境污染的污染物发生源。

15.020 点污染源 point source of pollution

集中在一点或小范围排放污染物的发生源。

15.021 面污染源 non-point source of pollution

在大面积范围排放污染物的发生源。

15.022 流动污染源 mobile source of pollution

流动设施或无固定位置排放污染物的发生源。

15.023 热污染 thermal pollution

由于人类活动引起水温升高超过一定标准,而危害生态环境或降低使用功能的现象。

15.024 污染负荷 pollution load

水环境在一定时间内接纳污染物的总量。

15.025 径污比 dilution ratio of water

又称"稀释比"。河流某断面、某一时间的径流量与通过该断面的污水量之比。

15.026 工业废水 industrial wastewater

工矿企业生产过程中排放含有污染物质的水或温度较高不能立即使用的水。

15.027 生活污水 domestic sewage

居民日常生活中产生的污水。

15.028 农业污染物 agricultural pollutant

农业生产过程中,造成水环境污染的废弃物或施加的化学物质。如作物秸秆、牲畜粪便、塑料地膜、农药、化肥等。

15.029 污染物的总量控制 quantity control of pollutant

以环境质量目标为基本依据,根据环境质量标准中的各种参数及其允许浓度,对区域内各种污染源的污染物的排放总量实施控制的管理制度。

15.030 岸边污染带 polluted belts along river banks

水域岸边形成的带状污染水体。

15.031 地下水污染 groundwater pollution

地下水受物理、化学、微生物作用,或有毒有害物质污染,使水质恶化,导致使用价值降低的现象。

15.032 水污染综合防治 comprehensive water pollution control

运用综合方法减少污、废水和污染物的排放量,或建立区域性或流域性水污染防治系统。

15.033 废水排放标准 wastewater discharge standard

对工业废水中的各种污染物及其浓度所作

的排放规定。

15.034 工业用水水质标准 water quality standard for industries
根据工业生产质量要求,对工业用水中所含物质及污染物的浓度所作的规定。

15.035 生活饮用水卫生标准 drinking water sanitary standard
根据卫生质量要求,对生活饮用水中各种物质含量所作的规定。

15.036 渔业水质标准 water quality standard for fishery
根据渔业生产的要求,对渔业水域的各种水质参数要求及水质保护所作的规定。

15.037 生化需氧量 biochemical oxygen demand, BOD
水体中微生物在一定时间内和一定温度条件下分解有机污染物过程中所消耗的溶解氧量。

15.038 化学需氧量 chemical oxygen demand, COD
水体中能被氧化的物质在规定条件下用氧化剂进行氧化所消耗的氧量。

15.039 污染物质迁移 transportation of pollutant
水中污染物质在空间位置的移动及其富集与分散的现象与过程。

15.040 污染物质转化 transformation of pollutant
水中污染物质通过物理、化学、生物等的作用,改变其形态或转变为另一种物质的过程。

15.041 污染物质降解 degradation of pollutant
水中天然的和人工合成的有机污染物质,经微生物、光化学作用或化学反应而发生破坏

· 150 ·

和矿化的过程。

15.042 污水排放量 quantity of wastewater effluent
通过排污口排出的污水量,通常以每日或每年排出的数量表示。

15.043 污水处理 wastewater treatment
采取物理的、化学的或生物的处理方法对污水进行净化的措施。

15.044 耗氧系数 coefficient of oxygen consuming
进入水体的有机物在生物化学作用下发生好氧分解,在单位时间内消耗溶解氧,使污染物浓度降低的参数。

15.045 复氧系数 coefficient of aeration
在一定水力和水温条件下,水体通过曝气作用和水生植物的光合作用,使水体中溶解氧得到补充和增生的系数。

15.046 人工复氧 artificial aeration
利用水利工程曝气作用,机械曝气装置等措施,使水体增氧的过程。

15.047 沉淀池 sedimentation tank
污水处理过程中,沉淀污水中固体物的场所,利用重力作用进行固、液态分离作业的建筑物。

15.048 氧化塘 oxidation pond
又称"稳定塘"。利用生物净化作用处理污水中有机物的宽浅池塘。

15.049 水污染指示生物 indicating organism for water pollution
用于监测和评价水污染等级或差别的生物。

15.050 生物净化 biological purification
利用生物的吸收、降解和转化作用,使水环境污染物的浓度和毒性降低或消失。

15.051 污水再生利用 reuse of wastewater

污水经过处理,将有用物质加以回收利用,并按处理后的水质状况重新使用。

将不符合水质标准的水进行净化处理的工程设施。

15.052　净水工程　water purification project

15.03　环　境　影　响

15.053　水利工程环境影响　environmental impact of hydraulic engineering
兴建水利工程对自然环境和社会环境造成的有利与不利的影响。

15.054　水利工程施工环境影响　environmental impact of construction
由于水利工程施工而引起工区和周围地区的环境改变及其影响,也包括工区移民造成的环境影响。

15.055　环境影响评价　environmental impact assessment
对兴修水利等人类活动所引起的环境改变及其影响的评价。

15.056　流域规划环境影响评价　environmental impact assessment of valley planning
对流域规划中各比较方案及选定方案实施后所引起流域环境改变及其影响的评价。

15.057　环境影响报告书　environmental impact statement
预测和评价建设项目对环境造成的影响,提出相应对策措施的文件。

15.058　回顾评价　retrospective assessment
对已建工程所造成的环境改变及其影响,作出的科学评价。

15.059　预断评价　prospective environmental assessment
对拟建的水利工程未来的环境变化及其影响的预测和评价。

15.060　环境组成　environment components
指构成自然环境、社会环境总体的下一个基本层次。如大气、水、生物、土壤等。

15.061　环境因子　environmental factor
构成环境组成的下一个层次的基本单元。如属于气候要素的气温、降水、湿度、风等。

15.062　自然环境　natural environment
环境总体下的一个层次,指一切可以直接或间接影响到人类生活、生产的自然界中物质和资源的总和。

15.063　社会环境　social environment
是环境总体下的一个层次,指人类在自然环境基础上,通过长期有意识的社会活动,加工改造自然物质,创造出的新环境。

15.064　小气候效应　minor climate effect
受水体、地形等自然因素影响,或兴建水利工程及造林绿化等人类活动使环境改变,局部地区形成的特殊气候反应。

15.065　水库冷害　hazard of reservoir cold water
水库下部泄出的低温水对农作物、水生物、人类生活等产生的危害。

15.066　咸潮入侵　intrusion of tidal saltwater
感潮河段在涨潮时发生的海水上溯现象。

15.067　富营养化　eutrophication
水体中营养盐类和有机物质大量积累,引起藻类及其他浮游生物异常增殖,大量消耗溶解氧使水质恶化的现象。

15.068 跨流域调水环境影响 environmental impact of interbasin water transfer project

跨流域调水,引起调出区、调入区及输水段自然环境和社会环境的变化和影响。

15.069 环境本底 environmental background

兴建水利工程前的环境状况。

15.070 环境风险分析 environmental risk analysis

由于工程的兴建、运转和管理在各种非常情况下,对环境可能引起风险的类型、危害及发生概率等进行识别、预测和评价。

15.071 水文情势变化 change of hydrological regime

兴修水利工程等人类活动引起河流或流域水文要素在时、空上的数量和质量的变化。

15.072 环境损益分析 environmental benefit and cost analysis

权衡水工程建设对环境改善的效益与环境破坏引起的经济损失及其治理所需要的投资,用价值的规律计量分析环境效应。

15.073 环境效益 environmental benefit

兴修水利对环境质量改善所获取的效益,一般用货币化表示,不能用货币化的可用文字表达。

15.074 环境监测 environmental monitoring

定期、定点对环境组成、因子和环境中污染物质的种类、浓度、分布的变化及影响进行监测和分析。

16. 水 利 经 济

16.01 水利工程费用

16.001 水利工程投资 investment of water project

水利工程建造期中所投入的材料、设备、工资、土地、移民、管理等项费用的总称。

16.002 水利工程费用 cost of water project

包括水利工程的固定资产投资和常年运行的利息、折旧、税金、保险费以及运行管理、维修等项支出的统称。

16.003 水利工程土建费用 cost of structures of water project

水利工程中各种闸、坝、渠、堤、水电站和泵站厂房、通航建筑物、隧洞、道路、房屋及相应设施等建筑物的建设费用。

16.004 水利工程临时工程费用 cost of temporary works of water project

为建造水利工程所支付的临时房屋、道路、

电厂等建筑物和设施所需的费用。

16.005 水利工程金属结构和机电设备购置及安装费用 purchasing and installation cost of metallic structures and mechanic-electric facilities of water project

水利工程各项钢管、铁塔、钢闸门、启闭机、起重机、水泵、水轮机组、发电机组、变电场等金属结构和机电设备的购置费及其运输、吊装、调试费用的总称。

16.006 水利工程前期工作费用 previous investigation cost of water project

水利工程施工前所支付的勘测、规划、设计、科研等项费用的总称。

16.007 施工管理费 administration cost during construction

在施工期施工管理人员的工资及各项行政开支的总称。

16.008　保险费 insurance expense

向保险公司为风险项目投保所交纳的费用。

16.009　占用土地补偿费 compensation cost for land occupation

为永久性和临时性占用土地所需偿付的费用。

16.010　水库淹没漫没补偿费 compensation cost for land inundation and immersion of reservoir

为修建水库,对所淹没的土地及设置的各项设施和库边因地下水位上升而引起树木死亡、土地沼泽化及房屋倒塌等浸没灾害,须进行补偿的费用。

16.011　移民安置补偿费 resettlement cost of reservoir

给予由库区迁出的居民到安置区重新进行生产和生活所需的搬迁、住房建造以及生产建设等有关的补偿费用。

16.012　库区清理费 clearance cost of reservoir

为清理水库库底的树木、房屋、坟墓等有碍航行、养鱼和环境保护的物体而支付的各项费用。

16.013　建设贷款利息 interests of construction loan

对建设贷款按商定利率定期支付给贷方的利息。

16.014　不可预见费 contingency cost

又称"预备费"。在工程投资概(估)算中,预留的为支付施工中可能发生的、比预期的更为不利的水文、天气、地质及其他社会、经济条件而需增加的费用,一般以总投资的某一百分数计。

16.015　水利工程[总]造价 total construction cost of water project

建造水利工程所需的前期工作费用、土建费用、金属结构和机电设备购置及安装费用、临时工程费用、移民安置及土地补偿费用、施工管理费、建设贷款利息等费用的总和。

16.016　水利工程单位造价 unit construction cost of water project

水利工程总造价除以工程规模(如库容、装机容量、灌溉面积等)所得的每单位规模所需的造价。

16.017　水利工程固定资产原值 original fixed assets value of water project

水利工程总造价减去可以转让或出售的各项临时工程房屋、道路、设备和施工机械等项财产的残值后所得的数值。

16.018　水利工程固定资产形成率 fixed assets rate of water project

将水利工程固定资产原值除以工程造价所得的比值。

16.019　折旧 depreciation

一项固定资产在使用过程中因磨损老化或技术陈旧而逐渐损失其价值的现象。也指估计这种损失的行为。

16.020　残值 salvage value

一项固定资产经过一定时期使用而磨损和老化后,所剩余的价值。

16.021　沉资 sunk cost

一项投资项目在续建、改建或扩建前已投入的资金。

16.022　管理运行费 administration and operation cost

工程或设备在运行中每年所需的管理人员工资、行政费用以及为运转所需的燃料、动力、材料等费用的总称。

16.023 维修费 maintenance cost

工程或设备在运行中为维护其良好工况,每年所需的修理、补强及更换零部件等项费用的总称。

16.024 更新费 replacement cost

工程或设备由于破损或技术落后而进行更换所需的费用。

16.025 改建费 rehabilitation cost

为扩大工程或设备的规模或提高其效率而对工程进行改建所需的费用。

16.026 年费用 annual cost

将工程的造价摊算为各年的年均投资额,加上各年平均的管理、运行维修费用所得的总和。

16.027 边际费用 marginal cost

又称"增量费用"。工程或设备在某一规模处每增加一个单位规模(如库容或 装机容量)所需增加的费用。

16.028 影子价格 shadow price

在国民经济评价中,区别于现行的市场价格而采用的能够反映其实际价值的一种价格。

16.029 影子工资 shadow wage

在国民经济评价中,区别于现行市场的劳务工资而采用的能反映实际劳务供求情况的工资。

16.030 影子汇率 shadow exchange rate of foreign currency

在国民经济评价中,区别于现行的法定外币汇率而采用的能反映实际购买力的汇率。

16.031 机会成本 opportunity cost

一种资源(如资金或劳力等)用于本项目而放弃用于其他机会时,所可能损失的利益。

16.032 财务费用 financial cost

在财务评价中,按现行市场价格和财税制度所计算的工程费用。

16.033 经济费用 economic cost

在国民经济评价中,按影子价格所计算的工程费用。

16.034 内部转移支付 internal transferred payments

在国民经济评价中,工程项目的税款、政府补贴、国家银行贷款利息等对国民生产总值不形成绝对增减作用,而只是政府各部门之间的内部转移支付,不作为项目的费用或收入。

16.035 费用分摊 cost allocation

综合利用工程的总费用,在各目标或各部门、各地区之间进行分摊。

16.036 专项工程费用 cost of works for special purpose

在综合利用工程中,专为某一目标(如灌溉、发电)或某一地区服务的工程或设施的费用。

16.037 共用工程费用 cost of works for common purpose

综合利用工程中,同时为多种目标或部门、地区共同服务的设施(如大坝、溢洪道等)的费用。

16.038 可分离费用 separable cost

综合利用工程的总费用减去该共用工程不为本目标而只为其余目标兴建时所需费用而得到差值,即为可分离给本目标的费用。

16.039 剩余费用 remaining cost

综合利用工程的总费用减去各目标可分离费用之和所得的差值。

16.02　水利工程效益

16.040　水利工程效益　benefit of water project

一项水利工程投入运行后,比没有该工程状况时所增加的、对全社会或业主的直接和间接利益,包括经济的、社会的和环境等方面利益的总称。

16.041　经济效益　economic benefit

一项工程比没有该工程所增加的各种物质财富,尤其指可以用货币计量的财富的总称。

16.042　社会效益　social benefit

一项工程对就业、增加收入、提高生活水平等社会福利方面所作各种贡献的总称。

16.043　正效益　positive benefit

工程运行期中对社会有益的各种贡献。

16.044　负效益　negative benefit, adverse benefit

工程运行期中对社会有害的各种影响。

16.045　直接效益　direct benefit

工程项目为指定目标所提供的产品或服务的价值。如水电工程的发电量或防洪工程可减少的洪灾损失。

16.046　间接效益　indirect benefit

一项工程项目在指定目标以外所产生的效益。如水电工程也能减少洪灾损失。

16.047　有形效益　tangible benefit

可用实物或货币计量的效益。

16.048　无形效益　intangible benefit

不能用实物和货币计量的效益。如提供优美的风景和生态环境等。

16.049　剩余效益　remaining benefit

综合利用工程中,某部门所得的效益或单独兴建等效工程所需的费用(二者中取其小者)减去该部门的可分离费用后所得的差值。

16.050　财务效益　financial benefit

按现行市场价格和财税制度计算的效益。

16.051　毛效益　gross benefit

又称"总效益"。未扣除各项费用前的工程总效益。

16.052　净效益　net benefit

毛效益扣除各项费用后所得的余额。

16.053　边际效益　marginal benefit

又称"增量效益"。工程或设备在某一规模处每增加一个单位规模(如库容或装机容量)所能增加的效益。

16.03　资金的时间价值

16.054　资金的时间价值　time value of money

资金经合理运用一段时间后,因赢利而增加的价值。

16.055　折现　discount

将未到期的一笔资金折算为现在即付的资金数额的行为。也有泛指不同时间的资金数值之间的相互换算。

16.056　折现率　discount rate

以资金本金的百分数计的资金每年的盈利

能力,也指1年后到期的资金折算为现值时所损失的数值,以百分数计。

16.057 社会折现率 social discount rate
由国家规定的、根据资金的供需状况和机会成本用以调控投资项目经济可行性的折现率。

16.058 现金流量图 cash flow diagram
将项目各年的费用或效益以时间(年)为横坐标,以金额为纵坐标,所绘制的图形。

16.059 现值 present worth
一笔资金按规定的折现率,折算成现在或指定起始日期的数值。

16.060 终值 future worth
又称"期值"。一笔现有的资金按规定折现率,换算至将来某年年终所得的价值。

16.061 一次整付 single payment
一笔资金在期中不支取利息而是到期末一次整付本利的做法。

16.062 均等年金系列 equal-payment series
每年年末存取等额资金的现金流量。

16.063 等差年金系列 uniform-gradient series
在 n 年各年年末所存取的资金成等差级数递增或递减的现金流量。

16.064 年金 annual worth
将各种形式的现金流量换算为均等年金系列所得的相应年金。

16.065 复利系数 compound interest factor
各不同时间的资金值按复利方式进行相互折算时所采用的系数。

16.066 一次整付现值系数 single-payment present worth factor
一次整付的终值资金换算为现值时所乘的系数。

16.067 一次整付终值系数 single-payment compound amount factor
一次整付的现值资金换算为终值时所乘的系数。

16.068 均等年金系列现值系数 equal-payment series present worth factor
均等年金系列以各年年金换算为现值时所乘的系数。

16.069 均等年金系列终值系数 equal-payment series compound amount factor
均等年金系列以各年年金换算为终值时所乘的系数。

16.070 偿债基金系数 sinking-fund factor
均等年金系列以终值换算为年金时所乘的系数。

16.071 资本回收系数 capital recovery factor
均等年金系列以现值换算为年金时所乘的系数。

16.04 经 济 评 价

16.072 经济评价 economic evaluation
对工程项目或其中某一方案,计算其所需投入的费用和可能取得的效益,并分析其经济可行性的工作。包括国民经济评价和财务评价两项。

16.073 国民经济评价 national economic evaluation
从国家的整体经济出发,以能反应实际价值的影子价格、影子工资、影子汇率,计算工程项目的费用和效益并消除各项内部转移支付,然后进行经济可行性分析的工作。

16.074 财务评价 financial evaluation

从经营单位的角度,以现行市场价格、实际工资、官方汇率及各项财税制度,计算工程实际支付的费用和取得的效益,并分析其财务可行性的工作。

16.075 比较方案 alternative

为达到指定的经济发展目标,可供决策者比较选择的、具有同等研究深度的各种工程方案。

16.076 独立方案 independent alternative

可以同时并存而不互相排斥的几个比较方案。如在几个支流上修建的水电站,可以选定其中的任何一个,在资金充裕时也可同时选定几个。

16.077 互斥方案 mutually-exclusive alternative

不能同时并存、选定其中一个就不能选定另一个的方案。例如在同一坝址建设的不同规模或不同坝型的方案。

16.078 工程物理寿命 physical life of a project

一个工程投产后,因磨损、老化等自然原因至不能有效使用时止的一段期限。

16.079 工程经济寿命 economic life of a project

一个工程投产后,由于效率降低或技术落后,以致继续使用不如重新建造更为经济时,就到了其经济寿命期。

16.080 经济分析期 period of economic evaluation

在工程的经济寿命期内,选定一个有足够长度的、能使各比较方案的有利和不利的经济效果能够充分显示出来并达到稳定的程度,从而使各方案之间可进行合理经济比较的期限。

16.081 净现值 net present worth

一个工程在经济分析期中的历年效益的现值之和减去历年费用的现值之和后,所得的差值。

16.082 经济内部回收率 economic internal rate of return

在经济评价中,能使某一方案的净现值为零的折现率。

16.083 财务内部回收率 financial internal rate of return

在财务评价中,能使某一方案的财务净现值为零的折现率。

16.084 效益费用比 benefit-cost ratio

在经济评价中、某一方案的历年效益现值之和除以历年费用现值之和所得的比值。

16.085 投资回收年限 pay off period

某一工程自投产之日起,用逐年净效益收入还清工程投资所需的年数。

16.086 投资净效益率 net benefit-investment ratio

是国家计划委员会规定的一项经济评价指标,即每年平均的净效益除以全部投资(固定资产投资 + 流动资金),代表单位投资对国民经济每年所作的净贡献。

16.087 年折算费用 annual equivalent cost

工程的固定资产投资及每年的运行管理维修费各换算为每年均等的费用后相加所得之和。当几个等效益工程方案进行经济比较时,年折算费用最小的是最佳方案。

16.088 不确定性分析 uncertainty analysis

计算分析因采用的费用和效益的基本数据的估计误差或无法预期的变动,对经济评价结果所产生影响的工作。包括敏感性分析和概率分析。

16.089 敏感性分析 sensitivity analysis

计算分析在经济评价或财务评价中由于价格、工期或其他因素估计偏大或偏小某一数量,而对评价指标所产生影响的工作。

16.090　概率分析　probability analysis
计算分析由于洪水、径流的不同发生概率对评价指标所产生影响的工作。

16.091　风险分析　risk analysis
计算分析由于自然灾害或人为事故而对工程所产生影响的工作。

16.05　水利工程收费

16.092　水费　water fee
农田、住宅及工商企业等用水户向供水单位为所提供的水量而交纳的费用。

16.093　水价　water price
用水户为购买单位供水量所交付的费用。

16.094　防洪费　flood protection fee
防洪受益者向防洪工程管理单位定期交纳的为提供堤防、圩垸、分洪等防洪减灾服务的费用。

16.095　排涝费　drainage fee
排涝受益者向排涝工程管理单位定期交纳的为提供排水渠道、泵站等措施而减少受涝损失的费用。

16.096　按方水费　water fee by volume, water price by volume
按用水量的体积计量的水费。

16.097　按亩水费　water fee by acreage, water price by acreage
按灌溉亩数计量的水费。

16.098　按户水费　water fee by household
按户(或按其人数)而不论其用水量多少向供水单位定期交纳的生活用水水费。

16.099　两部水费　composite water fee
又称"复合水费"。灌溉水费中既按亩收取某一定值作为基本水费,又按用水量收取按方水费的制度。

16.100　货币水费　water fee in cash
用货币交纳的水费。

16.101　实物水费　water fee in kind
用产品(如小麦、稻谷、棉花等)交纳的水费。

16.102　水费实收率　collection rate of water fee
实际收到的水费总数与按规定应收水费总数的比值,以百分数计。

16.103　滞纳金　overdue fine
超过规定期限交纳水费时所附加的罚款。

16.104　工业水费　industrial water fee, industrial water price
工矿部门向供水单位所交纳的费用。

16.105　生活水费　domestic water fee, domestic water price
为家庭生活供水所收取的水费。

16.106　分级[累进]水价　progressive water price with block rates
水价随着用水量的增加而分级递增的计价方式。

16.107　电价　electricity price
单位电能价值的货币表现。

16.108　容量电费　electrical capacity charge
发电厂经营单位向用电户按其申请的或安装的最大用电容量分月或一次性收取的,在按实际用电量收费以外的费用。

16.109　峰荷电价　electricity price of peak

load

用电户在峰荷时段用电所应交纳的每单位电量的电费。

16.110 季节电价 seasonal electricity price

对用电户在一年中不同季节用电采取不同价格。例如在丰水季节水电站发电较多时采取低电价以鼓励用电,而在枯水季水电站发电量较少时采取高电价以限制用电的制度。

16.111 工业电价 electricity price for industrial uses

电业部门向工矿企业及运输业、建筑业提供电能时所采用的电价。

16.112 农业电价 electricity price for rural uses

电业部门向农村提供用于排灌、耕作、收获等所需电能的一种较优惠的电价。

16.113 家用电价 electricity price for domestic uses

电业部门向家庭及商店、机关供照明及家用电器等所需电能的电价。

16.06 水利建设资金筹集

16.114 水利建设资金筹集 financing fund of water project

筹集水利工程所需的建设投资、流动资金及常年运行维修费的渠道和方式。

16.115 政府拨款 government's grant

对防洪等公益性水利工程由国家财政部门无偿拨款用作建设的资金。

16.116 银行贷款 bank's loan

向银行借贷工程建设所需资金并按工程盈利性质规定不同的还款期限和利率。

16.117 水利建设基金 foundation for water works

由国家贷给或由各种渠道筹集的有偿资金,用作水利工程基建投资周转。

16.118 水利建设债券 bonds for water works

由银行或国家授权单位发行和销售的规定有利率和还款期限并用于建设水利工程的一种财政凭证。

16.119 劳动积累 voluntary labor accumulation

每年所投的水利义务工,作为水利建设所需劳力并抵充部分的建设资金。

16.120 多方集资 multi-channels financing

从国家和地方财政、银行、工商企业和受益团体以及个人,以债券或股份的方式,筹集水利建设所需的资金。

16.121 硬贷款 hard loan

向国际性银行借贷的、偿还期较短、利率较高的一种贷款,一般用于利润率较高的兴利工程。

16.122 软贷款 soft loan

向国际性银行及外国政府借贷的、偿还期较长(如 30—50 年)、利息很低或无息带有援助性质的,一般用于贫困地区救济性项目的一种贷款。

16.123 混合贷款 composite loan

向国际性银行借贷的一部分属于硬贷款,一部分属于软贷款的一种贷款。

16.124 还贷期限 repayment period

贷款时商定的,自何年开始至何年结束,逐年偿还贷款本利的年限。

16.125 宽限期 grace period

在贷款协议中商定的,在还贷期的头若干年,由于工程效益尚未充分发挥,借方不还本金只付利息的年数。

16.126 承诺费 commitment fee
向世界银行借用的贷款中,对已生效但未支用的部分,借方应交承诺费,费率原规定0%—0.50%—0.75%,现规定软贷款承诺费率为0%,硬贷款承诺费率为0.25%。

16.127 洪灾保险 flood insurance
企业或个人因担心遭受洪水灾害而向保险公司投保的行为。

16.128 水利工程保险 water project insurance
水利工程的经营单位为减轻因遭受地震或洪水等自然灾害所造成的损失,而向保险公司交纳一定的保险费进行灾害投保,当实际发生这种灾害时,保险公司将按协定给予补偿的一种经济行为。

16.129 保险费率 insurance rate
投保人向保险公司每年交纳的保险费除以所投保的财产金额所得的比值,以百分数计。

16.130 保险赔偿 insurance compensation
投保人受灾后,保险公司按合同经勘查落实后,给予投保人一定金额用以补偿其所受损失的行为。

17. 水 利 管 理

17.01 水 法

17.001 水法 water law
调整有关防治水害和开发、利用、保护、管理水资源的人类活动以及由此产生的各类水事关系的法律。

17.002 国际水法 international water law
国家之间在国际水域开发、利用和保护、管理方面所缔结的国际公约、双边或多边国际条约、协定以及国际惯例而形成的一般原则、规则的总称。

17.003 水法规 laws, regulations and rules of water
调整水事活动中社会关系的各项法律、行政法规、规章和地方性法规的总称。

17.004 水法规体系 system of laws, regulations and rules of water
调整水事活动中社会关系的各项法律、行政法规、规章构成的有机整体。

17.005 水行政法规 administrative regulations of water
国家最高行政机关依法制定和发布的有关调整水事活动中社会关系的行政法规、决定、命令等规范性文件的总称。

17.006 地方性水法规 local regulations and rules of water
由依法享有立法权的地方国家权力机关和地方国家行政机关按法定程序制定的有关调整水事关系的地方法规、决定、命令等规范性文件的总称。

17.007 水行政规章 administrative rules of water
由国家水行政主管部门等行政机关依法在本部门的权限范围内按照法定程序所制定的有关水的开发、利用、保护、管理和防治水害等方面的决定、命令等规范性文件的总称。

17.008　水法制建设　construction of legal system in water

又称"水政建设"。以水行政立法、水行政执法、水行政司法和水行政保障为基本内容的水事基础建设。

17.009　水行政立法　administrative legislation of water

国家有关行政机关依照法定权限和程序提出水法律草案,制定水行政管理方面的法规、规章以及其他规范性文件的抽象行政行为。

17.010　水行政执法　administration of law in water

水行政机关依法对水行政管理相对人采取的直接影响其权利义务,或者对相对人权利义务的行使与履行进行监督检查,并对相对人的违法行为进行查处的具体行政行为。

17.011　水行政司法　administration of justice in water

水行政机关依法进行水行政调解、处理或复议以解决水事纠纷和水行政争议的行为。

17.012　水行政行为　administrative action of water

水行政机关在水事管理活动中依法制定水行政规章以及对管理相对人或具体事项进行处理的行为。

17.013　水行政复议　administrative reconsideration of water

依法设置以解决行政管理相对人不服水行政机关所作出的具体行政行为而产生的水行政争议的制度。

17.014　水权　water right

按照水法行使的对水的管辖权力,也指经过水行政主管部门批准给予用水户的对水资源处理和利用的权力。

17.015　水权登记制度　registration system of water right

权利人通过在国家法定登记机关对其依法取得的对地表水、地下水的使用权进行登记从而获得国家承认并予以证明的一种制度。

17.016　取水许可制度　water-drawing permit system

水行政机关根据法律、法规的规定,对管理相对人提出的直接从地下或者河、湖取水的申请,作出准予或者不准予的水行政决定的一项水管理基本制度。

17.017　沿岸权　river-bank right, riparian right

沿岸国家对属于其领土部分的国际水域所享有的管辖权、使用权、取得损害赔偿权以及分享整个国际水域水益的权利。

17.018　水事关系　water relation

在防治水害和开发、利用、保护、管理水资源的人类活动中产生的各种社会关系的总称。

17.019　水事纠纷　water dispute

地区之间、单位之间、单位和个人之间、个人之间在开发利用水资源和防治水害的水事活动中所产生的行政争议或民事纠纷的统称。

17.020　水事纠纷处理　disposition of water dispute

解决地区之间、单位之间、单位和个人之间、个人之间在开发利用水资源和防治水害的水事活动中所发生的水事权益争端的行为。

17.02 水　政

17.021　水行政管理 administration of water
水行政机关依法对全社会的水事活动实施管理和统筹协调的总称。

17.022　水行业管理 management of water industry
水行政机关对开发、利用、保护水资源和防止水害的各项事业行使规划、协调、监督、服务等职能的总称。

17.023　水资源权属管理 administration of water rights
水行政机关或其授权的部门依法对水资源实施调配、处理的管理。

17.024　水资源开发利用管理 management of water resources development and utilization
依法取得水权的部门或单位对其开发利用水资源的各项事业所实施的管理。

17.025　水管理体系 water management system
依法实施水行政管理、水行业管理和水资源开发利用管理的部门、机构与单位所构成的管理系统。

17.026　水管理制度 regulation of water management
依法确立的规范水事活动的各项管理制度的统称。

17.027　水行政主管部门 department of water administration
由中央和地方国家行政机关依法确定的负责水行政管理和水行业管理的各级水行政机关的总称。

17.028　流域管理 river-basin management
以江河流域为单位对有关水事活动实施的管理。

17.029　流域管理机构 river-basin management agency, river conservancy commission
中央或地方国家行政机关在有关江河流域设置的、以流域为单元进行有关水资源综合规划、协调开发、统一调度和河道管理的专职机构。

17.030　区域管理 district management
以行政区域为单元对有关水事活动实施的管理。

17.031　水工程管理机构 management agency of water project
指专事水工程经营和管理的单位。

17.032　水政监察 water administration supervision
水行政机关依法对所管辖的水事活动和管理相对人执行水法规的情况进行检查、监督以及对水事违法案件与行为进行查证、处理的水行政执法活动。

17.033　水利公安 water police
公安机关设在水利部门专司保卫水、水域、水工程,维护水利治安秩序,依法对违反水法规并构成犯罪的和涉及治安管理处罚的水事案件与行为进行查处的水行政执法组织。

17.034　水政策 water policy
国家为实现一定时期内开发、利用、保护水资源和防止水害的目标而制定的行动准则。

17.035　水产业 water industry
以工程提供水、电等产品,以工程和非工程

措施为消除或减轻水害提供服务的经济部门。

17.036　水产业政策　policy of water industry

国家为实现一定时期内水产业的发展目标

而制定的行动准则。

17.037　水利基础产业　basic industry of water conservancy

对国民经济和社会发展具有承载作用的水利产业。

17.03　水利工程管理

17.038　水利工程管理　water project management

对已建成的水利工程进行检查观测、养护修理和水利调度运行;保障工程正常运行,以充分发挥工程效益的工作。

17.039　河道管理　river management

河道包括江河、湖泊、人工水道、行洪区、蓄洪区和滞洪区。河道管理系运用技术、经济、行政等管理手段,保障防洪安全,发挥其综合效益。

17.040　水利工程观测　observation of water project

在水利工程表面、内部以及周围环境中,选择有代表性部位或断面,按需要埋设安装观测设备,对某些物理量进行定期、系统的观测工作。

17.041　水工建筑物隐患探测　detection of hidden defects of hydraulic structure

利用机具或仪器设备对水工建筑物内部隐患进行探查和量测,以便及时发现隐患,进行修复、防治,保障水工建筑物安全运行。

17.042　水利管理自动化系统　automation system for water project management

应用电子计算机和传感技术以及信息搜集处理技术,使水利工程运行管理中相关联的一些技术措施和信息反映实现自动化,并进行集中管理的运行系统。

17.043　大坝安全监测自动化系统　automation monitoring system for dam safety

利用电子计算机和传感技术以及信息搜集处理技术,实现大坝观测数据自动采集处理和分析计算,对大坝性态正常与否作出初步判断和分级报警的观测系统。

17.044　水利调度　water project operation

合理运用现有水域和水利工程,改变江河、湖泊天然径流在时间和空间上的分布状况,以适应国民经济生产、生活需要,达到除水害、兴水利,综合利用水资源的目的。

17.045　水库实时调度　real-time reservoir operation

在水库日常运行的面临时段,根据实际情况及时调整运行状态的调度措施与方法。

17.046　水库调度图　graph of reservoir operation

表示水库调度决策变量(电站出力、灌溉与城镇供水量、下泄量、时段末库水位等)与状态变量(时段初库水位、入库流量、时间等)的关系线图。

17.047　水沙调度　operation of water and sediment discharge

在多沙河流上的水库,为减轻库区淤积和下游河道冲淤,对水、沙进行统一调度。

17.048　水库预报调度　reservoir operation based on forecast

在水库控制运用中,用气象、水文预报方法预报将来要发生的径流过程,据以进行的水库调度。

17.049 防洪工程联合调度 joint operation
of flood control projects

运用防洪系统各项工程,有计划地统一控制调节洪水。

17.04 水 利 渔 业

17.050 水利渔业养殖技术 culture techniques of water conservancy related fisheries

在水利工程设施形成的水域或滩涂中进行鱼类养殖的各项技术。

17.051 水利渔业经济 economics of water conservancy related fisheries

水利渔业在生产、经营和体制建设中有关经济活动的统称。

17.052 水库渔业 reservoir fisheries

在水库水域进行鱼类资源增殖和保护、鱼类养殖、捕捞等渔业生产活动。

17.053 水库渔政管理 administrative management of reservoir fisheries

为保护水库渔业资源和维护水库正常渔业生产活动的管理方式。

17.054 水库鱼产力 fish productivity of reservoir

根据水库水域天然饵料生物现存量和生产量估算水体的产鱼能力。

17.055 水库养殖鱼类 culture species in reservoir

向水库水域投放食用天然饵料为生或靠投饵施肥而成长的鱼类品种。

17.056 水库鱼类合理放养 reasonable fish stocking in reservoir

根据水库水域中饵料资源投放相应的鱼类品种、规格和数量而获得渔业高产的方法。

17.057 水库鱼种培育 fingerling rearing in reservoir

为水库鱼类放养,培育一定规格和数量鱼种资源的方法。

17.058 水库鱼类保护 fish protection in reservoir

为维护水库水域中鱼类正常繁衍和增殖所进行的工作。

17.059 水库人工鱼巢 artificial fish nest in reservoir

为水库水域内产粘性卵鱼类提供卵体附着物的一种设施。

17.060 水库底层鱼类 bottom fishes in reservoir

喜爱栖息于水库水域底层的鱼类。

17.061 水库凶猛鱼类 predatory fishes in reservoir

水库水域内以食鱼为生的敌害鱼类的统称。

17.062 水库鱼类清野除害 removing trash fish and predatory fish in reservoir

清除或抑制水库水域中凶猛鱼类和低经济价值野杂鱼的种群繁衍。

17.063 网箱养鱼 cage culture

在江、河、湖、库水域及常年流水的渠道内设置纤维或金属网片组成的箱体进行投饵或不投饵养鱼的一种集约化养殖方式。

17.064 水库捕捞 fishing in reservoir

捕获水库水域中鱼类的渔业生产环节。

17.065 水库渔具渔法 fishing facilities and methods in reservoir
捕获水库水域中鱼类的作业工具和方法的统称。

17.066 拦鱼设备 barring facilities
拦截水库或其他水域内鱼类逃逸的设施。

17.067 水库鱼类移植驯化 transplantation and acclimation of fish in reservoir
引进天然水域中鱼类品种使其在水库水域中繁衍生长的驯化工作。

17.068 水库鱼病防治 prevention and treatment of fish disease in reservoir
预防和治疗水库水域中鱼类疾病的统称。

17.069 水库鱼类精养 intensive fish culture in reservoir
通过密放、混养和投饵施肥,促使水库水域中鱼类增长而获得高产的养殖方式。

17.070 水库施肥养鱼 fertilizing for fish farming in reservoir
向水库水域投洒有机或无机肥料培育水体中饵料生物,以获取较高鱼产量的养殖方式。

17.071 库湾养鱼 fish farming in cove
在水库库湾、库汊筑坝或拦网进行鱼类养殖的一种方式。

17.072 流水养鱼 flow-water fish farming
引出库水或渠道内流水建池进行集约化流水养鱼。

17.073 渠堰养鱼 fish culture in canal and pond-type reservoir
在常年流水的渠道或塘堰内养鱼。

17.074 塘堰育青培育 fingerling rearing by culture of grasses in pond
在塘堰浅水或湿润期种植稗草等,俟蓄水后腐烂成肥以利鱼种培育。

17.075 湖泊渔业 limnology fisheries
在湖泊水域,进行鱼类资源增殖和保护、鱼类养殖、捕捞等渔业生产活动。

17.076 围拦养殖 pen culture
在湖泊、水库水域中围拦湖、库汊或网围小水域进行鱼类养殖的一种方式。

17.077 水利渔业工程 fishery engineering in water conservancy
在水利工程设施中兴建鱼类养殖、防逃、过鱼等渔业工程设施的统称。

17.078 鱼泵 fish pump
通过拦截、诱导水利枢纽上游水域中的下行鱼类,泵吸转运至坝下的一种运鱼设施。

17.079 开闸纳苗 collection of fish fry by opening the sluice gate
在鱼汛期开启水闸纳鱼孔或闸门,供鱼苗倒灌过闸的一种过鱼方式。

17.080 集运鱼船 boat for collection and transportation of fish
以船体集运鱼群过坝的一种过鱼设施。

17.081 海涂养殖 aquaculture in tideland
在滨海挡潮堤、闸围垦滩涂内发展水产养殖的统称。

水利史名词

管　理

司空　中国古代中央政权中主管水利、土木工程等事业的最高行政长官。

水部　隋、唐、宋时期中央主管水利的行政机构。

都水监　明清以前,各代负责水利(包括航道、桥梁等)工程计划、施工、管理的中央机构。

河道总督　清代主管黄河、运河和海河水系河工事务的行政首长。

水工　古代水利技术工作者。

水令　见于历史记载我国最早的灌溉制度。公元前 111 年儿宽建成六辅渠后,即"定水令,以广溉田"。

水部式　唐代由中央政府颁行的水利管理法规。内容包括农田水利管理、碾硙设置、通航船闸及桥梁、津渡的管理维修、渔业及城市水道管理等内容。

农田水利约束　北宋熙宁二年(1069 年)由中央政府颁布的有关农田水利政策的条例,又名《农田利害条约》。

河防令　金泰和二年(1202 年)由中央政府颁布的治河防洪法规,共 11 条,主要内容包括:防洪领导体制和监察制度,官吏功过考核,河防夫役的征集、休假和医疗,防汛,通讯等。

徼　古代以水流断面积计算的原始流量单位。

晴雨录　清代北京观象台逐日逐时记载的降水记录。

灌溉与排水

沟洫　又称"畎浍"。古代农田排灌沟渠系统。

陂塘　又称"潴"。小型灌溉蓄水工程。

笕　又称"枧"。连接起来用于输水的竹管。

飞渠　古代的渡槽。

水门　又称"闸","碶"。古代的闸门,多为叠梁式石闸。

涵窦　又称"窖窦"。古代的涵洞。

洴阙　又称"石砫"。古代的侧向溢流堰。

塘　古代有三种含义:(1)水道,如江南塘浦等。(2)御水堤,如海塘、河塘等。(3)灌溉蓄水池,如塘堰、陂塘等。

墱　低矮的拦河滚水坝。

濴水　溢出地面的水量较丰富的地下水泉,主要分布于山西和陕西黄河两岸,多有灌溉之利。

塘浦　又称"泾","浜"。江南水网区的天然水道。

圩田　又称"垸田","基围"。沿江滨湖低地,四周有圩堤围护,内有灌排系统的农业区。长江下游和太湖流域称圩田,湖南、湖北称垸田,珠江和韩江三角洲称基围。

区田　古代北方农田轮换穴种的抗旱耕作法。适用于平原或山地。

架田　水草蔚泥盘结而成的漂浮于水上的可种植蔬菜、粮食的农田。

斥卤　又称"咸卤","斥埴"。古代的盐碱地。

梢沟　又称"浍"。古代的排水沟。

坊庸　古代的水土保持工程,相当于现在的谷坊。

治河、防洪

信水　立春之后,古人根据黄河初涨幅度,预报夏秋洪水的大小,颇为信验,故称信水。也有将洪水发生时间与季节有较好的对应关系的现象称为信水。而将非时暴涨称为客水。

飞马报汛　古代利用传递军情的快马向下游报汛的制度。明代规定:"黄河盛发,照飞报边情摆设塘马。上自潼关,下至宿迁,每三十里为一节,一日夜驰五百里,其行速于水汛"。

遥堤　缕堤之外一公里左右的堤,用以限制洪水溢出缕堤之后的泛滥。

缕堤　靠近主河床的大堤。

题估　清代规定用银一千两以上的工程,无例案可循者,需将工程经费事先预算造册上报,称为题估。

题销　题估工程完工之后,四个月内需造册报销,称题销。

功程　古代河防施工中计算劳力定额的规定。

茭梢　埽工用料。芦苇称作茭,树枝及灌木称作梢。

六柳　河工种柳树的六种方法,有卧柳、低柳、编柳、深柳、漫柳、高柳等。

土方　以立方体积计算的积土数量单位。清代规定长宽各一丈,高一尺的土料为一土方。

水方　古代计算水量的单位,长宽高各一丈为一水方。

勾抿　用桐油灰等物充填料石或砖砌建筑物的表层缝隙。

灌缝　古代用石灰江米汁等灌注充填砌石或砌砖建筑物内的层间缝隙。

四防二守　明清间黄河汛期的修守制度,即风防、雨防、昼防、夜防与官守、民守的总称。

九河　相传大禹用疏导方法治水时在山东德州以北、天津以南的黄河下游所开的九条分支河道。

水猥　古代的蓄滞洪区。

减水河　又称"分水河"。用以分减超过主河道容泄洪水能力的人工分洪河道。

抽槽　在引河施工中为方便引水所挖的一条或数条尺寸较小的沟槽。

闭河　古代堵口和施工截流称作闭河。

顺厢埽　埽捆的铺放平行水流方向,多用于堵口工程的埽工。

丁厢埽　除底坯埽捆顺水流方向铺设外,其余各坯埽料均垂直水流方向铺放,多用于护岸和抢险工程的埽工。

卷埽　将梢枝、芦获和土石卷实捆扎而成的埽捆逐个沉放于险工处,用以堵口或构筑险工的施工方法。

沉厢埽　在下埽处的堤面与捆厢船之间的绳索上铺放秸料和土,每层用绳索缩束成整体,再逐层陆续修做压实,直到河底的埽工施工方法。

签桩　(1)宋元时期将用来贯穿卷埽埽捆的木桩,一般长一丈八尺。(2)清代在堤上钉入长三尺到五尺的用以固定沉厢埽绳索的桩。

捆厢船　沉厢埽施工时位于河中用来固定绳索一端的船。

走埽　埽工被水流移动。

跑埽　埽工被水流冲走。

埽厢沉蛰　由于底部埽料日久朽烂,导致埽工蛰陷、蛰动。

软厢 用梢料和土修筑的埽工。

硬厢 软厢埽两边再钉以排桩保护的埽工。

埽台 又称"坝台"。堤顶窄狭时,为方便埽工施工,平堤顶加筑的施工桩台。

石 在木构框架中充填石块的筑堤构件。

竹络 在竹笼中充填块石的筑堤构件。

木龙 用竹篾将长木桩编扎起来的护岸构件。

柴土坝 在两排木桩间充填薪柴和土石所构筑的坝。

灰坝 用石灰、黄土、沙各一份填筑的坝,即三合土坝。

减水坝 在河道一侧修建的低于堤顶的溢流设施,一般为石料砌筑,平时用土袋封堵,待河水涨至
一定高度时启用。

蓑衣坝 外部为砌石砌护的溢流土石坝。

坦水 (1)在闸、坝等泄水建筑物和下游海漫之间修建的消能防冲设备,古代多为浆砌或干砌建筑
物。(2)海塘临水面桩基之间砌筑石料的护塘工程。

雁翅 闸、坝、涵洞等建筑物中,保护上下游边坡的翼墙。

水则 又称"水志"。古代的水尺。

水平 古代的水准仪。

旱平 利用铅垂线与水平面垂直原理制成的高程测量器。

志桩 又称"信桩"。钉在土方工程或取土场地的木桩,用于验收土方。

顶冲 洪水主溜直冲河岸堤防。

上提 溜势变迁,主溜移向险工上游堤岸的险情。

下挫 又称"下坐"。溜势变迁,主溜移向险工下游堤岸的险情。

向著 水溜距离险工较近者称向著。宋代规定:河势直冲堤岸为第一等,顺流堤根为第二等,离堤
一里以内为第三等。

退背 水溜距离险工较远者称退背。宋代规定:水溜离堤最远为第一等,次远为第二等,离堤一里
多为第三等。

坐湾 水势回卧,极度弯曲。

夺河 又称"夺溜","掣溜"。河流决口或人工改道,主溜离正河而改行新道。

占 埽工堵口时,每前进一埽,称作一占,长约五丈。

裹头 决口后为防止口门继续冲宽而用埽工加固堤头。

正坝 堵口时的主坝。

边坝 堵口时为保护正坝而修的距正坝约二丈远,位于上游或下游,进占速度慢于正坝一占的副
坝。

二坝 为减轻堵口时正坝所承受的水头压力,在正坝下游约二百丈处所修的形制较小的坝。

单坝 又称"独龙过江"。单独使用一座正坝堵口的方法。

关门埽 又称"金门占"。龙口两边的两占称金门占或关门埽,较其他埽占土料厚实。

合龙占 金门占盘筑坚实后进行合龙的最后一占。

养水盆 将决口冲成的跌塘用堤围圈减小正坝承受的上下游水头差,防止出现管涌。

土牛 储备在堤顶上的汛期抢险用的堆土。

鱼鳞石塘 用条石纵横叠砌的重型海塘,由于石料逐层内收,表面呈规则的鱼鳞状,故名。

梅花桩 海塘等水工建筑物的桩基中,桩柱平面分布如梅花形的一种型式。

马牙桩 又称"排桩"。海塘等水工建筑物桩基中,桩柱紧贴如马口中的排牙,一般布置在临水面,以防潮水淘刷土基。

备塘坝 石海塘背河面所修之防渗抗倾覆的土备塘。

备塘河 备塘坝后收集和排泄海塘渗水的河道,可兼作运输。

护塘坝 减轻溜潮对塘身冲击和滩地冲刷的桩石建筑物。即在塘基外,每隔五尺打一排桩基,入土一二丈,出土数尺,桩基之间散铺石块。桩基一排至四排不等。呈斜阶梯形,内高外低。

护滩坝 在护塘坝外高低潮位间的用以防护滩地冲刷的建筑物。

拦水坝 护滩坝之外的防冲促淤建筑物,坝顶低于平均潮位。

水 利 机 具

渴乌 古代的虹吸管。

恒升 人力提水泵。明代末年传入我国。

水碓 水力驱动的杵舂,有去除谷壳、麦皮、捶纸浆和碎矿石等作用。

水硙 水力驱动的磨,古代北方称水碾。

水排 古代水力驱动的冶炼鼓风机。

英　文　索　引

A

abutment pier　08.167

accelerated erosion　14.006

acceptance before reservoir impound-
ment　09.186

acceptance of project　09.184

acceptance of starting　09.187

accidental action　08.022

accidental action combination
08.029

acoustic emission of rock　05.029

action　04.141

action sub-coefficient　08.016

active earth pressure　05.207

active fault　06.048

activity index　05.099

actual irrigation area　11.005

addition　04.205

adjustment of measurement　06.009

administration and operation cost
16.022

administration cost during construction
16.007

administration of justice in water
17.011

administration of law in water
17.010

administration of water　17.021

administration of water rights
17.023

administrative action of water
17.012

administrative legislation of water
17.009

administrative management of reser-
voir fisheries　17.053

administrative reconsideration of water
17.013

administrative regulations of water
17.005

administrative rules of water　17.007

admittance　05.142

admixture　04.204

advance　10.093

adverse benefit　16.044

aeolian deposit　06.029

aeration　03.141

aeration zone　02.084

affinity law of pump　11.315

afforestation terrace　14.074

aggregate　04.203

agricultural hydrology　02.021

agricultural pollutant　15.028

agroforestry　14.064

agrohydrology　02.021

air compressor　09.163

air-cooled hydrogenerator　12.140

air entraining facilities　08.199

air supply equipment of hydraulic tur-
bine　12.133

air vent pipe　08.251

alkali-aggregate reaction　04.221

allowable bearing capacity　05.196

allowable settlement　05.194

allowable strain　08.054

allowable stress　08.053

allowable stress method　04.156

alluvial soil　06.028

altered rock　05.006

alternating current transmission
12.174

alternating pressure and non-pressure
flow　03.103

alternating stress　04.048

alternating tidal current　03.309

alternation of slope and terrace
14.073

alternative　16.075

alternative bar　03.206

aluminous cement　04.200

amelioration of saline-alkali land by
leaching　11.247

amount of groundwater feed　02.252

amount of groundwater mining
02.253

anchorage　13.165

anchorage area　13.165

anchoring and shotcreting　09.065

anchoring structure　13.207

anchor pile　09.042

ancient river course　06.069

angle of dip　06.038

angle scheme　12.170

annual cost　16.026

annual equivalent cost　16.087

annual regulation　12.018

annual runoff　02.219

annual utilization hours　12.050

annual worth　16.064

antecedent-precipitation index
02.214

anticline　06.035

anti-scour trench　08.219

anti-scour wall　08.220

application of remote-sensing to geolo-
gy　06.092

application rate of sprinkler irrigation
11.146

applied hydrology　02.018

appraisal for regional tectonic stability
06.124

appraisal of land suitability　14.043

B

bidding design 08.011
bid documents 09.190
bid evaluation 09.193
bid inquiry 09.195
bid negotiation 09.194
bid opening 09.192
bifurcated pipe 08.244
bifurcation stream 03.202
Bingham body 03.011
biochemical oxygen demand 15.037
biological drainage 11.236
biological purification 15.050
bitumen 04.222
bitumen mastic 04.223
bitumen mortar 04.224
blanket 08.139
blasting 09.017
blasting cap 09.038
block rock mass 05.008
block wall breakwater 13.217
boat for collection and transportation
  of fish 17.080
BOD 15.037
boil 13.047
boil-eddy 03.219
bolting machine 09.129
bonds for water works 16.118
border irrigation 11.041

borehole log 06.115
borehole television 06.103
bottom fishes in reservoir 17.060
bottom outlet 08.184
bottom outlet diversion 09.005
boulder 05.047
boundary element method 04.098
boundary layer 03.074
box-type retaining wall 08.175
bracket 04.140
brackish water irrigation 11.010
braking system of hydrogenerator
  12.152
branch canal 11.015, 13.014
branch dike 10.027
branch of a river 10.104
breaking wave 03.280
break-up 02.123
breakwater 13.212
breasting dolphin 13.205
breast wall 08.169
brick 04.228
bridge crane 09.160
bridge crane ship lift 13.122
bridge scheme 12.169
brittle-coating method 04.126
brittle failure 04.151
brittle material structural model ex-

periment 08.075
broad-base terrace 14.072
broad crested weir 03.127
broken wave 03.281
bucket-chain waterlift 11.132
bucket dredger 13.231
bucket energy dissipation 08.214
bucket-wheel suction dredger
  13.230
buckling 05.026
budget of construction drawing project
  09.176
bulb turbine 12.108
bulkhead gate 08.276
bulk modulus 05.163
bulldozer 09.113
buoy 13.247
buoyancy force 08.035
buoyant force 03.030
buoyant jet 03.150
burst 03.070
bury of groundwater 06.078
bus gallery 12.097
butterfly valve 08.306
buttress dam 08.086
buttressed quay wall 13.200
bypass pipe 08.252
bypass valve 08.299

C

cable crane 09.156
cable operating machinery 13.114
cable-suspended structure 04.184
cableway 09.146
cage culture 17.063
caisson breakwater 13.218
caisson quay wall 13.198
canal 08.241, 13.010
canal for water conveyance 11.023
canal for water distribution 11.024
canal for water release 11.026
canalization works 13.058
canalized river stretch 13.057

canalized waterway 13.008
canal seepage control 11.096
canal structure 08.253
canal water consumption 13.016
cantilever form 09.076
cantilever retaining wall 08.176
capacity of sprinkler 11.175
capillary pressure 03.019
capillary water 05.080
capital recovery factor 16.071
capture of major current 10.088
cargo throughput of port 13.145
carrier communication 12.197

cascade development planning
  07.015
cascade hydropower development
  12.012
cash flow diagram 16.058
cast-in-place concrete pile 09.044
cast stone 04.231
caterpilar gate 08.280
cave erosion 14.019
cavitation 03.138
cavitation characteristic curve of pump
  11.303
cavitation erosion 03.140

comprehensive water pollution control 15.032

compressed air system of hydropower station 12.132

compressibility 05.100

compressibility of fluid 03.020

compression 04.022

compression index 05.160

compression test 05.158

compressive strength 05.107

computation for river erosion at reservoir downstream 07.051

computer-aided mapping system 06.017

computer control for hydropower station 12.195

concrete 04.202

concrete batching and mixing plant 09.137

concrete block quay wall 13.197

concrete bucket 09.140

concrete cofferdam 09.011

concrete construction 09.068

concrete curing 09.083

concrete dam 08.083

concrete diaphragm wall 09.048

concrete-filled steel tube 04.165

concrete form 09.072

concrete mixer 09.136

concrete placement 09.080

concrete power saw 09.149

concrete pump 09.142

concrete spreading 09.081

concrete spreading machine 09.147

concrete structure 04.161

concrete temperature control 09.092

concrete transfer car 09.141

concrete vibrating 09.082

concrete vibrator 09.148

concreting 09.080

concreting without longitudinal joint 09.098

conduit 08.242

confined water 06.085

conjugate depth 03.120

conoidal wave 03.268

consistency limit 05.089

consolidation 05.101

consolidation grouting 08.133

consolidation test 05.154

constant-pressure sprinkler system 11.137

constitutive relation 04.052

constraint 04.006

constructional drawing design 08.010

construction and maintenance action combination 08.028

construction bridge 09.100

construction dispatching 09.181

construction diversion 09.001

construction general layout 09.167

construction joint 08.124

construction management 09.164

construction materials 04.191

construction of hydroproject 01.035

construction of legal system in water 17.008

construction organization planning 09.165

construction scheduling 09.166

construction specification 09.173

construction transportation 09.168

contact grouting 09.053

contact stress 04.045

container 13.178

container freight station 13.179

container stuffing-stripping shed 13.179

contingency cost 16.014

continuous flip bucket 08.203

continuous irrigation 11.059

continuous medium 03.004

continuum 03.004

contour diagram of joints 06.106

contour interception 11.223

contour tillage 14.049

contract 09.197

contracting current 13.044

contraction joint 08.120

contractor 09.198

controlled blasting 09.018

control of construction quality 09.183

converging current 13.044

conveyance losses of irrigation canal 11.077

cooling pipe 09.095

cooling water 02.276

coordinate system 06.002

corbel 04.140

core drill 09.121

core recovery of drilling hole 06.107

cost allocation 16.035

cost of structures of water project 16.003

cost of temporary works of water project 16.004

cost of water project 16.002

cost of works for common purpose 16.037

cost of works for special purpose 16.036

Coulomb-Navier strength theory 05.039

counterforted quay wall 13.200

counterfort retaining wall 08.174

counterweight vertical ship lift 13.119

couple 04.009

crack growth 05.014

crack resistance 04.149

crack resisting calculation 08.063

crack width calculation 08.064

crawler crane 09.152

crawler hydraulic drill 09.124

creep 04.050

crescent dike 10.030

crest outlet 08.182

crib dam 14.086

criteria for groundwater table control 11.243

criterion for water conservancy planning　07.003
critical depth　03.110
critical depth of groundwater　11.252
critical flow　03.113
critical hydraulic gradient　05.153
critical hydraulic jump　03.121
critical levee section　10.043
critical NPSH　11.306
critical slope　03.114
crop evapotranspiration　11.066
crop tolerance of excessive soil moisture　11.240

crop water requirement　11.067
cross current　13.049
cross dike　13.053
cross-flow turbine　12.106
cross hole method　06.102
crossing structure　08.254
cross-river　10.102
cross section of flow　03.037
crown cantilever method　08.151
crustal movement　06.057
culture species in reservoir　17.055
culture techniques of water conservancy related fisheries　17.050

cumulative probability curve　02.201
current meter　02.144
current transformer　12.172
curvature radius of waterway　13.026
cut-off ratio　10.108
cut-off works　10.117
cutter suction dredger　13.229
cutting plane　05.011
cycling use of water　02.275
cylinder gate　08.285
cylindrical surge chamber　12.074

D

daily regulation　12.015
dam　08.081
damage mechanics　04.110
dam axis　08.115
dam-break flood　02.099
dam heel　08.116
damping　04.077
dam site　08.114
dam toe　08.117
dam-type hydropower station　12.053
Darcy's law　05.118
data scanning　12.190
dead reservoir capacity　07.037
dead water level　07.031
deadweight of vessel　13.152
debris flow　06.065
debris flow erosion　14.024
debris slide　14.018
deep beam　04.133
deep foundation　05.200
deep-hole blasting　09.020
deep percolation　11.069
deep pool　03.209
deep sliding　05.232
deep-water wave　03.263
deficient irrigation　11.098
deflected current wall　08.208

deflection　04.020
deformation　04.018
deformation behaviour of rock　06.052
deformation observation of structure　06.012
degradation　03.224
degradation of pollutant　15.041
degree of consolidation　05.155
degree of freedom　04.073
degree of saturation　05.088
delayed elasticity　05.020
delta　02.046
demolition blasting　09.029
densification by explosion　09.062
density　05.085
density flow　03.186
department of water administration　17.027
deposition　03.188
depreciation　16.019
depreciation of construction machinery　09.180
depression detention　02.077
depression storage　02.077
depth of drainage ditch　11.237
depth of drainage pipe　11.238
depth of navigation channel　13.024

depth of runoff　02.193
depth of terrain　13.175
depth of wetted soil　11.189
depth reserved for sedimentation　13.226
design annual runoff　02.220
design capacity of sprinkler irrigation system　11.142
design condition coefficient　08.018
design criteria for subsurface water control　11.242
design criteria for surface drainage　11.220
design dependability　12.030
design discharge of canal　11.090
design discharge of pumping station　11.266
designed discharge of drip irrigation system　11.197
designed discharge of dripper　11.195
designed irrigation area　11.003
designed operating pressure of drip irrigation system　11.196
design flood　02.215
design flood level　07.034
design head　12.036
design head of pumping station　11.267

design head of sprinkler irrigation system   11.143
design load level   12.052
design low flow year   12.031
design of hydro project   01.034
design reference period   04.153
design storm   02.205
design storm pattern   02.209
design vessel type   13.151
design vessel type and size   13.151
detached breakwater   13.213
detection of hidden defects of hydraulic structure   17.041
determinate model   08.072
detonator   09.038
development of reservoir zone   07.060
development of waterway   13.006
development resettlement policy   07.055
diagonal flow turbine   12.109
differential surge chamber   12.076
diffusion   03.151
dike   10.025
dike level sliding   10.081
dike sloughing   10.080
dilatancy   05.112
dilatancy of rock   05.025
dilution gauging   02.149
dilution ratio of water   15.025
dip   06.037
dipper dredger   13.233
direct benefit   16.045
direct current transmission   12.175
directed blasting rockfill dam   08.108
directional blasting   09.024
direct shear test   05.170
direct thermal stratification   02.053
discharge   02.137
discharge coefficient   03.129
discharge measurement   02.141
discharge of multiple outlets   11.172
discharge sluice through dam   08.181
discount   16.055

discount rate   16.056
disk-chain waterlift   11.133
disking   05.028
dispersion   03.154
dispersive soil   05.069
displacement   04.019
displacement method   04.064
disposition of water dispute   17.020
dissolved oxygen   02.175
distance of wind stretch   08.049
distinct element method   05.040
distributary   11.016
distributary minors   11.017
distribution canal   11.016
district management   17.030
disturbed soil   05.054
diurnal tide   03.294
diversion and pumping   11.057
diversion canal of hydropower station   12.069
diversion irrigation   11.036
diversion sluice   08.240
diversion structure   08.239
diversion tunnel   08.248
diversion type hydropower station   12.054
divide cut canal   13.012
dock basin   13.163
dock type lock chamber   13.090
dolphin pier   13.195
domestic sewage   15.027
domestic water fee   16.105
domestic water price   16.105
dominate discharge   03.222
double bus scheme   12.168
double curvature arch dam   08.092
double curvatured shell gate   08.284
double-lane channel   13.018
double-leaf gate   08.288
double lock   13.072
down-the-hole drill   09.122
draft   13.154
draft tube   12.095
drag   03.077

drag coefficient   03.080
dragline   09.111
dragon bone waterlift   11.131
drainage   01.019, 11.228
drainage basin   02.028
drainage ditch on slope   14.077
drainage divide   02.027
drainage fee   16.095
drainage hole   08.135
drainage pipe   08.138
drainage planning   07.013
drainage pumping station   11.269
drainage sluice   08.162
drainage system in dam   08.144
drainage test   11.261
drainage works of torrential flood   14.092
drain in dam foundation   08.145
drain on embankment slope   08.146
dredged channel   13.224
dredged trench   13.224
dredger   13.227
dredging   13.223
drift current   03.314
drift losses   11.152
drilling and blasting method   09.033
drinking water sanitary standard   15.035
drip irrigation   11.051
drip irrigation by gravity   11.187
drip irrigation by power and pump   11.186
drip irrigation equipment   11.184
drip irrigation project   11.183
drip irrigation system   11.185
dripper   11.194
driven well   11.116
drop   08.258
drop structure   08.257
drought   01.007
drought control irrigation   11.099
drying paddy field   11.064
dry-laid stone masonry   09.105
ductile failure   04.150

dump truck 09.144
dune 03.182
duplicate capacity 12.046
durability 04.148
duration curve 02.191

duration of submergence tolerance of
  crop 11.222
dustpan suction dredger 13.228
dynamic action 08.024

dynamic axis of flow 03.194
dynamic pile test 05.184
dynamics of structure 04.060
dynamic triaxial test 05.178

E

earth dam 08.098
earth dam by dumping soil into water
  08.103
earth dam with inclined core 08.101
earth pressure at rest 05.209
earthquake 06.071
earthquake action 08.046
earthquake dynamic earth pressure
  08.048
earthquake hydrodynamic pressure
  08.047
earthquake intensity 08.051
earthquake magnitude 06.072
earthquake response spectrum
  04.072
earth-rockfill cofferdam 09.008
earth-rockfill dam 08.097
earth-rockfill dam with central core
  08.100
earth-rock placement 09.101
ebb tide 03.301
echo-sounder 02.155
economically feasible hydropower re-
  sources 12.008
economic analysis of hydropower sta-
  tion 12.010
economic benefit 16.041
economic cost 16.033
economic evaluation 16.072
economic internal rate of return
  16.082
economic life of a project 16.079
economics of water conservancy related
  fisheries 17.051
economy of hydroenergy 12.009
eddy 13.048

effective irrigation area 11.004
effective rainfall 11.071
effective stress 05.123
effects of action 04.143
efficiency of hydraulic turbine
  12.116
efficiency of hydrogenerator 12.150
efficiency of pumping station 11.319
elastic and plastic finite element analy-
  sis 08.068
elastic body 04.005
elastic deformation 05.134
elastic modulus 04.035
elastic stability 08.060
elastic storativity 02.256
elbow flow meter 03.167
electrical capacity charge 16.108
electrical prospecting 06.095
electrical quantities measurement
  12.192
electric circuit of hydropower station
  12.164
electricity price 16.107
electricity price for domestic uses
  16.113
electricity price for industrial uses
  16.111
electricity price for rural uses 16.112
electricity price of peak load 16.109
electric simulate test 08.074
electromagnetic current-meter
  02.147
electromagnetic flow meter 03.168
electromagnetic wave distance measur-
  ing 06.006
elevation head 03.024

embankment surrounded region
  10.034
embedded item of gate 08.296
embedded tube well 11.123
emergency gate 08.275
emergency protection in flood defense
  10.078
emergency spillway 08.192
emitter 11.194
emulsified asphalt 04.225
end filling and emptying system
  13.096
endorheic lake 02.049
endorheic river 02.030
end tow sprinkling machine 11.156
energy consumption rate of pumping
  station 11.320
energy dissipation 03.133
energy dissipation by hydraulic jump
  08.212
energy dissipation of surface regime
  08.221
energy dissipator 08.200
engineering geological classification of
  rock mass 06.129
engineering geological classification of
  soil 06.130
engineering geological drilling
  06.093
engineering geological exploration
  06.089
engineering geological map 06.112
engineering geological mapping
  06.090
engineering geological profile 06.113
engineering geology 01.045, 06.018

engineering hydrology 02.019
engineering material 01.042
engineering mechanics 04.001
engineering structure 04.129
ensurance probability of irrigation wa-
ter 11.089
enter hole 12.093
entrance 13.156
entrance bar 03.244
entrance channel 13.158
environmental background 15.069
environmental benefit 15.073
environmental benefit and cost analysis
15.072
environmental engineering geology
06.133
environmental factor 15.061
environmental hydraulics 15.008
environmental hydrobiology 15.011
environmental hydrochemistry
15.010
environmental hydrology 15.009
environmental hydroscience 01.049
environmental impact assessment
15.055
environmental impact assessment of
valley planning 15.056
environmental impact of construction
15.054

environmental impact of hydraulic en-
gineering 15.053
environmental impact of interbasin
water transfer project 15.068
environmental impact statement
15.057
environmental monitoring 15.074
environmental risk analysis 15.070
environment components 15.060
ephemeral stream 02.031
equal discharge runoff regulation
12.020
equal-payment series 16.062
equal-payment series compound
amount factor 16.069
equal-payment series present worth
factor 16.068
equilibrium beach profile 03.237
equilibrium of sediment transport
03.189
equipment of pumping station
11.264
equipotential line 03.061
equivalent base shear method 04.084
equivalent capacity 12.049
erosion 03.175, 03.187
erosion ditch 03.216
erosion modulus 14.030

escape canal 11.026
estuarine mixing 03.241
estuary harbor 13.137
estuary port 13.137
eutrophication 15.067
evaporation 02.068
evaporation from open-water surface
02.069
evaporation from phreatic water
02.072
evaporation from soil 02.070
evaporation pan 02.159
evaporation tank 02.160
evaporimeter 02.159
evapotranspiration 02.073
excavator 09.107
excitation 04.070
excitation of direct current generator
12.186
excitation system of hydrogenerator
12.185
exit sluice 08.262
exorheic river 02.029
expansive soil 05.066
expected output 12.040
experimental stress analysis 04.113
explosive 09.037
exposition of adit and shaft 06.116

F

face slab for water retaining 08.142
facilities for fish passing over dam
08.267
facilities for log crossing dam 08.263
facing into the major current 10.103
factor of multiple outlets 11.173
failure criteria 05.036
fall 02.040
fall of ground 05.226
farm drainage ditch 11.233
farmland drainage 11.209
farmland shelter-belt 14.057

farmland water conservancy 01.026
farmland works 11.020
fascine roll 10.094
fascine works 10.095
fatigue failure 05.111
fatigue strength 04.049
fault 06.047
faulted rock 06.022
feasibility study 08.007
feed coefficient of precipitation infiltra-
tion 02.254
fender 13.209

fender system 13.209
ferro-cement 04.166
fertilizer injector 11.192
fertilizing for fish farming in reservoir
17.070
fetch 08.049
fiber-reinforced concrete 04.217
fibrous glass reinforced plastic
04.240
field canal 11.017
field capacity 11.074
field ditch 11.018

G

grader 09.114

grading of aggregate 04.209

gradually varied flow 03.042

grain size distribution curve 05.145

graph of reservoir operation 17.046

grassing for soil and water conservation 14.066

gravelly soil 05.049

gravitational erosion 14.017

gravitational prospecting 06.097

gravitational water 05.079

gravity abutment of arch dam 08.129

gravity arch dam 08.094

gravity dam 08.084

gravity drainage 11.211

gravity irrigation 11.037

gravity pressure sprinkler system 11.138

gravity quay wall 13.196

gravity retaining wall 08.173

grid method 04.127

Griffith's strength theory 05.037

groin 10.119

gross amount of water resources 02.250

gross benefit 16.051

gross discharge of canal 11.079

gross irrigation quota 11.087

ground evaporation between plants 11.065

groundwater 02.083

groundwater balance 06.079

groundwater circulation 06.076

groundwater depression 02.257

groundwater hydrology 02.008

groundwater level 02.170

groundwater level forecasting 02.244

groundwater pollution 15.031

groundwater recharge 02.258, 06.081

groundwater regime 06.077

groundwater reserves 02.251

groundwater resources amount

02.249

groundwater runoff 02.082

groundwater waterlogging 11.216

group-well confluence 11.118

grouting curtain 08.132

grouting of karst 09.055

grouting of sand and gravel foundation 09.054

grouting test 06.121

gudgeon pin 13.109

guide adit 05.217

guide wall 13.078

gulch erosion 14.015

gully control engineering works 14.084

gully erosion 14.014

gully erosion control forest 14.060

gully head drainage works 14.083

gully head protection works 14.081

gullying 14.012

gully water storage works 14.090

guniting 09.063

H

hand pump 11.289

harbor 13.133

harbor engineering 13.135

harbor radar 13.253

hardening rule 04.104

hard loan 16.121

hardness 04.034

harmonic vibration 04.074

hawser handling boat 13.066

hawser pull 13.102

hazard of reservoir cold water 15.065

hazardous rapids 13.040

head 03.022

headcut scour 03.226

heading 05.217

head line 03.023

head loss 03.086

head of ship lift 13.130

headwaters 02.033

heavy ramming 09.066

heavy tamping 09.066

Heim's hypothesis 05.224

helical rotary pump 11.288

heterogeneous soil 05.058

high alumina cement 04.200

high cut slope excavation 09.036

high efficiency area of pump-operation 11.312

highest safety stage 10.020

high-head hydropower station 12.057

high pressure gate 08.292

high-pressure jet grouting 09.057

high velocity flow 03.137

high voltage switchyard 12.180

hill slope debris 06.056

histogram of irrigation water use 11.093

historical maximum flood 10.011

history of water conservancy 01.050

hole irrigation 11.045

hole irrigation for seeding 11.046

hollow concrete 04.215

hollow dam 08.095

hollow jet valve 08.305

holo-photoelasticity 04.123

homogeneous earth dam 08.099

homogeneous soil 05.057

Hooke's law 04.094

horizontal blanket drainage 08.148

horizontal closure 10.091

horizontal hydrogenerator 12.138

hose-fed travelling sprinkler machine

11.157

hot-film current meter   03.171

hot-wire current meter   03.170

Howel-Bunger valve   08.302

hump weir   08.193

hunphrey pump   11.295

hydrant   11.033

hydraulically rough region   03.093

hydraulically rough surface   03.092

hydraulically smooth region   03.091

hydraulically smooth surface   03.090

hydraulic drop   03.125

hydraulic engineering   01.008

hydraulic engineering survey   06.001

hydraulic fill   13.238

hydraulic fill dam   08.102

hydraulic gradient   03.118

hydraulic hoist   08.312

hydraulic jump   03.119

hydraulic model test   08.073

hydraulic radius   03.106

hydraulic ram pump   11.291

hydraulic ram pumping station
   11.275

hydraulic reclamation   13.238

hydraulics   01.038

hydraulic structure   08.001

hydraulic structure monitoring
   08.070

hydraulic tunnel   08.245

hydraulic turbine   12.099

hydraulic turbine combine characteris-
   tics curve   12.120

hydraulic turbine discharge   12.113

hydraulic turbine efficiency hill dia-
   gram   12.120

hydraulic turbine generator unit
   12.098

hydraulic turbine operating head

12.112

hydraulic turbine operating perfor-
   mance curve   12.121

hydraulic turbine performance curve
   12.119

hydraulic vertical ship lift   13.121

hydrochemistry   02.014

hydrocomplex   01.030

hydroconcrete durability   08.079

hydroconcrete frozen resisting mark
   08.078

hydroconcrete percolation resisting
   rank   08.077

hydroconcrete strength rank   08.076

hydrodynamic pressure   03.015

hydrodynamics   03.003

hydroelectric engineering   01.021

hydroenergy utilization   12.001

hydrofracture grouting   09.058

hydrogenerator   12.134

hydrogeography   02.015

hydrogeological mapping   06.091

hydrogeological profile   06.114

hydrogeology   06.073

hydrogeometric relation   03.223

hydrograph   02.190

hydro-junction of canalization
   13.059

hydrological computation   02.198

hydrological cycle   02.002

hydrological data   02.195

hydrological data bank   02.197

hydrological data base   02.197

hydrological data compilation   02.187

hydrological element   02.003

hydrological experimental basin
   02.185

hydrological experimental station

02.184

hydrological forecasting   02.224

hydrological information   02.223

hydrological network   02.128

hydrological regionalization   02.017

hydrological remote-sensing   02.177

hydrological station for specific purpose
   02.127

hydrological statistics   02.189

hydrological survey   02.180

hydrological telemetering   02.178

hydrological year   02.188

hydrological year-book   02.196

hydrology   01.036

hydrometeorology   02.007

hydrometric cable-car   02.152

hydrometric cableway   02.151

hydrometric station   02.125

hydrometry   02.124

hydromorphology relation   03.223

hydrophysics   02.013

hydropower computation   07.046

hydropower engineering   01.047

hydropower house   12.079

hydropower planning   07.014

hydropower project planning   12.014

hydropower resources   12.002

hydropower resources of river
   12.003

hydropower station   12.011

hydropower station with diversion net-
   work   12.056

hydroproject   01.008, 01.030

hydroscience   01.009

hydrosphere   02.001

hydrostatic pressure   03.014

hydrostatics   03.002

hyperconcentration flow   02.112

I

lighthouse 13.249

lightning arrester 12.182

light ship 13.251

light vessel 13.251

lime 04.227

limit equilibrium for rigid body analysis 08.065

limit states method 04.157

limnograph 02.136

limnology 02.010

limnology fisheries 17.075

line of constant stream function 03.060

line of land requisition 07.059

line of resident relocation 07.058

liquefaction 05.121

liquid limit 05.090

load 04.142

loader 09.117

loading surface 04.103

local head loss 03.088

local levee 10.028

local regulations and rules of water 17.006

local scour 03.225

lockage time 13.084

lockage water 13.086

lock chamber 13.087

lock dimension 13.079

locked canal 13.011

lock filling and emptying system 13.093

lock filling and emptying time 13.085

lock flight 13.071

lock gate 13.103

lock head 13.092

locking device of ship lift 13.131

lock throughput capacity 13.083

lock valve 13.111

loess 05.064

log passage equipment 08.266

log sluice 08.265

longitudinal cofferdam 09.014

longitudinal culvert filling and emptying system 13.094

longitudinal dike 10.120

longitudinal joint 08.123

long path emitter 11.199

longshore current 03.313

longshore transport rate of sediment

03.236

long-term hydrological forecast 02.228

long-term modulus 05.022

long-term planning of watersupply and demand 02.286

long wave 03.269

loop culvert filling and emptying system 13.097

loose blasting 09.021

lowest design navigable water level 13.029

low flow 02.091

low-flow forecasting 02.243

low-flow survey 02.183

low-head hydropower station 12.059

low-heat micro-expanding cement 04.201

low-pressure pipe irrigation 11.049

low-slump concrete 09.087

Lugeon unit 05.032

lumber 04.232

lump-sum contract 09.178

lying anchorage 13.168

lysimeter 02.161

M

machine for cleaning drain pipe 11.260

machine for trenching and burying pipe 11.259

magnetic prospecting 06.101

main canal 11.014

main electrical scheme 12.166

main-flow alignment 03.193

main levee 10.026

main power transformer 12.171

main stream 02.024

main structure 08.005

maintenance cost 16.023

major flood period 10.071

management agency of water project

17.031

management of drainage system 11.258

management of water industry 17.022

management of water resources development and utilization 17.024

marginal benefit 16.053

marginal cost 16.027

marine energy resources 12.004

marine soil 06.030

marsh 02.057

marsh soil 06.032

masonry structure 04.173

mass force 03.012

massive-head buttress dam 08.087

mast crane 09.158

material sub-coefficient 08.017

matrix analysis of structure 04.066

maximum credible earthquake 08.052

maximum dry density 05.149

maximum flood level 07.035

maximum head 12.033

MCE 08.052

meander belt 10.106

meander coefficient 10.107

meander stream 03.201

mean sea level 03.305

measure against abrasion of concrete

09.099
measure for fish crossing 08.272
measures for construction safety
　09.182
measuring structure 02.150
mechanical impedance 05.141
mechanical pressure sprinkler system
　11.136
mechanics of composites 04.105
mechanics of explosion 04.112
mechanics of granular media 04.111
mechanics of materials 04.003
medium-head hydropower station
　12.058
medium-sized hydropower station
　12.062
medium-term hydrological forecast
　02.227
meeting together of flood 10.012
membrane theory 04.099
metacenter 03.034
metamorphic rock 06.021
microcrack 05.013
microirrigation 11.054
micro-path emitter 11.201
microspray irrigation 11.052
middle bar 10.105
middle line of wave height 03.257
middle thread of channel 02.036
mid-level outlet 08.183
mild slope 03.116
military port 13.141
millisecond delay blasting 09.026
mineral content of water 02.289
mineralization of groundwater
　06.080
minimum design navigable discharge
　13.030
minimum head 12.034

mini sprinkler 11.203
minor climate effect 15.064
mire 02.057
mire hydrology 02.011
mist irrigation 11.053
miter gate 13.104
mixed dam 08.082
mixed-flow pump 11.284
mixed-flow turbine 12.101
mixed rain and snowmelt flood
　02.098
mixed structure 04.189
mixed tide 03.296
mixed-type hydropower station
　12.055
mixing length 03.073
mix proportion of concrete 09.071
mobile source of pollution 15.022
model test of hydraulic turbine
　12.123
model test of river engineering
　10.132
mode of vibration 04.076
moderate weathering 06.054
mode superposition method 04.086
modified Griffith's theory 05.038
modular system of construction
　04.190
modulus of compressibility 05.162
modulus of flood peak 10.005
modulus of runoff 02.194
modulus of subsurface drainage
　11.241
modulus of surface drainage 11.219
Mohr circle 04.029
Mohr-Coulomb law 05.105
moiré method 04.125
mole 13.212
molecular diffusion 03.152

mole drainage 11.234
moment distribution method 04.065
moment of force 04.008
moment of inertia 04.041
moment of momentum 04.017
momentum 04.016
monitoring of water and salt regime
　11.106
mooring buoy 13.170
mooring dolphin 13.206
mortar 04.213
motor-generator 12.139
mound breakwater 13.214
movable action 08.026
movable dam 13.069
movable pipeline system 11.030
moving boat method 02.148
mucky soil 05.071
mud barge 13.236
mud delivery pipeline 13.239
mud dumping area 13.237
muddy coast 03.234
multi-bucket excavator 09.109
multi-channels financing 16.120
multi-level intake 08.229
multi-objective water conservancy
　planning 07.005
multiple arch dam 08.089
multiple-boom drill jumbo 09.123
multiple dome dam 08.090
multi-point mooring system 13.172
multi-purpose pumping station
　11.271
multi-purpose reservoir regulation
　07.047
multi-stage pumping station 11.272
Muskingum method 02.233
mutually-exclusive alternative
　16.077

N

national economic evaluation 16.073
NATM 09.034

natural angle of repose 05.175
natural cutoff 03.210

natural environment 15.062
natural erosion 14.004

natural foundation 05.189

natural frequency 04.079

natural period of vibration 04.080

naval harbor 13.141

navigable velocity 13.031

navigation 01.022

navigation aid 13.243

navigation aid facility 13.242

navigation aqueduct 13.060

navigation channel 13.001

navigation clearance 13.027

navigation hindering reach 13.043

navigation lock 13.068

navigation period 13.020

navigation standard of inland water-
way 13.021

navigation tunnel 13.061

neap tide 03.298

nearshore circulation 03.316

necessary head curve of the installation
system 11.309

necessary NPSH 11.307

needle valve 08.303

negative benefit 16.044

net benefit 16.052

net benefit-investment ratio 16.086

net discharge of canal 11.078

net irrigation quota 11.086

net positive suction head 11.305

net present worth 16.081

net weir 13.055

New Austrian Tunneling Method
09.034

Newtonian fluid 03.009

no-load test 12.157

nondestructive test 04.116

non-electrical quantities measurement
12.193

non-linear finite element analysis
08.066

non-Newtonian fluid 03.010

non-point source of pollution 15.021

non-pressure flow 03.101

non-pressure tunnel 08.247

nonstructural measures of flood control
10.062

nonuniform flow 03.045

normal depth 03.108

normally consolidated soil 05.059

normal water level 07.030

no tillage system 14.053

nozzle 11.180

NPSH 11.305

nuclear sediment concentration meter
02.165

numerical simulation 05.034

O

objective of water conservancy plan-
ning 07.002

observation and forecast of movement
of groundwater and salt 11.257

observation of earth crust deformation
06.013

observation of water project 17.040

observation well of groundwater
02.133

observed flood 10.009

obstacle clearing in river channel
10.066

offstream water-uses 02.278

oil supply system of hydropower sta-
tion 12.130

on-load test 12.159

on-off shore sediment transport
03.235

open air power house 12.081

open breakwater 13.220

open caisson 09.060

open caisson quay wall 13.199

open canal 11.021

open channel diversion 09.003

open channel flow 03.099

open drainage 11.225

open flow tunnel 08.247

open intake 08.231

open type sluice 08.156

open type wharf 13.193

open type wharf with standing piles
13.203

operating gate 08.274

operating machine with rigid connect-
ing rod 13.113

operating pressure at sprinkler
11.174

operation of water and sediment dis-
charge 17.047

opportunity cost 16.031

optimized design of structure 04.159

optimum moisture content 05.150

orchard terrace 14.075

ordinary Portland cement 04.194

organic soil 06.031

orifice 03.095

orifice plate 03.134

orifice type emitter 11.200

original fixed assets value of water pro-
ject 16.017

orthogonal 03.255

outlet sump 11.278

output of hydraulic turbine 12.115

overburden 05.192

overburden layer 05.192

over-coarse-grained soil 05.044

overconsolidated soil 05.060

overdue fine 16.103

overflow cofferdam 09.013

overflow dam 08.180

overflow dike 10.038

overflowing lock 13.076

overflow spillway power house
12.086

overhead crane 09.160

over land flow concentration 02.103

overlap reservoir capacity 07.042

over-ledge current 13.045

overyear regulation 12.019

oxbow lake 03.211

oxidation pond 15.048

P

paddy field with ponded water in winter 11.008

padfoot roller 09.131

paludification 02.058

parallel wharf 13.187

partial penetrating well 11.113

particle-size analysis 05.143

passive earth pressure 05.208

pastureland water conservancy 01.027

pasture protection forest 14.062

path line 03.036

pay off period 16.085

peak discharge 02.138

peak stage 10.007

peak strength 05.108

Pelton turbine 12.104

pen culture 17.076

penstock 08.243

penstock inside dam 12.071

penstock on downstream dam surface 12.072

percentage of wetted soil 11.188

perched river 02.032

percussion drill 09.120

period of economic evaluation 16.080

peripheral joint of arch dam 08.128

permanent action 08.020

permanent pipeline system 11.028

permanent structure 08.003

permeability 05.114

permeability coefficient 05.152

permeability test 05.151

permissible application rate of sprinkler irrigation 11.147

pervious dike 10.122

photoelasticity 04.119

photogrammetric survey 06.011

photoplasticity 04.120

phreatic line 05.117

phreatic water 06.084

pH value 02.176

physical life of a project 16.078

pick-up beam 08.298

pier 08.166, 13.186, 13.188

pier head power house 12.087

pier with approach trestle 13.194

piezometer 03.028

piezometric head 03.029

pile breakwater 13.219

pile foundation 05.206

pilot cut 10.112

pintle 13.110

pipe 11.031

pipe drainage 11.226

pipe fitting 11.032

pipe flow 03.097

pipe jacking method 09.031

pipe network 03.098

piping 05.119

Pitot tube 03.164

plain concrete structure 04.162

plain gate 08.277

plane table 06.016

planned irrigation water use 11.091

planned moist layer in soil 11.068

planning of river regime 10.130

planning of waterway 13.005

plastic deformation 05.135

plastic failure 05.110

plastic flow 05.136

plastic limit 05.091

plate 04.136

platform hoist 08.310

plume 03.149

pluvial soil 06.027

pluviograph 02.158

PMF 02.218

PMP 02.211

pneumatic caisson 09.061

pneumatic structure 04.187

pneumatic tired roller 09.132

point gauge 03.163

point precipitation 02.206

point source of pollution 15.020

Poisson ratio 04.037

polder 10.034

policy of water industry 17.036

polluted belts along river banks 15.030

pollution by dredging 13.241

pollution load 15.024

polymer cement concrete 04.220

polymer concrete 04.219

polymer impregnated concrete 04.218

pond 11.007, 14.080

pontoon 13.204

pontoon wharf 13.191

pool 11.007

pore air pressure 05.126

pore pressure 05.124

pore pressure parameter 05.177

pore space 05.078

pore water 06.086

pore water pressure 05.125

porosity 05.083

porous medium 03.145

port 13.133

port area 13.148

port boundary 13.147

port engineering 13.135

port land area 13.174

Portland blast-furnace cement 04.195

Portland blast-furnace-slag cement

Q

quality of groundwater 06.083
quality of water environment 15.001
quality standard of water environment

15.002
quantity control of pollutant 15.029
quantity of wastewater effluent

15.042
quarantine anchorage 13.167

R

radial-flow pump 11.281
radial gate 08.282
radial-well 11.117
radioactive logging 06.099
radius of gyration 04.042
radius of inertia 04.043
radius of wetted bulb 11.191
raft sluice 08.264
rainfall depth-area-duration relation-
ship 02.210
rainfall intensity 02.208
rainfall maximization 02.213
rainfall recorder 02.158
rainfall-runoff relation 02.230
raingauge 02.157
rainstorm 02.094
raise drill 09.127
rammer 09.134
random vibration 04.083
rapidly varied flow 03.043
rapids 13.038
rapids-heaving 13.062
rapids-heaving barge 13.065
rated current of hydrogenerator
12.145
rated discharge of hydraulic turbine
12.114
rated head 12.037
rated power factor of hydrogenerator
12.146
rated power of hydrogenerator
12.143
rated speed of hydrogenerator
12.147

rated voltage of hydrogenerator
12.144
rate of flood loss 10.016
rate of rise or fall flood stage 10.002
ratio of channel cross section to ves-
sel's wet cross section 13.028
ratio of desalinization 11.250
RC finite element analysis 08.067
reaction hydraulic turbine 12.100
reaction rotating sprinkler 11.163
reactor 12.177
real-time reservoir operation 17.045
reasonable fish stocking in reservoir
17.056
recurrence interval 02.204
reef blasting works 13.051
refraction sprinkler 11.167
refuge anchorage 13.169
refuge area 10.054
refuge building 10.053
refuge harbor 13.144
refuge platform 10.052
regional hydrology 02.016
regional water conservancy planning
07.008
region of quadratic resistance law
03.094
registration system of water right
17.015
regular wave 03.274
regulating sluice 08.159
regulation discharge of waterway
13.036
regulation line 10.131

regulation of estuary 10.127
regulation of rivulet 13.042
regulation of torrential stream
13.042
regulation of water management
17.026
regulation stage of waterway 13.035
regulation storage coefficient 07.045
rehabilitation cost 16.025
reinforced concrete structure 04.163
reinforced masonry 04.174
reinforcement 04.234
reinforcing steel bar 04.234
relative density 05.087
relaxation time 05.021
relaxation zone 05.223
relay protection 12.184
release agent for form work 09.078
release structure 08.178
reliability 04.145
reliability analysis of structure
04.160
reliability design of hydraulic structure
08.013
reliability index 04.154
relief joint 06.067
relief valve 12.078
relief well 08.137
remaining benefit 16.049
remaining cost 16.039
removing trash fish and predatory fish
in reservoir 17.062
renewable energy resources 12.005
renewal period of water body 02.247

repayment period 16.124

repeating utilization factor 02.274

repelled downstream hydraulic jump 03.123

replacement cost 16.024

representative basin 02.186

re-regulation 12.026

reserve capacity 12.045

reservoir 01.031

reservoir backwater computation 07.049

reservoir capacity for flood control 07.040

reservoir fisheries 17.052

reservoir flood routing 07.026

reservoir group regulation 07.048

reservoir induced earthquake 06.128

reservoir operation based on forecast 17.048

reservoir regulation computation for irrigation 07.027

reservoir regulation computation for water supply 07.028

reservoir sedimentation computation 07.050

reservoir seepage 06.127

reservoir site cleaning 07.054

reservoir water level for initial energy generation 12.029

reservoir water loss 07.043

resettlement cost of reservoir 16.011

resettlement of affected residents 07.052

resettlement zone environment capacity 07.061

residual current 03.311

residual soil 06.025

residual strength 05.109

residual stress 04.046

resistance 04.144

resistance curve of pipeline 11.308

resistance strain gauge 04.117

resistivity logging 06.098

resonance 04.075

resonant column test 05.179

response 04.071

restricted waterway 13.009

retaining ditch and embankment 14.082

retaining wall 08.172

retardation 05.019

retrospective assessment 15.058

return period 02.204

reuse of wastewater 15.051

reverse circulation drill 09.125

reverse current 03.197

reversed tainter valve 13.112

reversible turbine 12.110

revetment 10.114

Reynolds number 03.157

Reynolds stress 03.071

rheology 05.018

ribbed floor 04.176

rigid body 04.004

rigid foundation 05.202

rigidity 04.032

rill erosion 14.011

ring-seal gate 08.286

riparian right 17.017

rip current 03.315

ripper 09.115

ripple 03.181

riprap 08.218

riser pipe 11.181

risk analysis 08.062, 16.091

river 02.023

river-bank right 17.017

river-basin management 17.028

river-basin management agency 17.029

river-basin planning 07.006

river bend 03.205

river branch closure works 10.118

river channel cross-section 02.038

river channel process 03.198

river channel storage 10.022

river closure 09.016

river conservancy commission 17.029

river-control works 10.113

river density 02.044

river dynamics 01.039

river hydrology 02.009

river-ice regime 02.113

river longitudinal profile 02.039

river management 17.039

river morphology 03.190

river mouth 02.034

river node 03.213

river pattern 03.199

river port 13.138

river reach 02.043

river regime 03.195

river regulation 01.016, 10.111

river regulation planning 07.020

river sediment 03.174

river source 02.033

river system 02.026

river valley 03.191

riveting 04.170

rock 05.001

rockburst 05.225

rock classification 05.033

rock drill 09.119

rock drill barge 13.235

rock engineering 05.187

rock fall 06.064

rock-fill cellular dam 08.109

rock-fill dam 08.106

rock-fill dam with face slab 08.107

rock-forming mineral 06.024

rocking-arm pump 11.294

rock mass 05.002

rock mechanics 01.044

rock-plug blasting 09.028

rock quality designation 05.017

rock slice identification 06.117

rock spur 03.214

rocky coast 03.233

roll-cut excavator 09.110

roller-chain gate 08.280

roller compacted concrete 09.090

roller compacted concrete dam 08.096

rolling gate 08.287

roof fall 05.226

roof rainfall collection 02.271

rose diagram of joints 06.105

rosette gage 04.118

rotary churning pile 09.046

rotary tidal current 03.310

rotating-element current-meter 02.145

rotating exciter 12.186

rotating sprinkler 11.166

rotational irrigation 11.060

rotor flow meter 03.169

roughness coefficient 03.089

rubber dam 08.113

rubber fender 13.210

rubber-tired crane 09.153

rubble 04.230

runaway speed of hydrogenerator 12.148

runner diameter of hydraulic turbine 12.111

runoff 02.079

runoff coefficient 02.231

runoff generation 02.100

runoff observation on plots 14.027

runoff regulation 07.022

run-of-river hydropower station 12.060

rupture 06.044

rural potable water 02.270

rushing drainage 11.213

S

safety factor 08.012

safety support 09.035

Saint-Venant's principle 04.093

saline-alkali land 11.244

saline-alkali land drainage 11.210

saline lake 02.052

saline soil 05.068

saline water intercepting lock 13.074

salinity 03.242

salt tolerance of crops 11.254

saltwater lake 02.051

salt wedge in estuary 03.243

salty soil 05.068

salvage value 16.020

sand percentage 04.212

sand pile 09.043

sand scouring by flow contraction 10.126

sand wave 03.180

sandy soil 05.050

saturated soil 05.055

saturation zone 02.085

scale effect 05.027

scattering bar reach 03.215

schistosity 06.042

science of water resources 01.037

scoop waterwheel 11.128

scour 03.187

scouring of levee or bank 10.079

scouring sluice 08.163

scraper 09.116

screen 11.124

screening of aggregate 09.069

screw hoist 08.309

screw pump 11.293

SDR 14.039

sea dike 10.032

sea harbor 13.136

sealing device of ship lift 13.132

sea lock 13.164

sea port 13.136

seasonal electricity price 16.110

seasonal energy 12.042

seasonal flood 10.069

seasonal regulation 12.017

sea wall 10.032

seawater intrusion 02.090

secondary circuit of hydropower station 12.183

secondary consolidation 05.103

secondary flow 03.196

secondary salinization of land 11.246

secondary state of stress 05.024

secondary structure 08.006

section modulus 04.039

sector gate 08.294

sedimentary rock 06.020

sedimentation 13.225

sedimentation basin 08.236

sedimentation tank 15.047

sediment carrying capacity 03.183

sediment concentration 02.166

sediment delivery modulus 14.033

sediment delivery ratio 14.039

sediment discharge 03.184

sediment-laden flow 03.185

sediment measurement 02.162

sediment runoff 02.169

sediment slurry 13.160

sediment storage dam 14.091

sediment transport 02.106

sediment transport capacity 03.183

sediment transport rate 03.184

sediment yield in river basin 02.105

sediment yield model of small watershed 14.038

sediment yield of small watershed 14.037

seepage deformation 05.116

seepage flow 03.146

seepage interception ditch 11.224

seepage of navigation lock 13.100

seepage path 05.115

seepage resistance 03.147

seepage stability 08.059

seepage water pressure 08.033

seismic prospecting 06.096

seismic wave 06.108

self-collapsing levee 10.039

self excited vibration 04.082

self-priming pump 11.282

self-purification of water body 15.007

self-weight stress 05.127

semi-diurnal tide 03.295

semi-fixed pipeline system 11.029

semilunar dike 10.030

semi-outdoor power house 12.082

semipermanent pipeline system 11.029

sensitivity analysis 16.089

sensitivity of soil 05.176

separable cost 16.038

separate wall lock chamber 13.091

separation 03.075

separation dike 10.029

serviceability 04.147

service gate 08.274

setting elevation of hydraulic turbine 12.117

setting height of pump 11.299

settlement 05.193

settlement joint 08.121

settling velocity 03.177

shadoof 11.126

shadow exchange rate of foreign currency 16.030

shadow price 16.028

shadow wage 16.029

shaduf 11.126

shaft intake 08.233

shaft lock 13.075

shaft spillway 08.190

shaft well 11.119

shallow foundation 05.201

shallow gully erosion 14.013

shallow sliding 05.231

shallow-water wave 03.264

shaped steel 04.168

share coefficient of irrigation benefit 11.109

sharp crested weir 03.126

shear 04.023

shear crevasse 06.039

shear modulus 04.036

shear strength 05.104

shear strength test 05.167

shear wall 04.179

sheet erosion 14.010

sheet pile 09.041

sheet pile grouting wall 09.050

sheet pile quay wall 13.202

sheet-pile retaining wall 08.177

sheet-pile wall 05.212

sheet pile wharf 13.202

sheet steel form 09.075

shell 04.137

shielding method 09.030

ship carriage 13.129

ship elevator 13.117

ship incline 13.123

ship lift 13.117

ship lift chamber 13.128

ship load 08.045

ship model test 13.033

ship mooring condition 13.101

ship wave 03.272

shoal 13.038, 13.041

shoal protection works 10.115

shock wave 03.142

shore 03.231

shore-based radar chain 13.254

shore-based winch station 13.067

shore protection 10.128

shore reclamation 01.025

short circuit ratio of hydrogenerator 12.151

short-hole blasting 09.019

short-term hydrological forecast 02.226

short wave 03.270

shotcrete 09.064

shotcrete and rock bolt 05.229

shotcrete machine 09.128

shrinkage limit 05.092

side channel spillway 08.188

side-roll wheel sprinkling machine 11.155

side-slope protection works 10.042

side weir 08.195

signalling system for hydropower station 12.188

silica fume 04.207

silicon controlled excitation 12.187

siltation 03.188, 13.225

silting works of beach 10.129

silt-jam by hyperconcentrated flow 03.220

silt pressure 08.041

silt storage dam for farmland construction 14.089

silty soil 05.051

similarity criterion 03.159

similarity law of hydraulic turbine 12.124

single-bucket excavator 09.108

single bus scheme 12.167

single-lane channel 13.017

single-lift lock 13.070

single lock 13.070

single payment 16.061

single-payment compound amount factor 16.067

single-payment present worth factor 16.066

single-point mooring system 13.171

sink 03.059

sinking-fund factor 16.070

siphon intake 08.230

siphon spillway 08.191

skew bucket 08.205

ski-jump energy dissipation 08.201

ski-jump spillway 08.189

slab 04.136

slab-column system 04.178

slack tide 03.312

slaking 05.094

slide bed 06.063

slide gate 08.279

slide-resistant pile 05.211

sliding surface 06.060

sliding zone 06.061

slip 13.163

slip circle method 08.153

slip form 09.077

slit dam 14.087

slit-type flip bucket 08.206

slope 05.213

slope collapse 14.020

slope creeping 05.214

slope of river bed 02.041

slope protection forest 14.059

slope runoff loss 14.002

slope wash 06.026

sloping breakwater 13.214

sloping terrace 14.071

sloping-wall chamber 13.089

sloping wharf 13.190

slotted flip bucket 08.204

slotted gravity dam 08.085

sluice 08.155, 08.157

sluice chamber 08.165

sluice flour slab 08.168

sluice structure 08.178

sluicing-siltation earth dam 08.104

slump 04.211

slurry trench wall 09.049

slush ice run 02.117

small amplitude wave 03.265

small dike on levee crown 10.036

small-sized hydropower station
  12.063

small watershed management
  14.045

smooth blasting 09.023

smooth-wheel roller 09.130

snow cover 02.065

snow line 02.060

snow load 08.044

snowmelt flood 02.097

snowmelt flood forecasting 02.241

social benefit 16.042

social discount rate 16.057

social environment 15.063

soft clay 05.070

soft loan 16.122

soil 05.042

soil and water conservation 01.024

soil and water conservation benefit
  14.044

soil and water conservation engineering
  measures 14.067

soil and water conservation forest
  14.056

soil and water conservation measures
  14.047

soil and water conservation planning
  07.017

soil and water conservation regionaliza-
  tion 14.042

soil and water conservation tillage
  measures 14.048

soil and water losses 14.001

soil and water losses observation
  14.026

soil dynamics 05.138

soil erosion 14.003

soil erosion amount 14.029

soil erosion degree 14.032

soil erosion intensity 14.031

soil erosion regionalization 14.041

soil erosion simulation 14.040

soil fabric 05.073

soil flow 05.120

soil gleying 11.217

soil loss amount 14.028

soil loss tolerance 14.035

soil mass 05.043

soil mechanics 01.043

soil moisture content 11.072

soil moisture status 11.073

soil nutrient loss amount 14.036

soil salt content 11.253

soil skeleton 05.075

soil structure 05.072

soil water 02.086

solar pumping system 11.325

solid mechanics 04.002

solid-set sprinkler irrigation 11.139

solid wharf 13.192

solitary wave 03.273

sonic logging 06.100

sounding weight 02.154

sound signal 13.245

source 03.058

space truss structure 04.183

spacing of drainage ditches 11.239

spacing of levee 10.040

spatial grid structure 04.183

spatially varied flow 03.102

special soil 05.062

specific energy 03.109

specific gravity of soil particle
  05.081

specific speed of hydraulic turbine
  12.125

specific speed of pump 11.313

specific surface 05.077

specific water absorption 06.082

speckle interferometry 04.124

spherical valve 08.304

spillway 08.185

spiral case 12.094

splash erosion 14.009

split test 05.031

splitting and peeling off 05.227

spray head with gap 11.168

spray pattern 11.177

spring 02.088

spring flood 10.072

spring tide 03.297

sprinkler 11.160

sprinkler coefficient 11.150

sprinkler irrigation 11.050

sprinkler irrigation system 11.135

sprinkler pattern range 11.176

sprinkler spacing 11.178

sprinkling machine 11.153

spur dike 10.119

squared stone 04.229

T

tidal generating force 03.306

tidal level 03.303

tidal limit 03.318

tidal power station 12.064

tidal power station unit 12.163

tidal prism 02.140

tidal range 03.304

tidal river reach 02.045

tide 03.291

tide flood 10.076

tide-riding water level 13.159

tide sluice 08.160

timber 04.232

timber crib cofferdam 09.010

timber fender 13.211

timber structure 04.172

time factor 05.157

time-history method 04.085

time of propagation of flood peak
10.006

time value of money 16.054

topographic survey 06.010

torrential flood erosion 14.023

torrential rain 02.094

torrent rapids 13.039

torsion 04.025

total construction cost of water project
16.015

total evaporation 02.073

total flow 03.039

total hardness of water 02.290

total ion concentration 02.174

total load 02.111

total reservoir capacity 07.041

total stress 05.122

tower belt crane 09.161

tower crane 09.155

tower intake 08.232

tower-mast structure 04.186

towing facilities of navigation lock
13.116

traffic capacity of waterway 13.019

traffic hazard 13.040

trailing suction hopper dredger
13.234

training jetty 13.157

training wall 13.056

tranquil break 10.060

transfer of water vapour 02.005

transformation of pollutant 15.040

transit 06.014

transitional reach 03.204

transition between free and pressure
flow 08.197

transit shed 13.176

transpiration 02.071

transplantation and acclimation of fish
in reservoir 17.067

transport 03.176

transportation of pollutant 15.039

transverse circulating current 03.208

transverse gradient 03.207

transverse joint 08.122

trap 12.198

traveling sprinkler irrigation 11.140

traversal cofferdam 09.015

traverse survey 06.005

traversing gate 08.293

treatment zone of reservoir inundation
07.057

trencher 09.118

triangular lock gate 13.105

triangulation 06.004

triaxial compression test 05.168

tributary 02.025

tributary drainage ditch 11.230

trickle irrigation 11.051

trinity mixture fill 04.238

trochoidal wave 03.267

truck crane 09.157

truck mixer 09.138

truck-mounted concrete pump
09.143

trunk drainage ditch 11.229

trunnion 13.109

truss 04.138

tsunami 03.307

tube structure 04.181

tube well 11.120

tubular shaft well 11.122

tubular through-flow pump 11.285

tubular turbine 12.107

tugging vessel over rapids 13.062

tumble gate 08.290

tunnel 05.216

tunnel boring machine 09.126

tunnel diversion 09.004

tunnel face 05.220

tunneling machine method 09.032

tunnel lining 05.228

turbine floor 12.090

turbine sprinkler 11.162

turbulence intensity 03.068

turbulence viscosity coefficient
03.072

turbulent diffusion 03.153

turbulent flow 03.064

Turgo impulse turbine 12.105

turning basin 13.162

turning circle 13.162

turning hydrogenerator set for align-
ment 12.155

twin-wall emitter lateral 11.204

two-phase flow 03.156

typical-year flood 10.018

U

ultimate bearing capacity 05.195

ultrasonic velocity meter 02.146

umbrella hydrogenerator 12.137

unbalance coefficient of port through-

put 13.185

uncertainty analysis 16.088

unconfined compressive strength test 05.169

uncritical levee section 10.044

underconsolidated soil 05.061

underground canal 11.022

underground diaphragm wall 05.210

underground opening 05.215

underground power house 12.080

underground river 02.087

underground wall for retaining water 08.143

underlying stratum 05.198

under-sill filling and emptying system 13.098

underwater blasting 09.027

underwater concrete 09.088

undisturbed soil 05.053

undular hydraulic jump 03.124

uniform flow 03.044

uniform-gradient series 16.063

uniformity coefficient of drip irrigation 11.193

uniformity coefficient of sprinkler irrigation 11.145

uniformity of irrigation water application 11.102

unit construction cost of water project 16.016

unit discharge of hydraulic turbine 12.127

unit-hydrograph 02.237

unit output of hydraulic turbine 12.128

unit speed of hydraulic turbine 12.126

unit weight 05.086

universal soil loss equation 14.034

unloading dredger 13.240

unsaturated soil 05.056

unscour-able jetty 03.214

unsteady flow 03.041

uplift pressure 08.034

upper water level for flood control 07.033

upright breakwater 13.215

urban domestic water 02.267

urban hydrology 02.020

urban water conservancy 01.028

usable length of lock chamber 13.081

usable width of lock chamber 13.080

USLE 14.034

utilization factor of construction equipment 09.179

V

vacuum tank 03.161

vacuum treatment 09.084

vacuum well 11.123

value of concrete vibrating compaction 09.091

valve 08.301

vane pump 11.280

variable action 08.021

variable discharge runoff regulation 12.021

variable output runoff regulation 12.022

varying backwater zone 03.228

vegetable interception losses 11.151

velocity 02.143

velocity circulation 03.055

velocity head 03.026

velocity potential function 03.056

vena-contracta 03.131

ventilation system of hydrogenerator 12.153

Venturi meter 03.166

vertical closure 10.090

vertical drainage 08.147, 11.227

vertical-face wharf 13.189

vertical-horizontal closure 10.092

vertical hydrogenerator 12.135

vertical shaft 05.218

vertical ship lift 13.118

vertical ship lift with counterweight 13.119

vertical ship lift with float system 13.120

vertical ship lift with hydraulic system 13.121

vertical-wall breakwater 13.215

vertical-wall chamber 13.088

vessel displacement 13.153

vessel maneuvering test 13.032

vessel traffic management system 13.252

vibration 04.069

vibration isolation 04.088

vibration of hydrogenerator set 12.160

vibration reduction 04.087

vibratory roller 09.133

vibrosinking pile 09.045

video display 12.191

violent break 10.061

virtual displacement 04.054

virtual force 04.055

virtual work 04.056

viscoelastic body 04.095

viscosity 03.016

viscous fluid 03.008

viscous sublayer 03.076

visual aid 13.244

void 05.078

void ratio 05.084

voltage stepping up test 12.158

voltage transformer 12.173

volumetric strain 04.092

voluntary labor accumulation 16.119

vortex emitter 11.198

vortex filament 03.052

vortex flow 03.047

vortex line 03.049

vortex roll 03.135

vortex street   03.083

vortex tube   03.051

vorticity   03.048

vorticity flux   03.050

W

wake   03.082

wandering stream   03.203

warehouse   13.177

warning stage   10.019

warping irrigation   11.044

warping works   10.116

wash load   02.109

wastewater discharge standard
15.033

wastewater treatment   15.043

water   01.001

water administration   01.011

water administration supervision
17.032

water area   01.003

water area of port   13.150

water balance   02.004

water body   01.002

water budget   02.004

water cellar   14.079

water cement ratio   04.208

water conservancy   01.004

water conservancy computation
07.021

water conservancy exploration
01.032

water conservancy management
01.010

water conservancy planning   01.033

water conservancy planning for specific
purpose   07.009

water conservancy related fisheries
01.029

water conservancy zoning   07.001

water conservation forest   14.058

water consumption   02.273

water content   05.082

water-conveyance culvert or pipe
08.250

water-conveyance structure   08.224

water-conveyance tunnel   08.249

water-cooled hydrogenerator   12.141

watercourse erosion   14.016

water cushion   08.211

water cycle   02.002

water deficit   02.285

water depth of submergence tolerance
of crop   11.221

water depth of waterway   13.024

water depth on sill   13.082

water dispute   17.019

water-drawing permit system
17.016

water economics   01.048

water efficiency in field   11.076

water efficiency of canal   11.080

water efficiency of canal system
11.081

water efficiency of hydropower plant
12.027

water efficiency of irrigation   11.082

water environment capacity   15.004

water environment protection
01.014

water equivalent of snow cover
02.066

water erosion   14.007

water fee   16.092

water fee by acreage   16.097

water fee by household   16.098

water fee by volume   16.096

water fee in cash   16.100

water fee in kind   16.101

water filling test   12.156

water flow impact pressure   08.036

water hammer   03.104

water industry   17.035

water law   17.001

water level   02.134

water-level recorder   02.136

water management system   17.025

water police   17.033

water policy   17.034

water pollution   15.018

water pollution source   15.019

water power   01.021

water power winch for tugging vessel
over rapids   13.063

water pressure   08.032

water pressure test in borehole
06.120

water price   16.093

water price by acreage   16.097

water price by volume   16.096

water project   01.008

water project insurance   16.128

water project management   17.038

water project operation   17.044

waterproof roll   04.226

water pump   09.162

water pumping test   06.119

water purification project   15.052

water quality   02.171

water-quality analysis   02.173

water quality assessment   15.015

water quality forecast   15.017

water quality management   15.012

water quality management planning
07.019

water quality model   15.016

water-quality monitoring   02.172

water quality monitoring station
02.132

water quality standard   15.014

water quality standard for fishery
15.036

water quality standard for industries

wooden form   09.073
wood tripod dam   10.123

work   04.011
workability   04.210

working capacity   12.044

Y

yield   05.137

yield criteria   04.101

yield surface   04.102

Z

zigzag current   03.136

zone of reservoir inundation   07.056

汉 文 索 引

A

B

C

E

F

功率　04.012
供水　01.020
供水规划　07.016
拱　04.135
拱坝　08.091
拱坝拱梁分载法　08.069
拱坝重力墩　08.129
拱坝周边缝　08.128
拱冠梁法　08.151
拱形闸门　08.283
共轭水深　03.120
共用工程费用　16.037
共振　04.075
共振柱试验　05.179
沟道防护林　14.060
沟道蓄水工程　14.090
沟道治理工程　14.084
沟灌　11.042
沟垄耕作　14.051
沟蚀　14.012
沟头防护工程　14.081
沟头泄水工程　14.083
构造地质学　06.049
孤立波　03.273
古河道　06.069
骨干曲线　05.139
骨料　04.203
骨料级配　04.209
谷坊　14.085
＊固定荷载　08.025
固定式管道系统　11.028
固定式喷头　11.165
固定作用　08.025
固结　05.101
固结度　05.155
固结灌浆　08.133
固结试验　05.154
固结系数　05.156
固体力学　04.002

＊固有频率　04.079
＊挂柳　10.124
管道　11.031
管道明满流　03.103
管道阻力曲线　11.308
管件　11.032
管井　11.120
管理运行费　16.022
管链水车　11.133
管流　03.097
管网　03.098
管涌　05.119
惯性半径　04.043
＊惯性矩　04.041
惯性水头　03.027
灌溉　01.018
灌溉保证率　11.089
灌溉泵站　11.268
灌溉定额　11.085
＊灌溉方法　11.034
灌溉工程效益　11.108
灌溉管道系统　11.027
灌溉管理　11.100
灌溉规划　07.012
灌溉计划用水　11.091
灌溉渠道　11.025
灌溉渠系　11.012
灌溉试验　11.103
灌溉水费　11.110
灌溉水利用系数　11.082
灌溉水源　11.006
灌溉水质　11.104
灌溉水质标准　11.105
灌溉系统　11.001
灌溉效益分摊系数　11.109
灌溉用水　02.269
灌溉用水过程线　11.093
灌溉用水计划　11.094

灌溉用水量　11.092
灌溉制度　11.058
灌浆试验　06.121
灌浆帷幕　08.132
灌排结合泵站　11.270
灌区　11.002
灌区管理技术经济指标　11.101
灌区水盐动态监测　11.106
灌水定额　11.083
灌水沟　11.019
灌水技术　11.034
灌水均匀度　11.102
＊灌水率　11.088
灌水模数　11.088
＊灌水器　11.194
灌水预报　11.107
贯流泵　11.285
贯流式水轮机　12.107
光面爆破　09.023
光塑性法　04.120
光弹性法　04.119
规则波　03.274
硅粉　04.207
硅酸盐水泥　04.193
滚动式喷灌机　11.155
滚切式挖掘机　09.110
＊滚水坝　08.180
国际水法　17.002
国民经济评价　16.073
果树梯田　14.075
过驳锚地　13.166
过滤器　11.208
过滤器水管　11.124
过木机　08.266
过水堤　10.038
过水断面　03.037
过水围堰　09.013
过闸时间　13.084

H

海岸　03.229
海岸带　03.230

海岸地貌　03.232
海岸动力学　01.040

海岸防护　10.128
海岸横向泥沙运动　03.235

J

L

M

Q

T

W

X

Z

载波通信 12.197

再生能源 12.005

凿岩机 09.119

造床流量 03.222

造林梯田 14.074

造岩矿物 06.024

*增量费用 16.027

*增量效益 16.053

闸底板 08.168

闸墩 08.166

闸墩式厂房 12.087

*闸槛 13.108

*闸槛水深 13.082

闸门 08.273

闸门充水阀 08.299

闸门埋设件 08.296

闸门启闭机 08.307

闸门锁定器 08.300

闸门止水 08.295

闸室 08.165

闸室有效长度 13.081

闸室有效宽度 13.080

*闸厢 13.087

炸礁工程 13.051

炸药 09.037

窄缝挑坎 08.206

占用土地补偿费 16.009

掌子面 05.220

涨潮 03.300

*胀缩土 05.066

*胀缩性 05.093

招标 09.189

招标设计 08.011

沼泽 02.057

沼泽化 02.058

沼泽水文学 02.011

沼泽土 06.032

折板结构 04.182

折冲水流 03.136

折顶堰 08.194

折旧 16.019

折流墙 08.208

折射式喷头 11.167

折现 16.055

折现率 16.056

褶皱 06.045

真空井 11.123

真空作业 09.084

针形阀 08.303

震级 06.072

振冲桩 09.045

振捣 09.082

振动 04.069

*振动模态 04.076

振动碾 09.133

振动三轴试验 05.178

振型 04.076

振型叠加法 04.086

*振型分解法 04.086

蒸发 02.068

蒸发池 02.160

*蒸发皿 02.159

蒸发能力 02.074

蒸发器 02.159

*蒸散发 02.073

蒸渗仪 02.161

蒸腾 02.071

整体式闸室 13.090

正常固结土 05.059

*正常荷载组合 08.027

*正常流量 11.090

正常水深 03.108

正常蓄水位 07.030

正温层 02.053

正效益 16.043

政府拨款 16.115

支堤 10.027

支墩坝 08.086

支流 02.025

支渠 11.015

直剪试验 05.170

直接效益 16.045

直立式防波堤 13.215

直立式码头 13.189

直立式闸室 13.088

直流电机励磁 12.186

直流输电 12.175

直吸挖泥船 13.228

*植物排水 11.236

*VC值 09.091

pH值 02.176

止水 08.130

趾墩 08.209

制动距离 13.161

质量力 03.012

*滞点 03.085

滞洪区 10.049

滞后 05.019

滞纳金 16.103

治导线 10.131

治河 01.016

治渍 11.218

中泓线 02.036

中孔 08.183

中期水文预报 02.227

中水头水电站 12.058

中心支轴式喷灌机 11.159

中型水电站 12.062

终值 16.060

重力坝 08.084

重力拱坝 08.094

重力勘探 06.097

重力侵蚀 14.017

重力式挡土墙 08.173

重力式码头 13.196

重力水 05.079

周调节 12.016

轴流泵 11.283

轴流式水轮机 12.102

*骤发洪水 02.096

228